ENCYCLOPEDIA OF CHINA TRADITIONAL FURNITURE MAKING AND APPRECIATION

中国传统家具制作与鉴赏

百科全书

上册

—坐卧具之床榻类—

本书编写委员会 编写

胡景初 周京南 主审

贾刚 袁进东 李岩 主编

中国林业出版社

China Forestry Publishing House

图书在版编目（C I P）数据

中国传统家具制作与鉴赏百科全书. 上册 / 《中国传统家具制作与鉴赏百科全书》编写委员会编写.
-- 北京：中国林业出版社，2017.7

ISBN 978-7-5038-9116-8

Ⅰ. ①中… Ⅱ. ①中… Ⅲ. ①家具–生产工艺②家具–鉴赏–中国 Ⅳ. ① TS664 ② TS666.2

中国版本图书馆 CIP 数据核字 (2017) 第 158194 号

本书编写委员会

◎ 编委会成员名单
主　审：胡景初　周京南
主　编：贾　刚　袁进东　李　岩
编　写：贾　刚　董　君　袁进东　李　岩
策　划：北京大国匠造文化有限公司

◎ 特别鸣谢：中南林业科技大学中国传统家具研究创新中心

中国林业出版社 · 建筑与家居出版分社

责任编辑：纪　亮
文字编辑：纪　亮 王思源

出版：中国林业出版社
（100009 北京西城区德内大街刘海胡同 7 号）
http://lycb.forestry.gov.cn/
电话：（010）8314 3518
发行：中国林业出版社
印刷：北京利丰雅高长城印刷有限公司
版次：2017 年 7 月第 1 版
印次：2017 年 7 月第 1 次
开本：235mm × 305mm　1/16
印张：32
字数：400 千字
定价：560.00 元（2 册）

前言

中华文化源远流长，在人类文明史上独树一帜，在孕育中华传统文化的同时更孕育出中国独有的家具文化。从中国家具文化史上看，明清是家具发展的高峰期。明代，手工业的艺人较前代有所增多，技艺也非常高超。明代江南地区手工艺较前代大大提高，并且出现了专业的家具设计制造的行业组织。《鲁班经匠家镜》一书是建筑的营造法式和家具制造的经验总结。它的问世，对明代家具的发展和形成起了重大的推动作用。到清代，明式硬木家具在全国很多地方都有生产，最终形成了以北京为核心的京作家具，以苏州为核心的苏作家具，以及以广州为核心的广作家具。明清家具的辉煌奠定了中国家具在世界家具史上的高度。

明清家具的发展史，也是中国红木与硬木家具的发展史。中国的匠人历来讲究的是因才施艺，对匠人的理解也是独特的，匠人乃承艺载道之人也。正所谓："匠人者身怀绝技之人是也，悟道铭于心，施艺凭于手，造物时手随心驰，心从手思，心手相应方可成承艺载道之器，器之表为艺，内则为道，道为器之魂、艺为器之体，缺艺之器难以载道，失道之器无可承艺，故道艺同存一体，不可分也。"

然而，由于种种原因，到了近现代中国传统红木家具的制作技艺并没有随着时代的发展而繁荣，大量的家具技艺成为国家的非遗保护项目，很多的技艺面临失传。党的十八大以来，国家越发重视制造业，重视匠人，并提出"匠人精神"、工匠兴国的发展理念。国家重视匠人，重视传统文化、重视传统家具，然匠人缺失，从业无标准可依托。本套图书及在这种背景下产生，共分为 6 册，分别为椅几类、柜格类、台案类、沙发类、床榻类、组合和其他类，收录了明清在谱家具和新中式家具 6000 余款，为了方便读者的学习，内容力求原汁原味的反映出传统家具技艺，并通过实物图、CAD 三视图、精雕效果图多角度全方位展示。图书不仅展现了家具的精美外观，更解析了家具的精细结构，用尺寸比例定义中国红木家具的科学和美观。本套图书收录的家具经过编者的细心挑选，在谱的一比一还原复制，新中式比例得当样式精美，每一件家具都有名有款。

本套图书集设计、制作、收藏、鉴赏全流程的红木家具，力求面面俱到，但因内容繁复，难免有误，欢迎广大读者批评指正。

编者

目 录

富贵八仙大床

款式点评：

此床床头方正的床头背板浮雕纹饰，床板宽阔，床板下挡板浮雕纹饰，整体方正大气。雕刻百鸟朝凤寓意家庭和睦，幸福美满。

透视图

主视图

侧视图

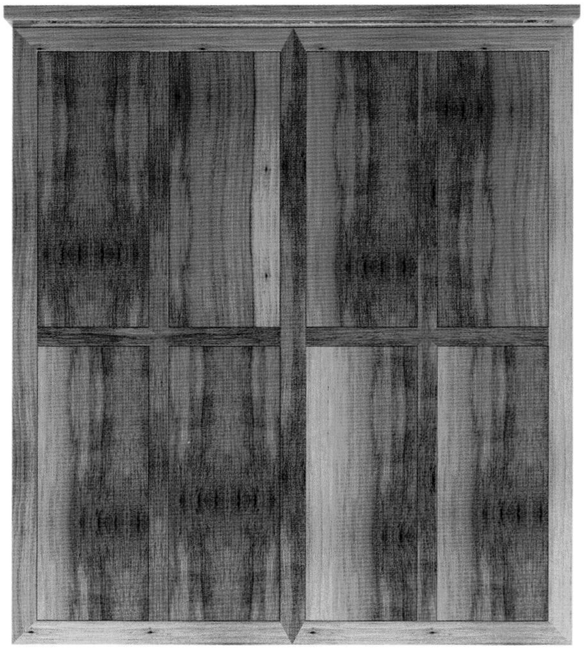

俯视图

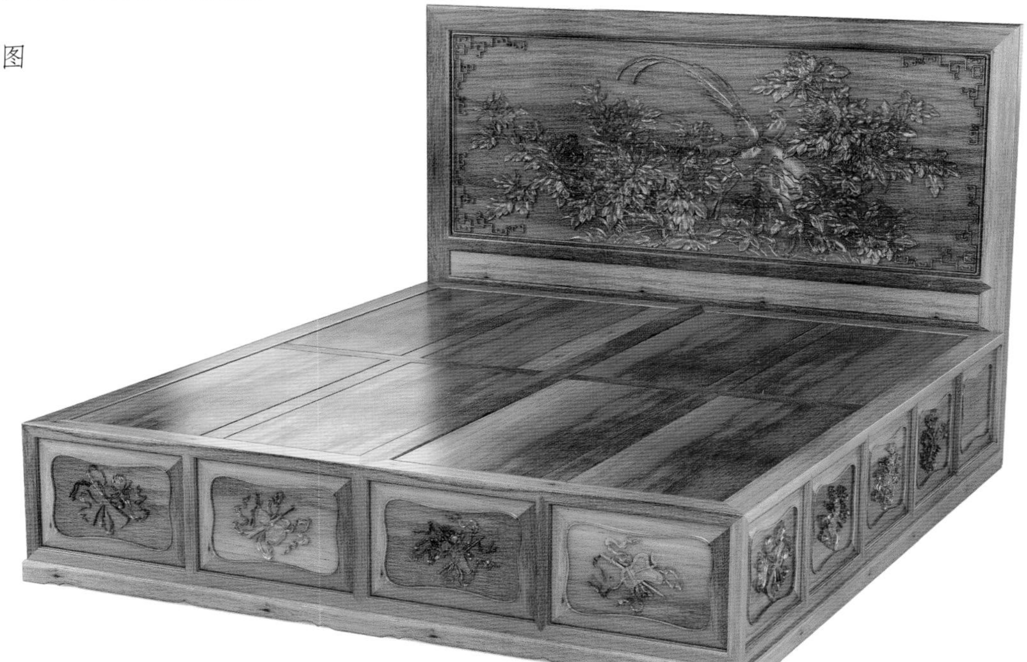

透视图

主视图

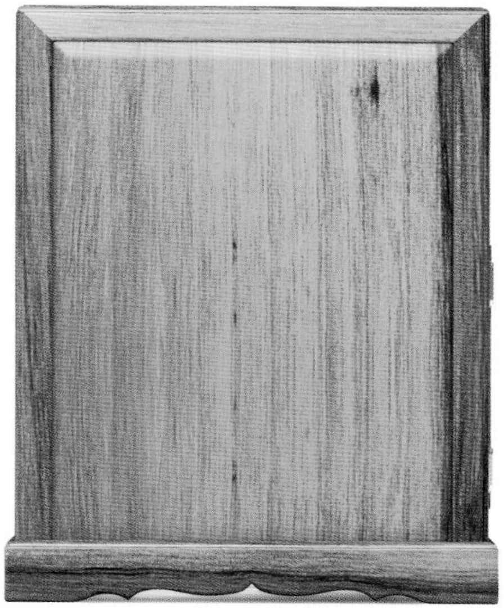

侧视图

俯视图

透视图

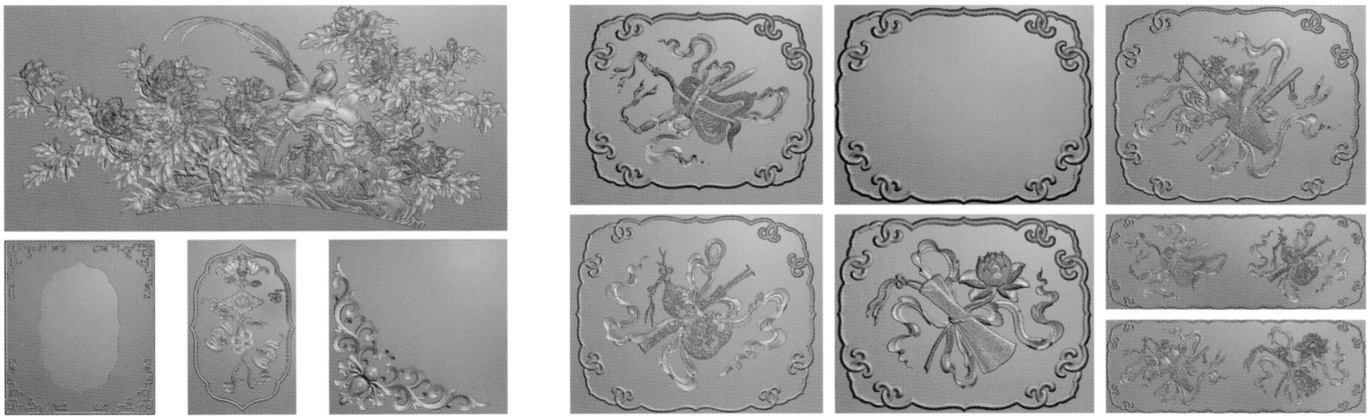

精雕图

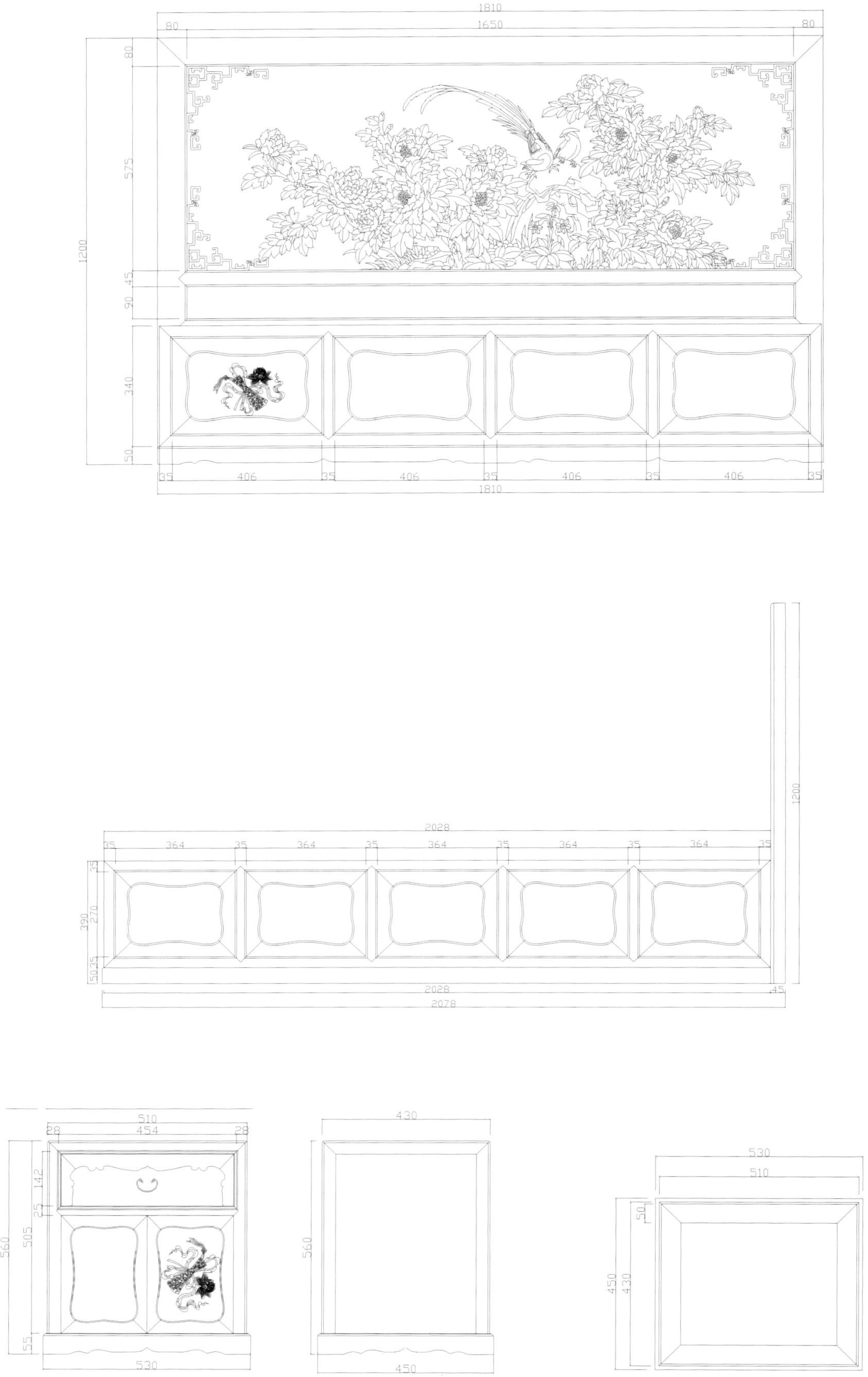
1810
80
1650
80
80
575
1200
45
90
340
50
35
406
35
406
35
406
35
406
35
1810
2028
35
364
35
364
35
364
35
364
35
364
35
1200
35
270
390
5035
2028
45
2078
510
28
454
28
142
25
505
560
55
530
430
560
450
530
510
50
450
430

CAD 结构图

贵　妃　榻

透视图

款式点评：

此床为榻形贵妃榻，是古代汉族妇女小憩用的榻，面较狭小，可坐可躺，制作精致，形态优美，故名“贵妃榻”。雕刻凤穿牡丹图，寓意家庭和美。

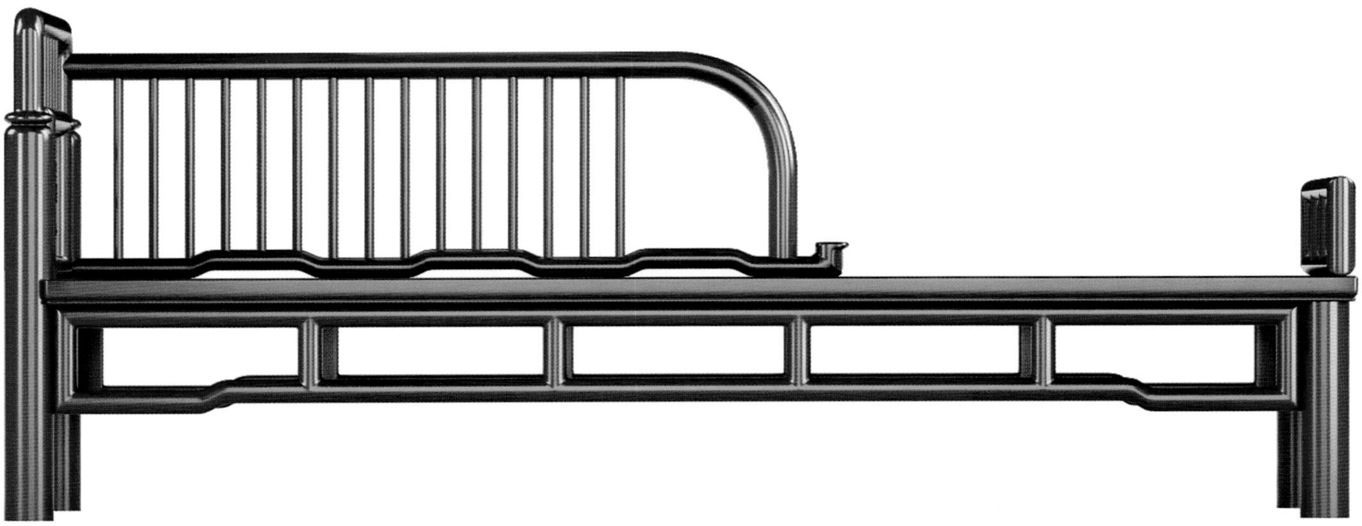

主视图

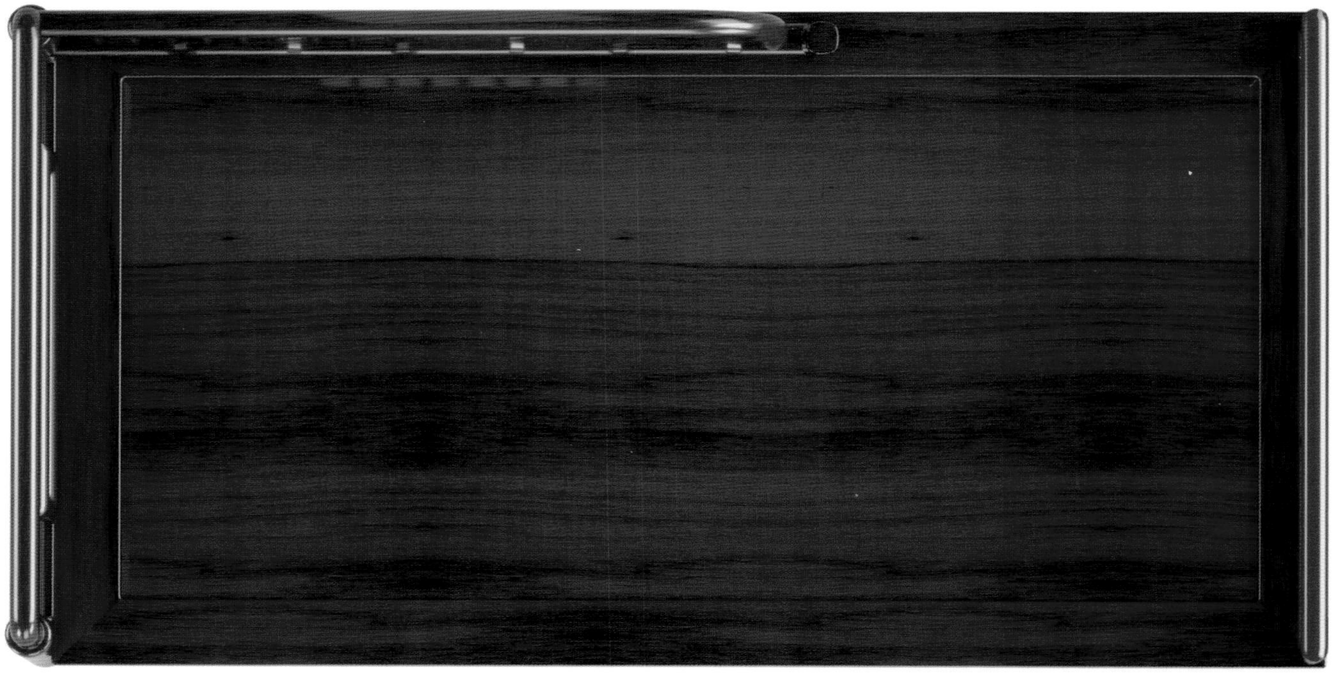

俯视图

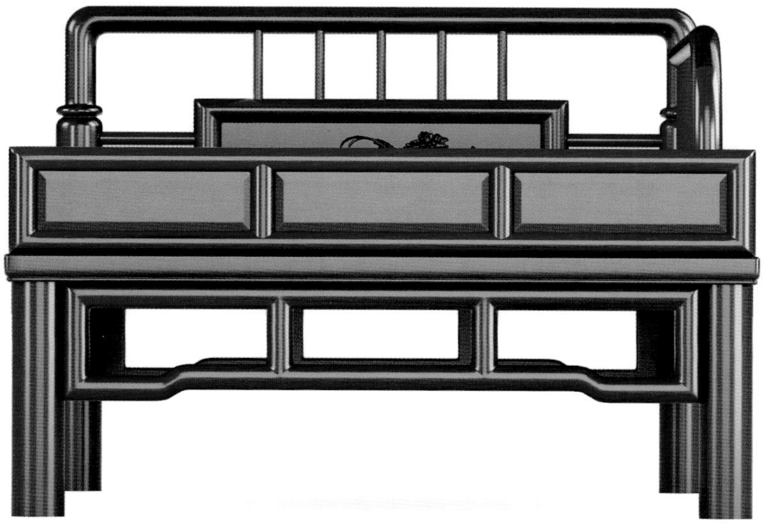

侧视图

精雕图

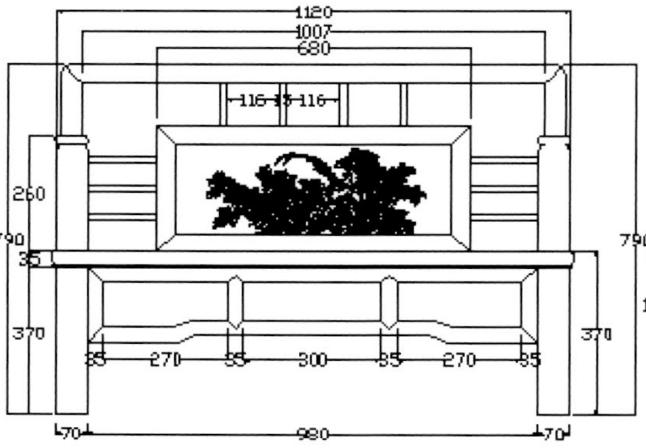
1120
1007
680
116 15 116
260
790
35
370
85 270 85 300 85 270 85
370
790
70 980 70

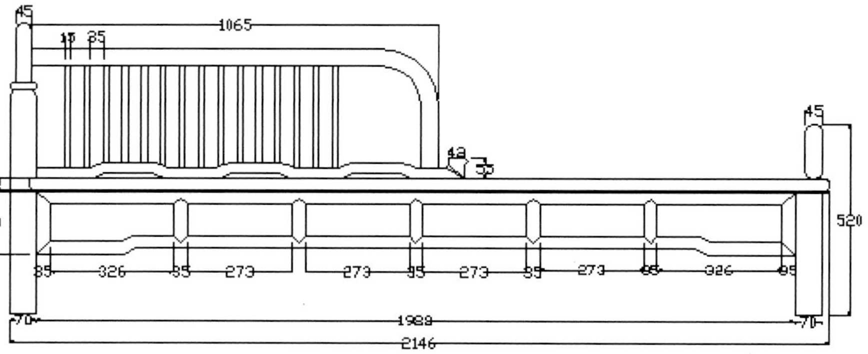
45
15 35
1065
45
48
55
32
170
520
85 326 85 273 273 85 273 85 273 85 326 85
70 1989 70
2146

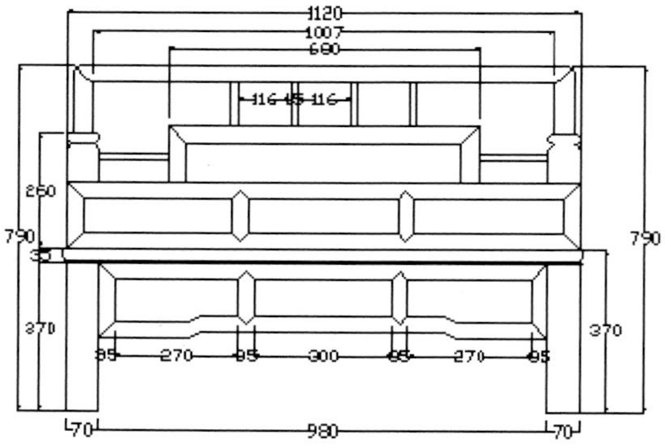
1120
1007
680
116 45 116
260
790
35
370
85 270 85 300 85 270 85
370
790
70 980 70

CAD 结构图

架　子　床

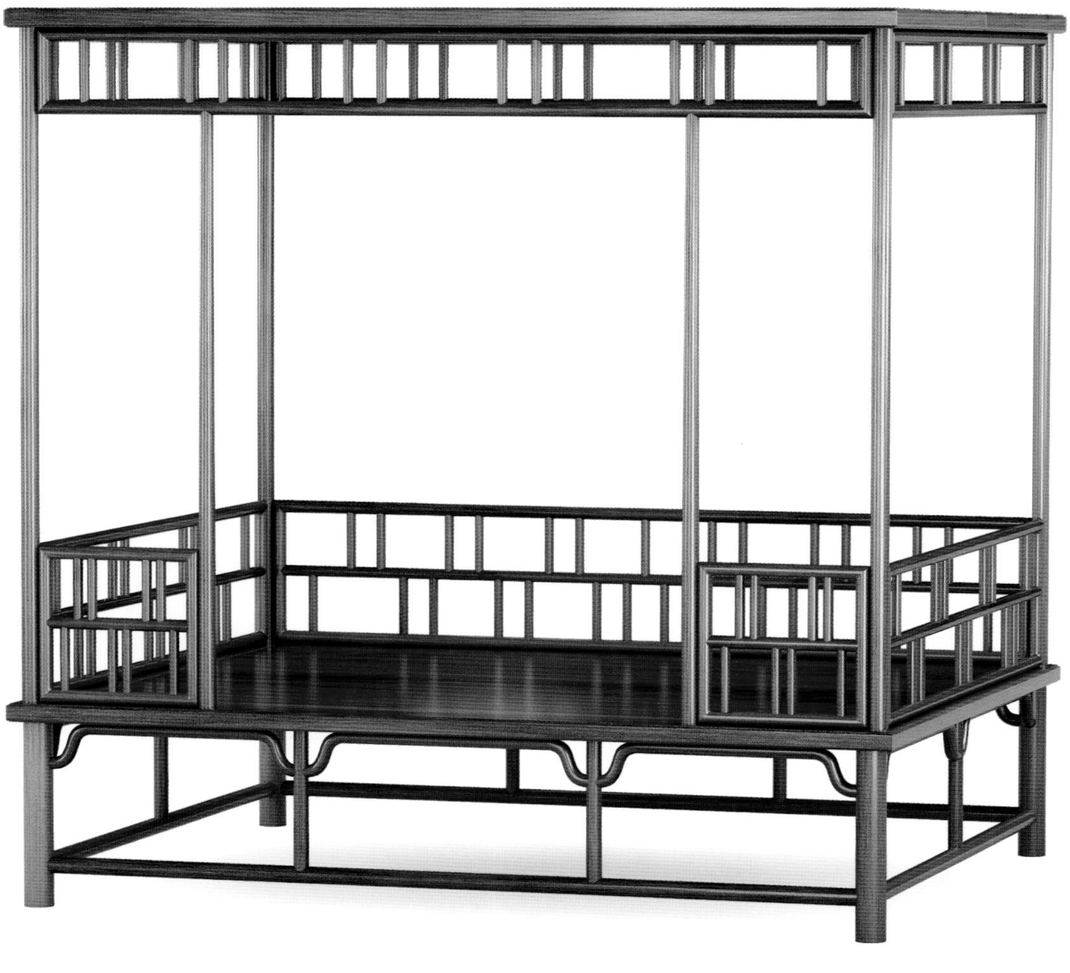

透视图

款式点评：

架子床汉族卧具。床身上架置六柱，顶端有顶板，顶板下有围栏格子，床板四周有两层梳条围栏，床板正面背面下分三段，有两根圆柱，整体简洁空灵，给人以简约美。

主视图

俯视图

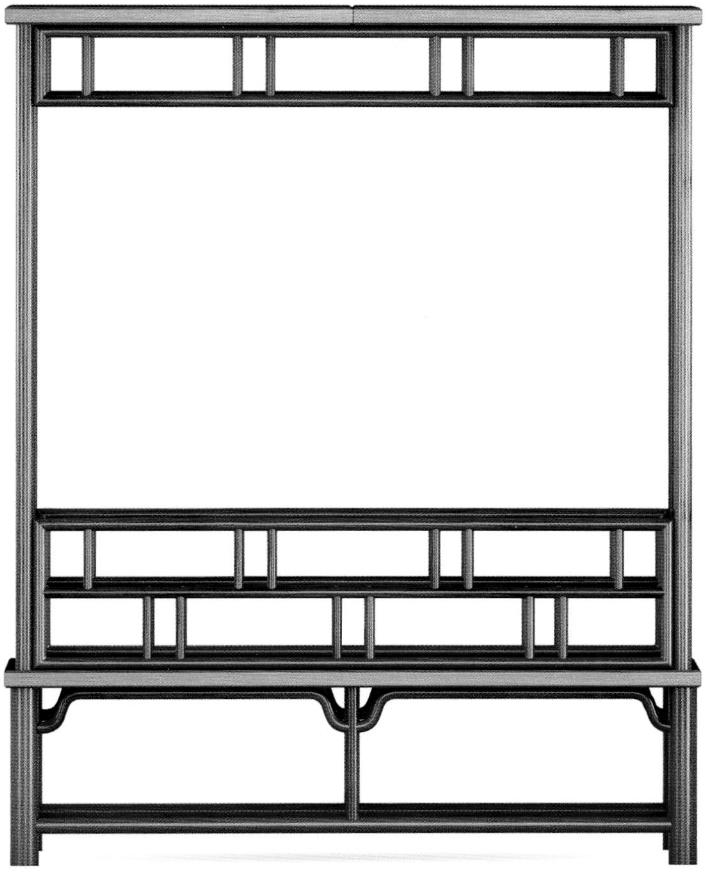

侧视图

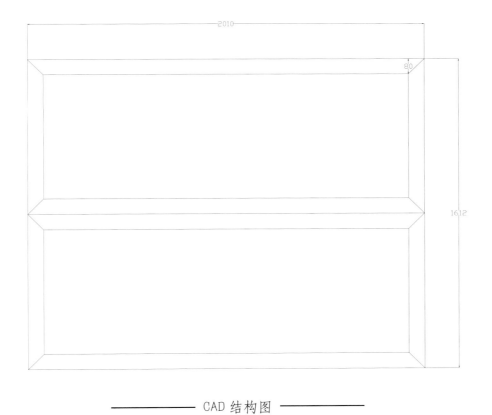

CAD 结构图

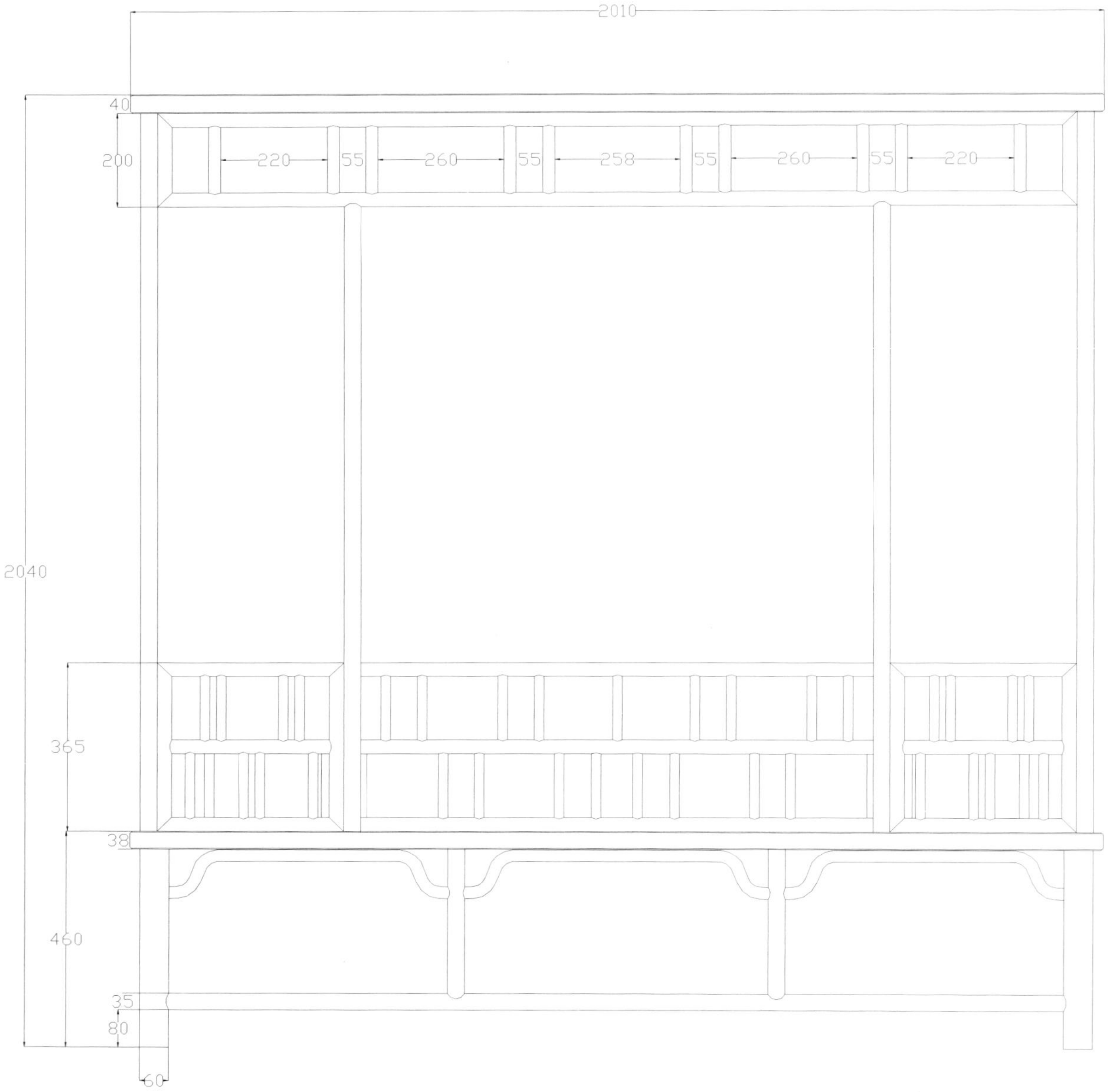
2010
40
200
220
55
260
55
258
55
260
55
220
2040
365
38
460
35
80
60

CAD 结构图

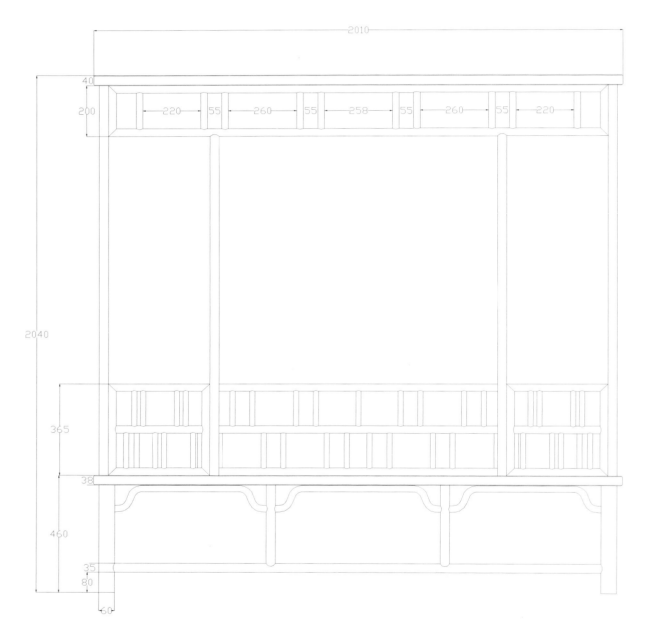

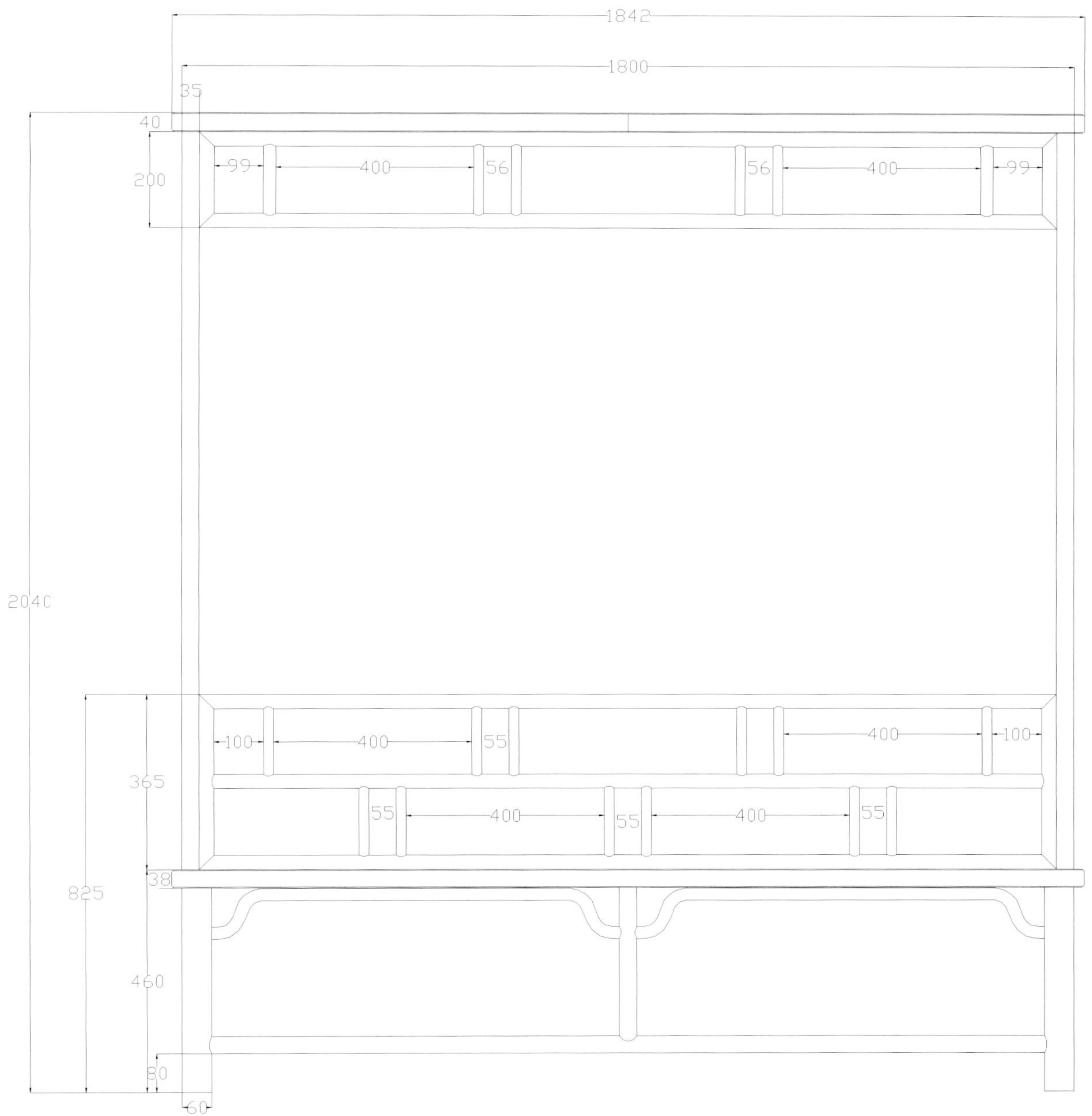
1842
1800
35
40
200
99
400
56
56
400
99
2040
100
400
55
400
100
365
55
400
55
400
55
825
38
460
80
60

CAD 结构图

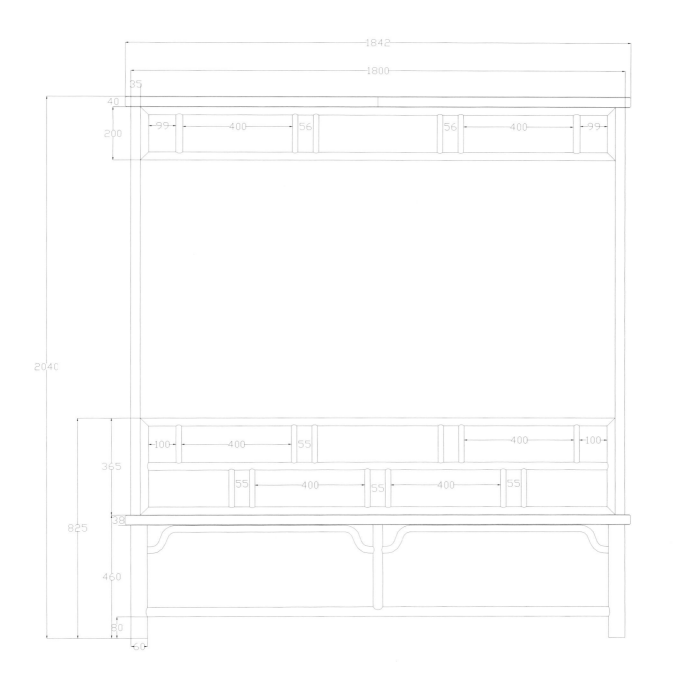

园林风光大床

款式点评：

此床床头搭脑向上凸起，外框雕有卷云纹。床面下有束腰，牙板和床腿相连，床脚内翻马蹄。牙板光素，背板大面积的园林风光雕刻使整张床显得大气端庄。床头柜圆角喷出，面下有屉，屉脸装黄铜拉手。

透视图

主视图

俯视图

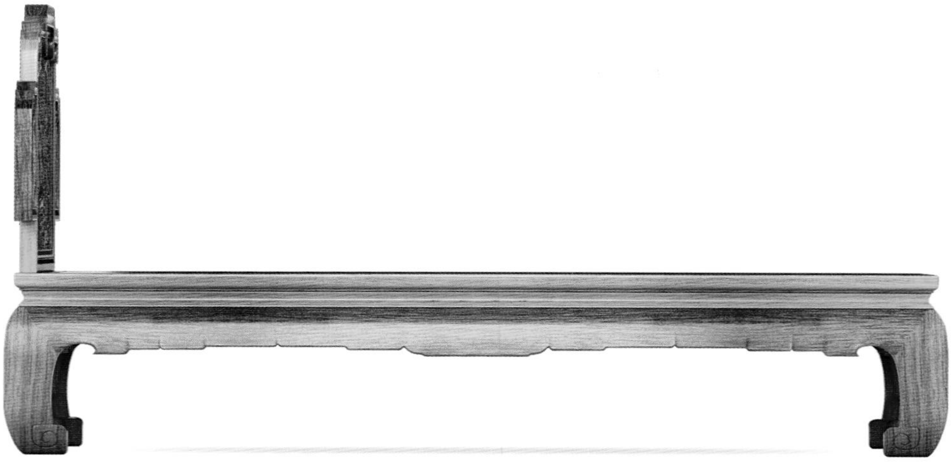

侧视图

主视图

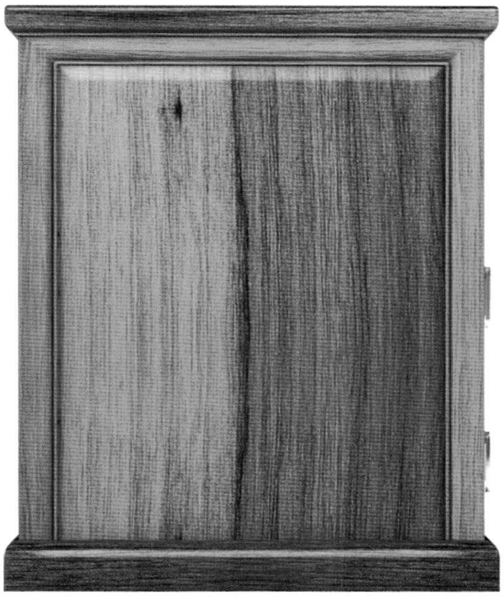

侧视图

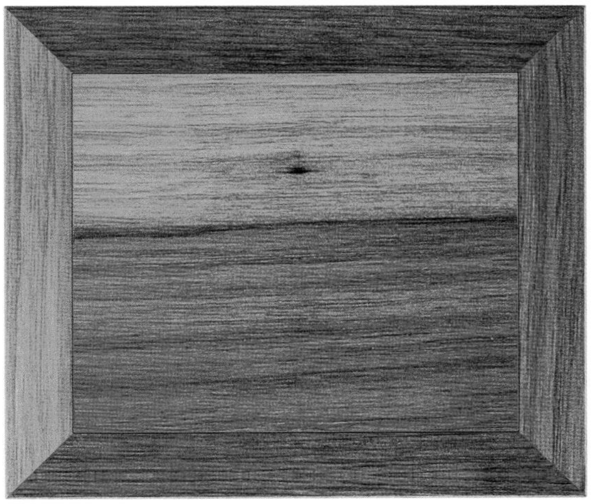

俯视图

透视图

精雕图

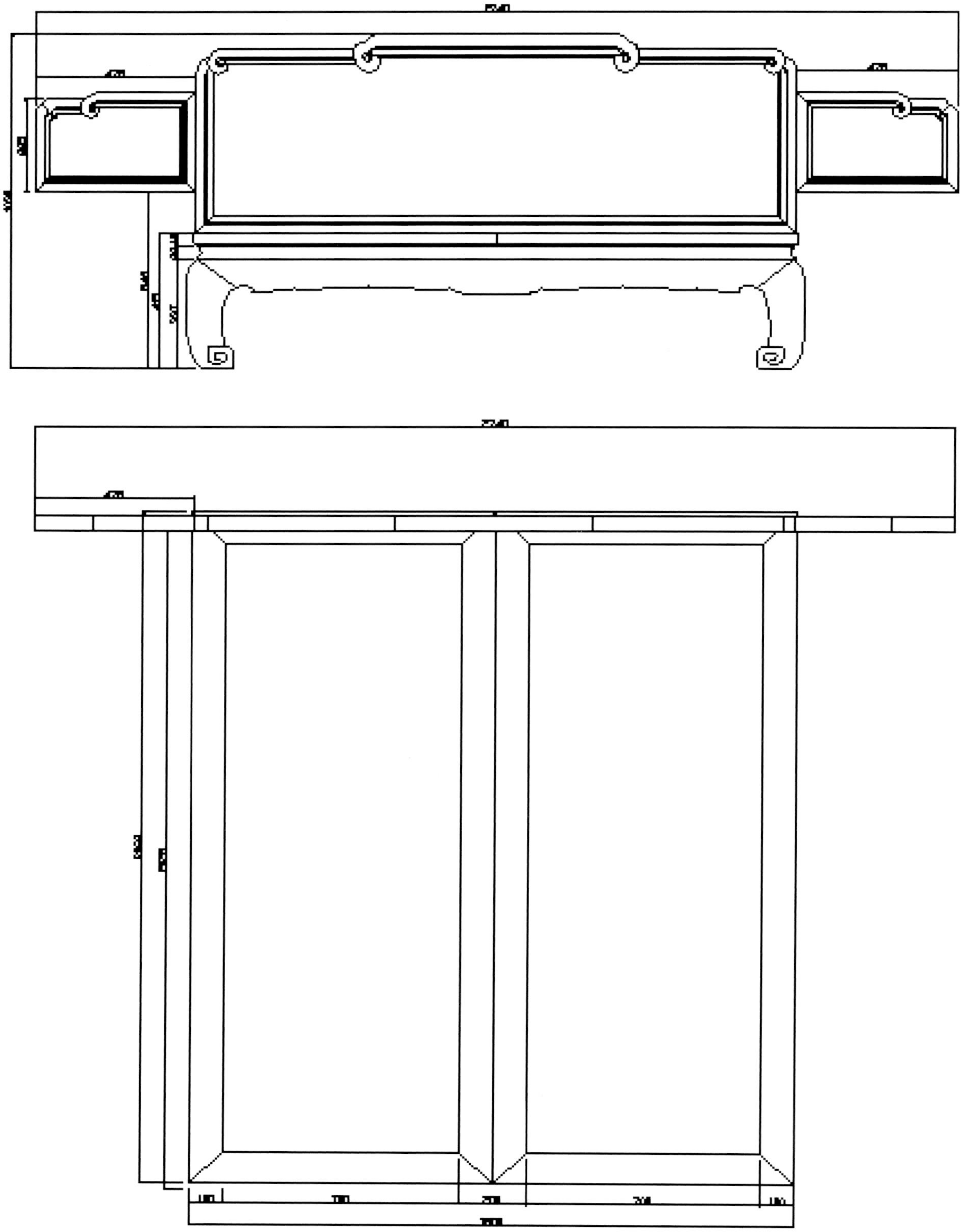

CAD 结构图

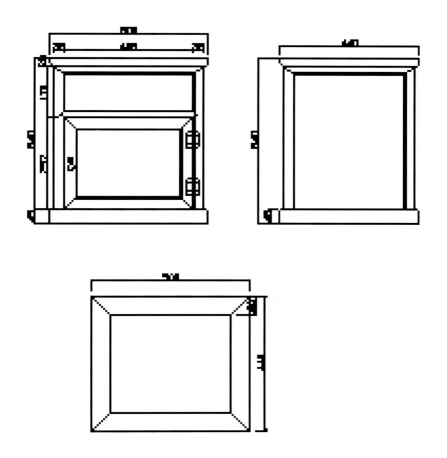

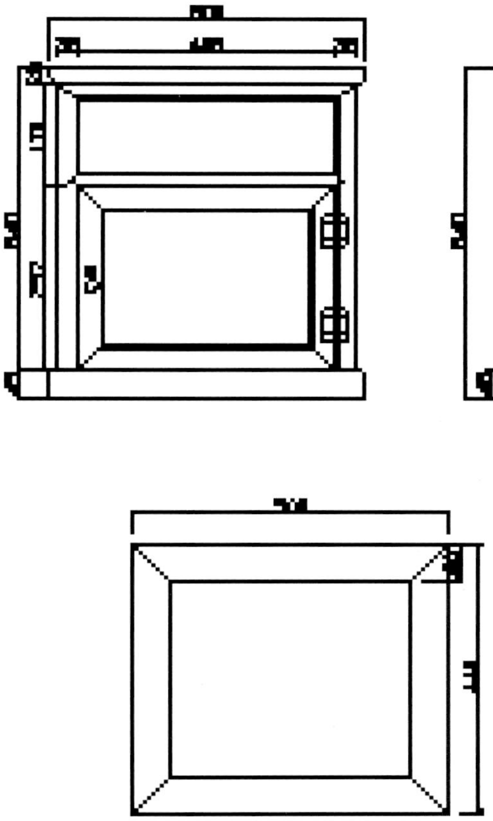

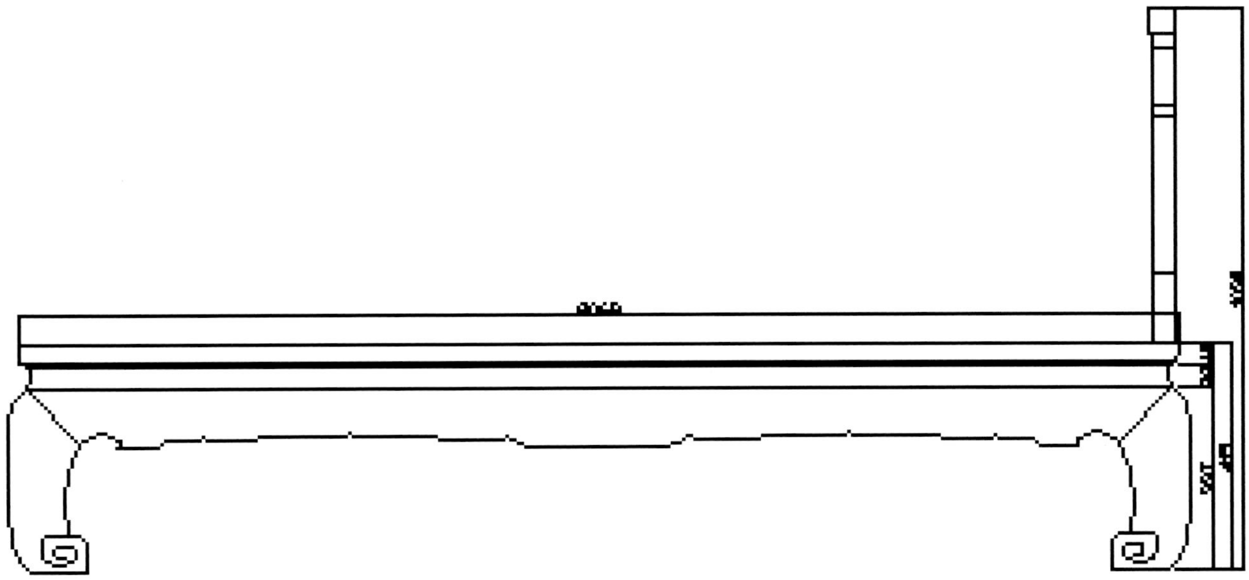

CAD 结构图

花　鸟　大　床

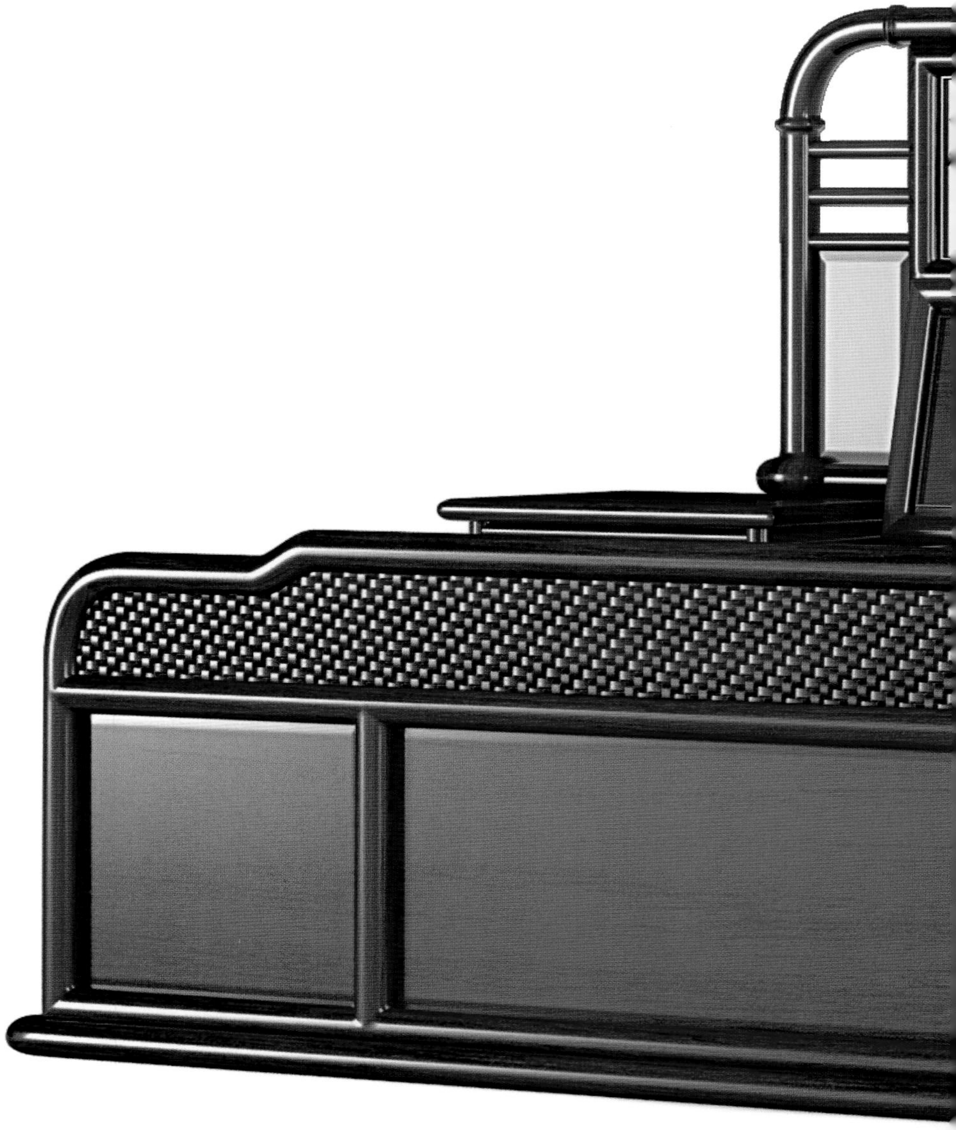

款式点评：

此床形态较为方正，床头部分搭脑向上凸起，背板分三屏，各雕刻花鸟纹饰，接近床板仍有三屏，两侧雕圆形纹饰，中间雕花卉纹饰，床身侧面有挡板，挡板光素无雕饰，床头柜圆角喷出，有三屉，屉脸装有黄铜拉手。

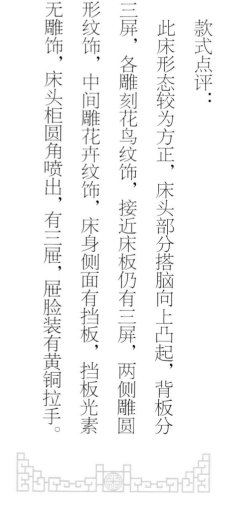

透视图

主视图

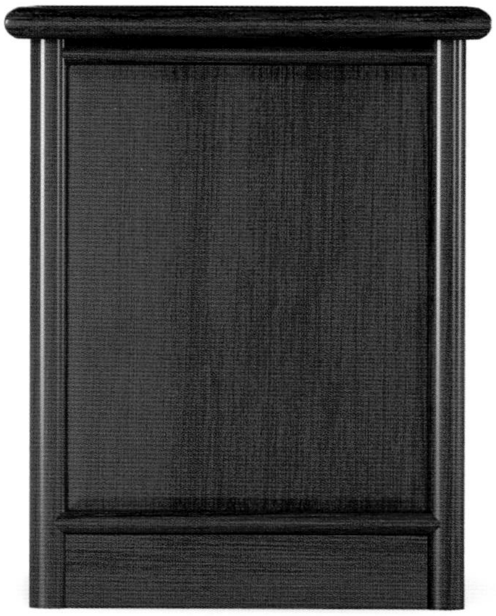

侧视图

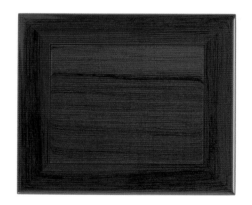

俯视图

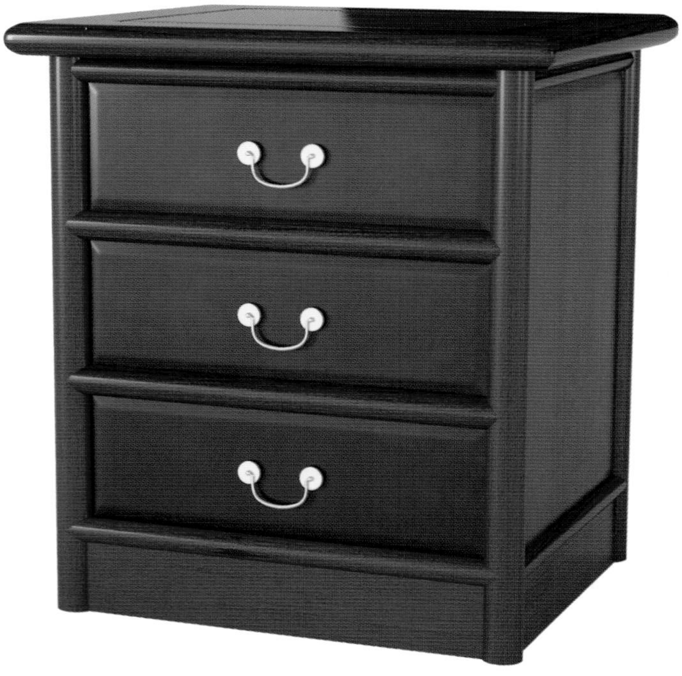

透视图

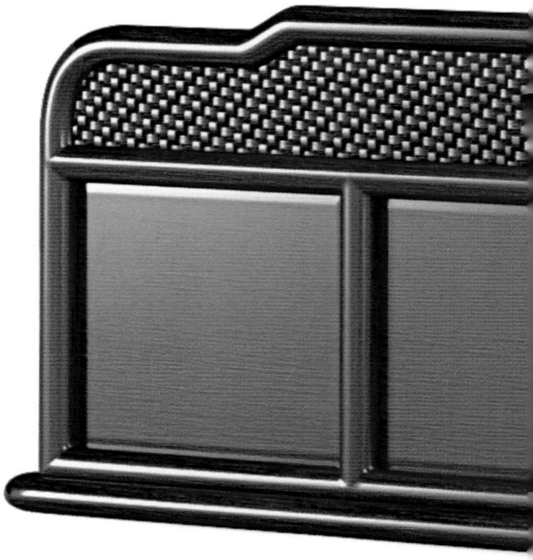

透视图

主视图

俯视图

侧视图

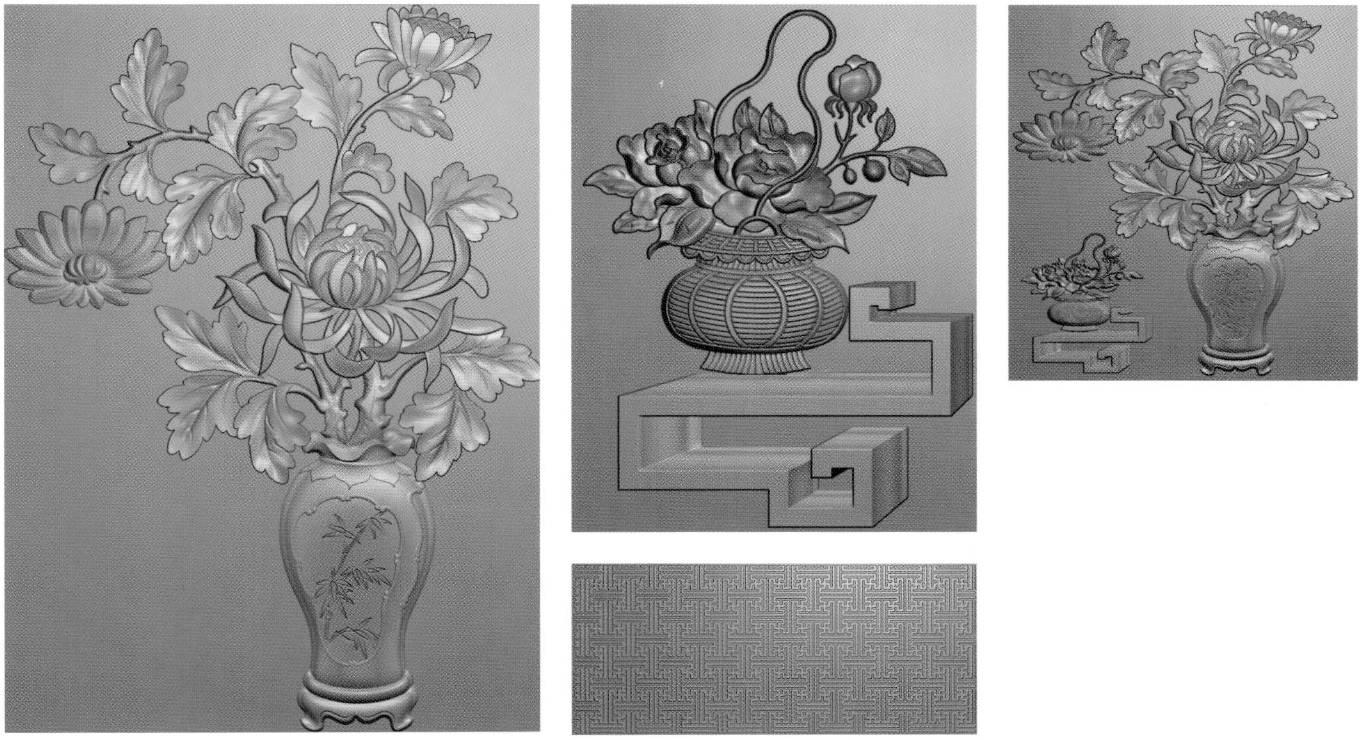

精雕图

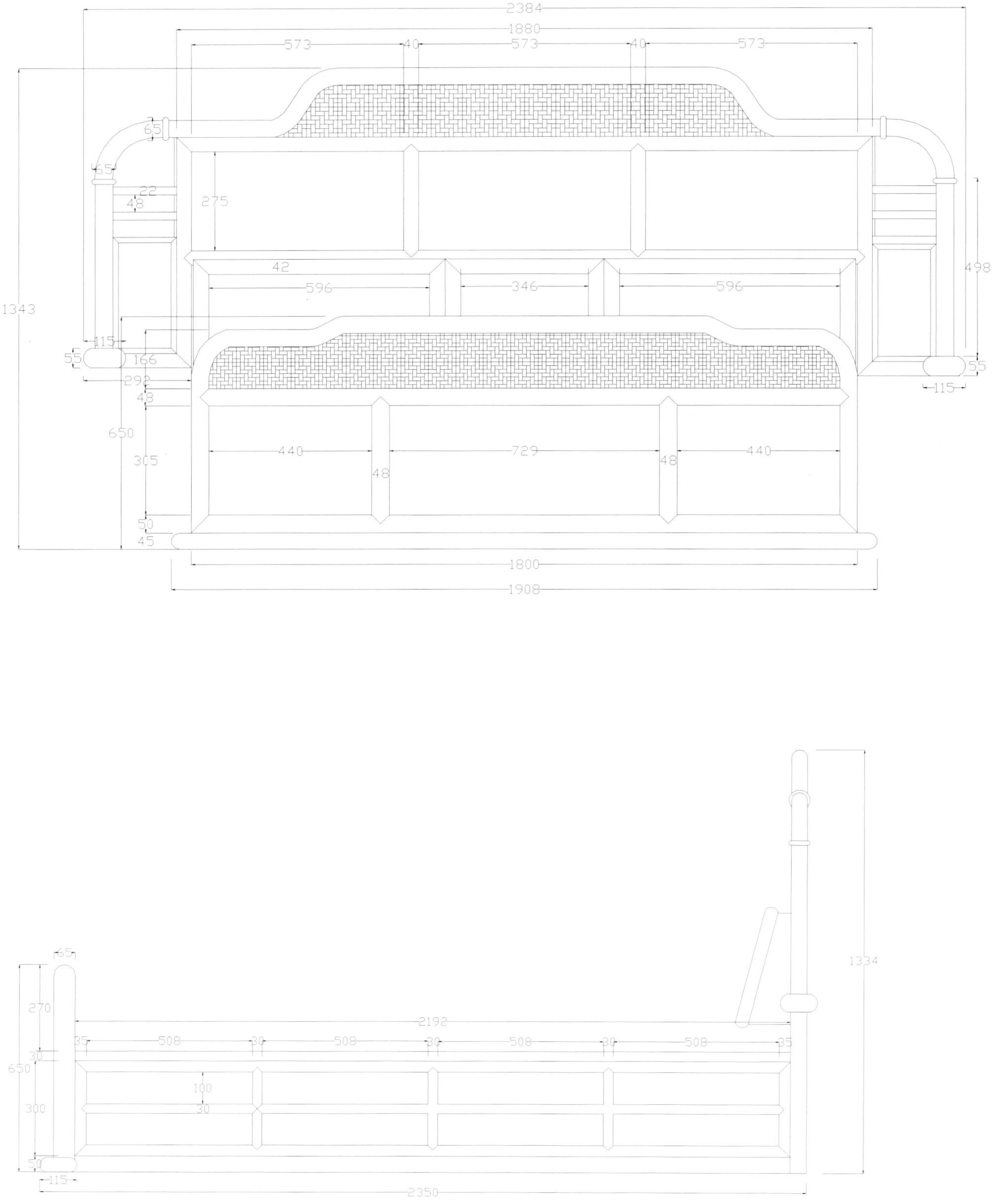
2384
1880
573
40
573
40
573
65
65
22
48
275
42
596
346
596
498
1343
115
55
166
292
48
650
305
440
729
48
48
440
50
45
55
115
1800
1908
65
270
2192
35
508
30
508
30
508
30
508
35
30
650
100
30
300
50
115
2350
1334

CAD 结构图

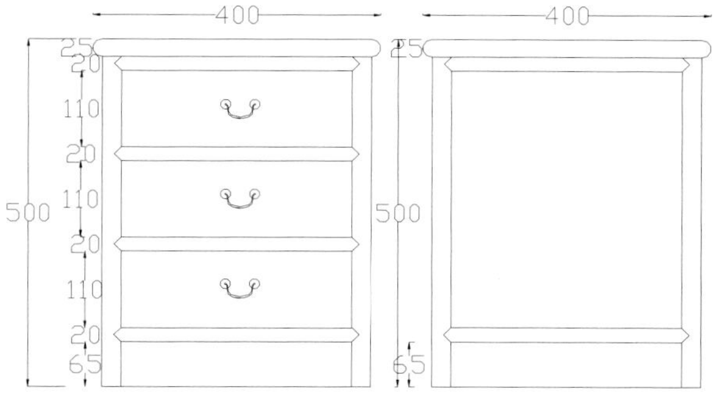
400
400
25
20
110
20
110
20
110
20
65
500
25
500
65

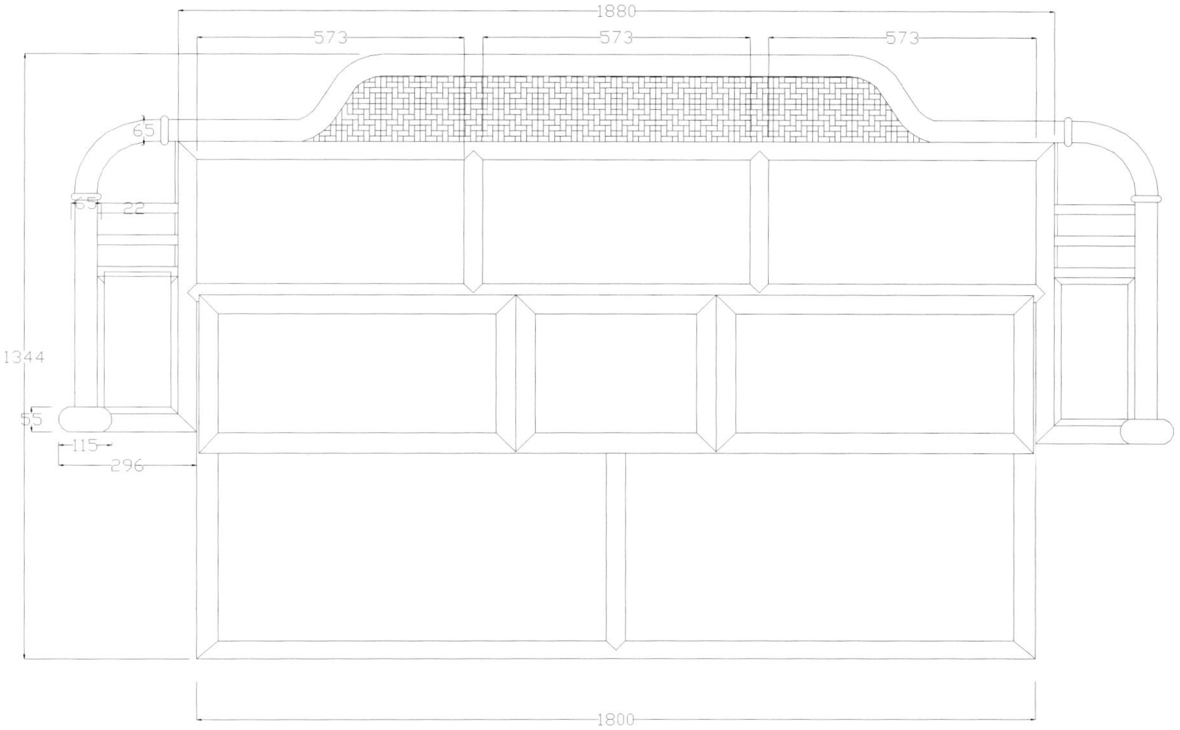
1880
573
573
573
65
65
22
1344
55
115
296
1800

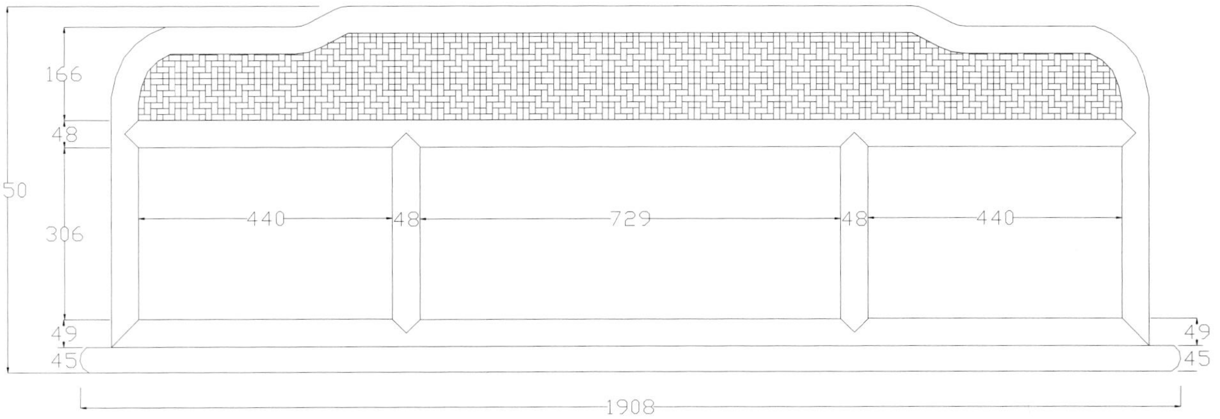
166
48
650
306
440
48
729
48
440
49
45
49
45
1908

CAD 结构图

百子大床

款式点评：

此床形态较为方正，床头弧形靠背板，浮雕百子纹饰，床板光素宽阔，床面下有高束腰，束腰浮雕纹饰，床牙板浮雕纹饰，腿方直且短。床头柜有两屉，屉脸浮雕花纹，方腿直足内翻马蹄。

透视图

主视图

侧视图

俯视图

透视图

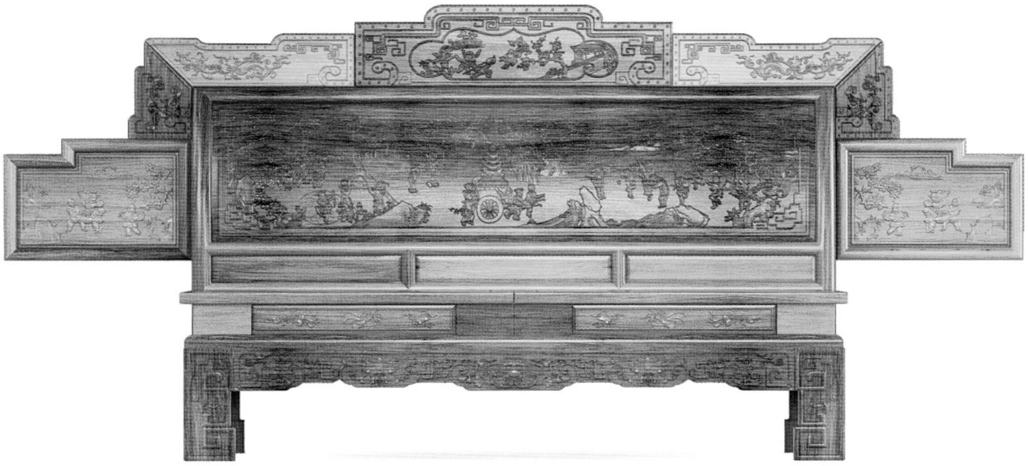

主视图

俯视图

侧视图

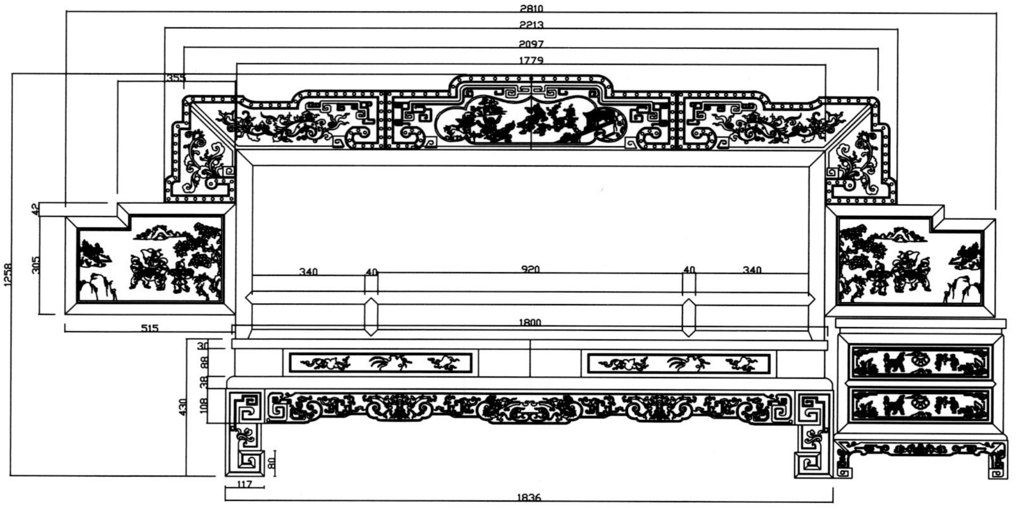
2810
2213
2097
1779
355
42
305
1258
515
340
40
920
40
340
1800
30
88
38
108
430
80
117
1836

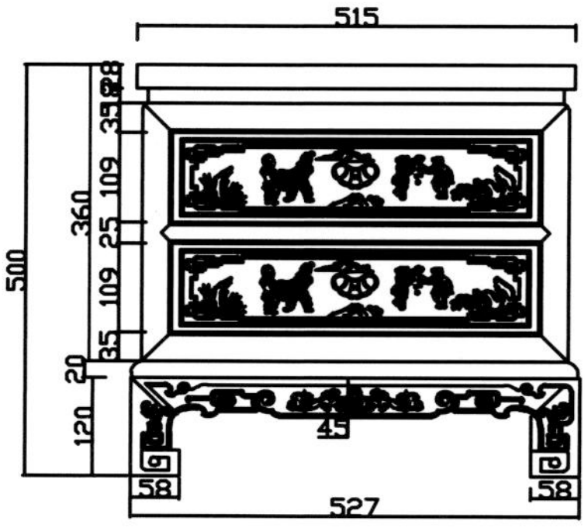
515
500
360
109
25
109
35
20
120
45
58
527
58

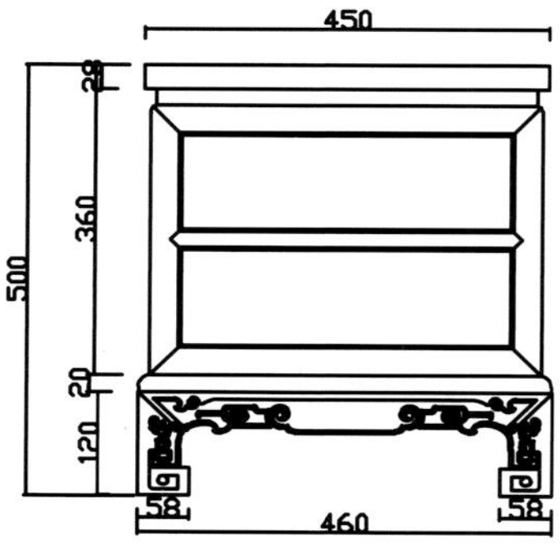
450
500
360
20
120
58
460
58

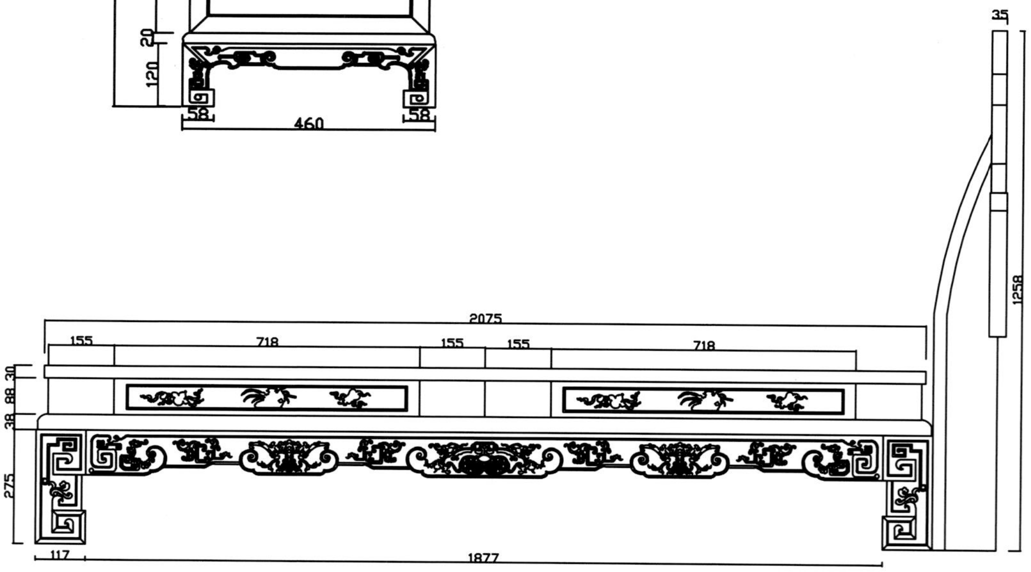
35
1258
2075
155
718
155
155
718
30
88
38
275
117
1877

CAD 结构图

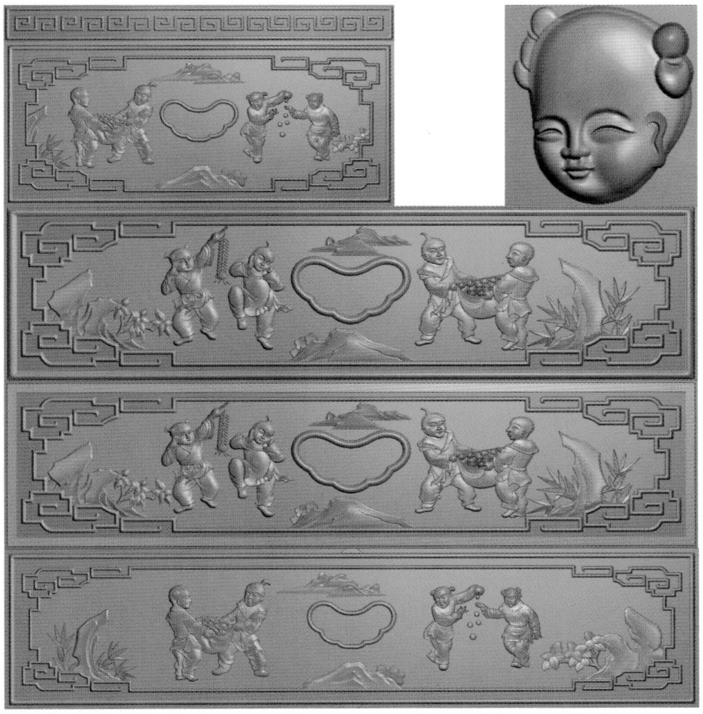

精雕图

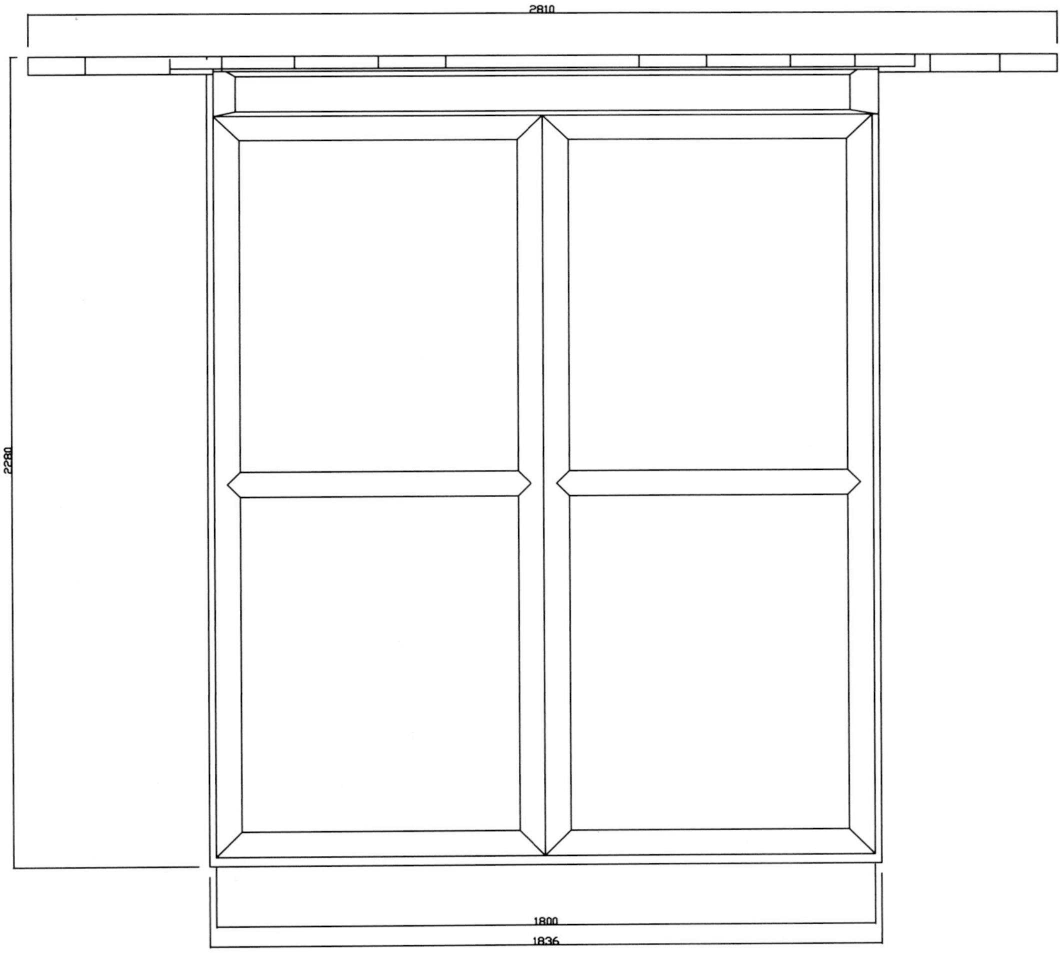

CAD 结构图

樱木背板大床

款式点评：

此床床头搭脑向上凸起，下有回纹格子衔接，弧形靠背板分三块，两侧为金色楠樱木，中间浮雕梅花纹饰，床面宽阔，床尾有挡板，顶端有回纹攒接做装饰，整体显得大气端庄。床头柜面上有回纹栏板，面下柜膛，下有两屉，屉脸装黄铜拉手。

透视图

透视图

主视图

俯视图

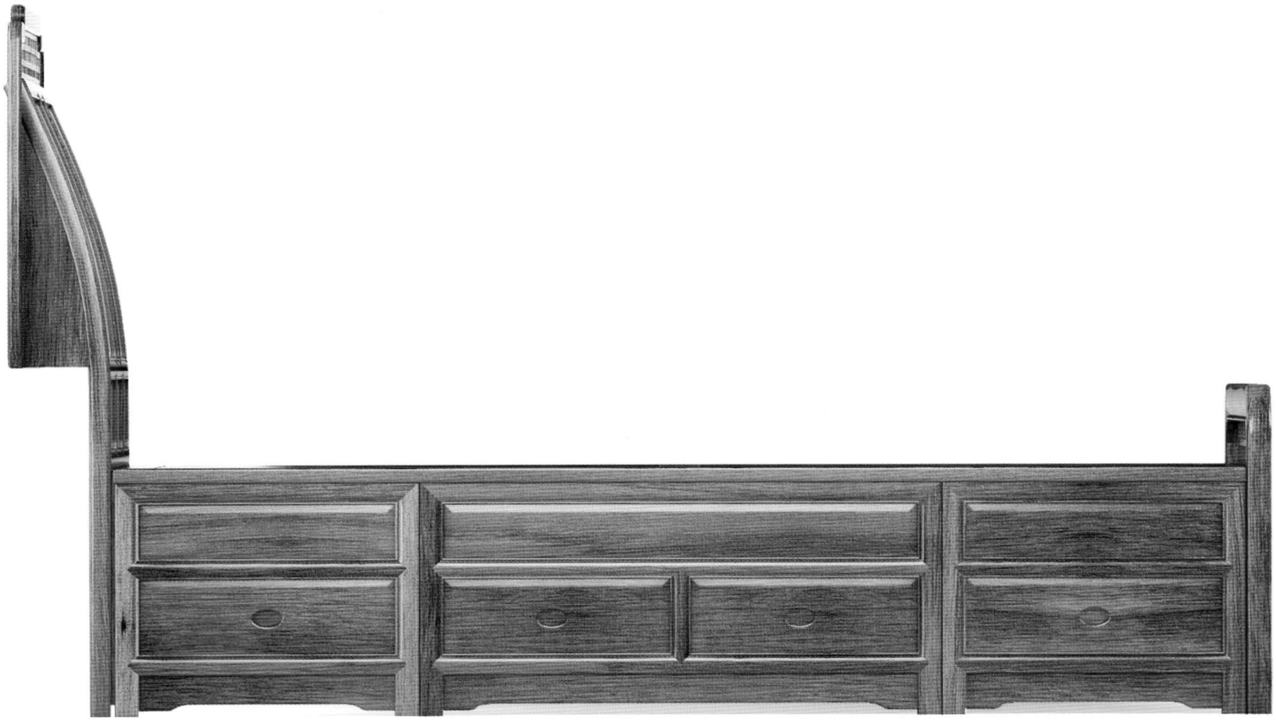

侧视图

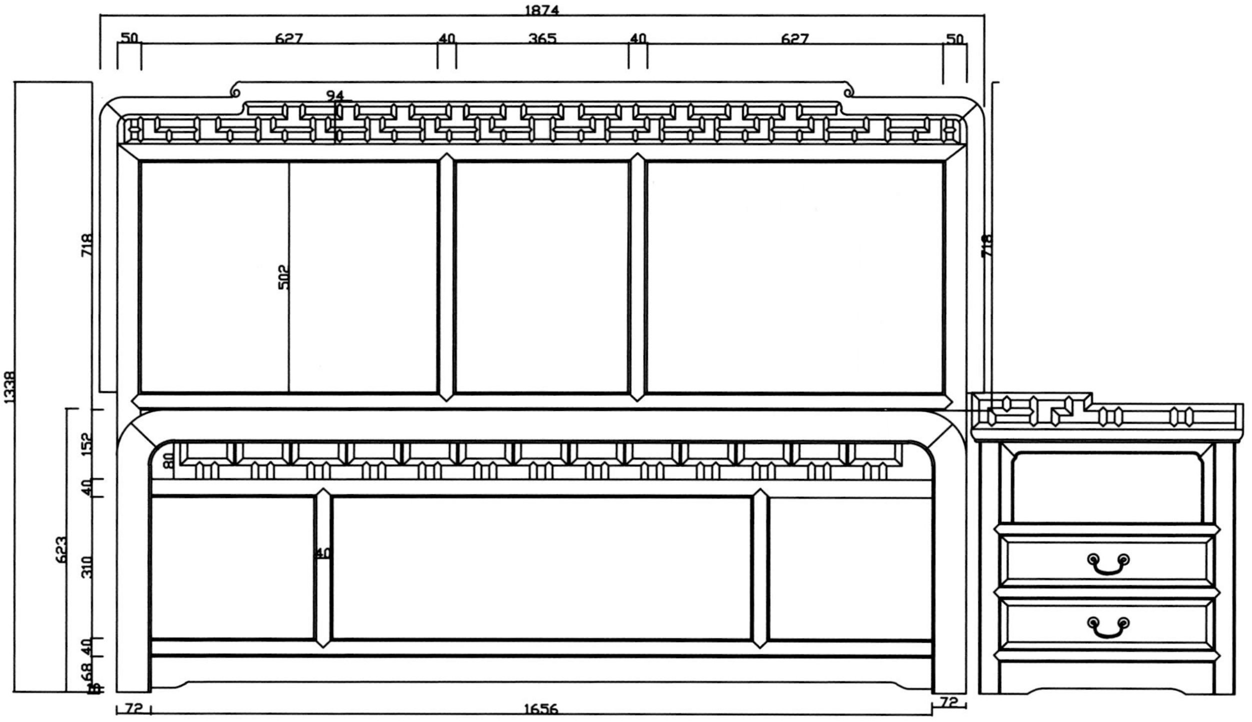
1874
50
627
40
365
40
627
50
94
718
502
718
1338
152
40
623
310
40
68
80
40
72
1656
72

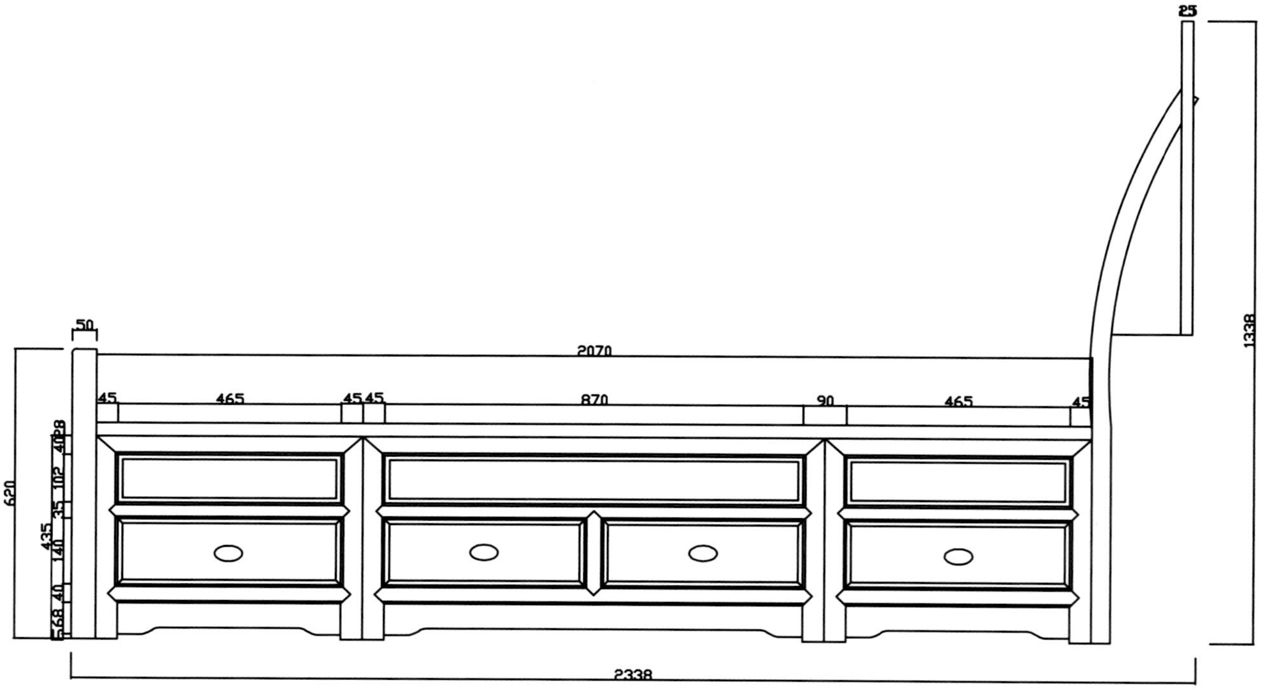
25
50
2070
45
465
45
45
870
90
465
45
620
435
40
102
35
140
40
68
1338
2338

CAD 结构图

CAD 结构图

主视图

侧视图

俯视图

透视图

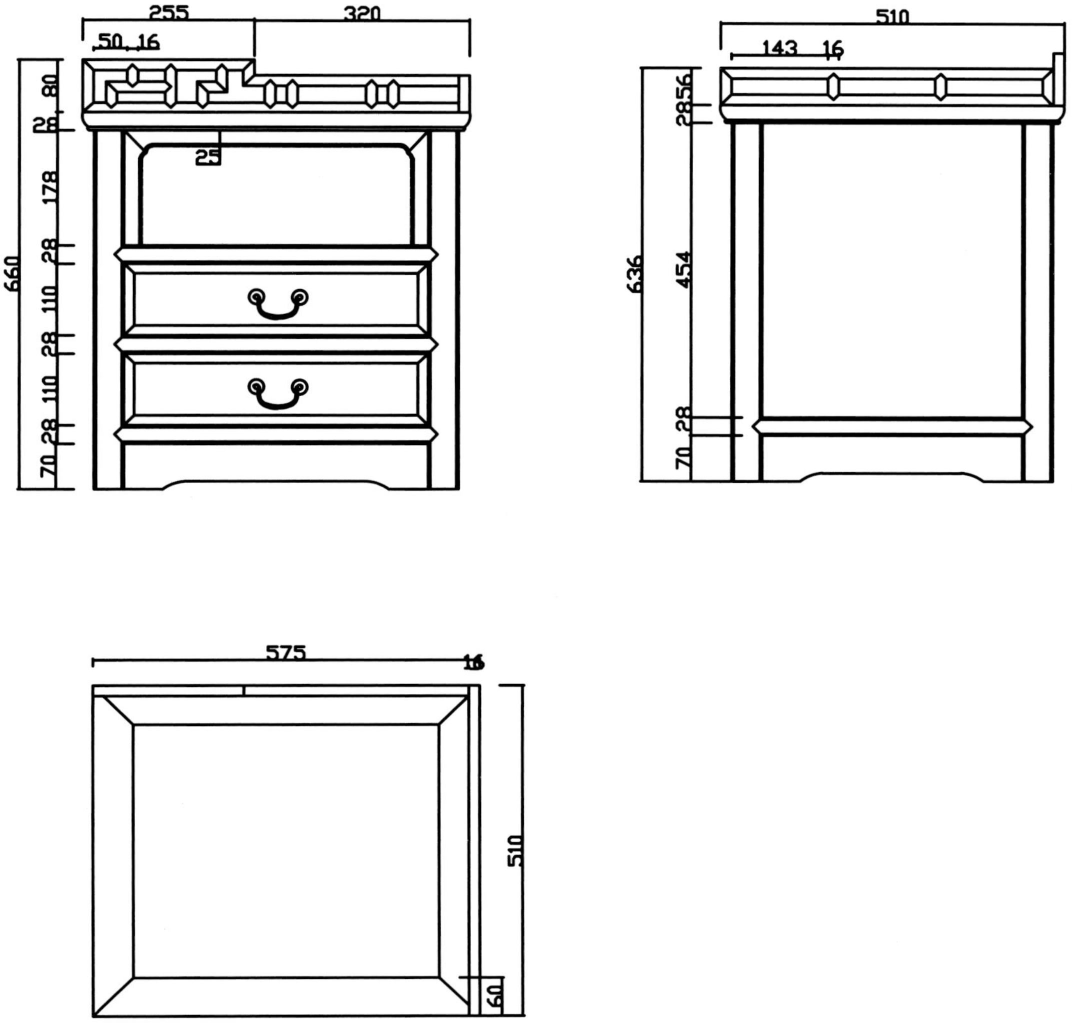

CAD 结构图

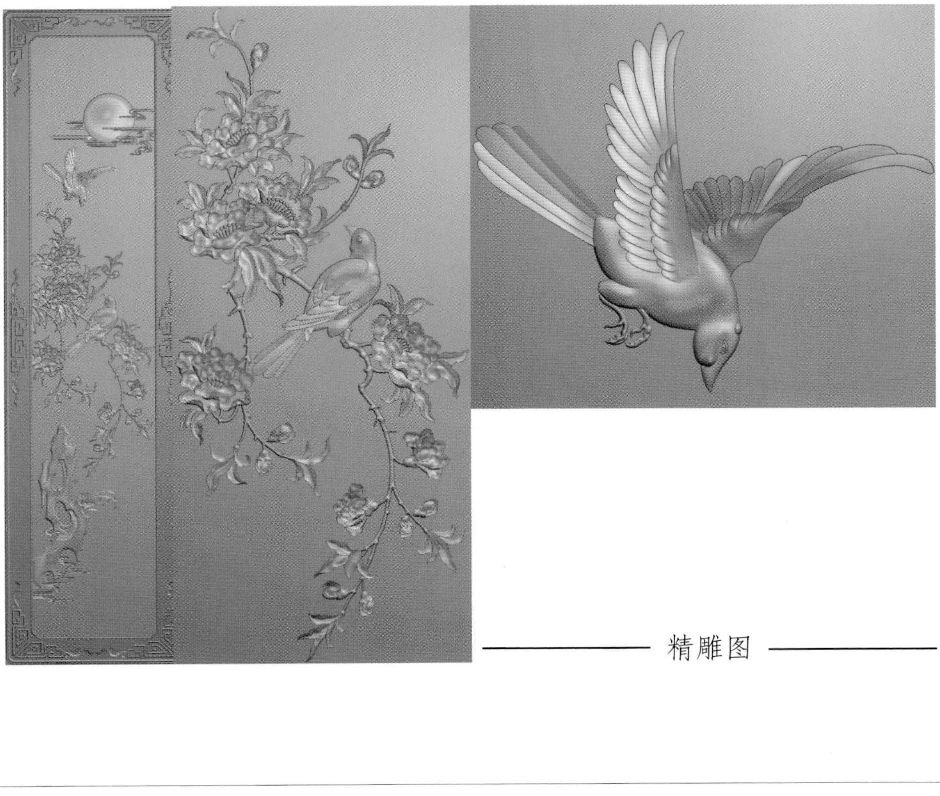

精雕图

床榻類

鸳鸯大床

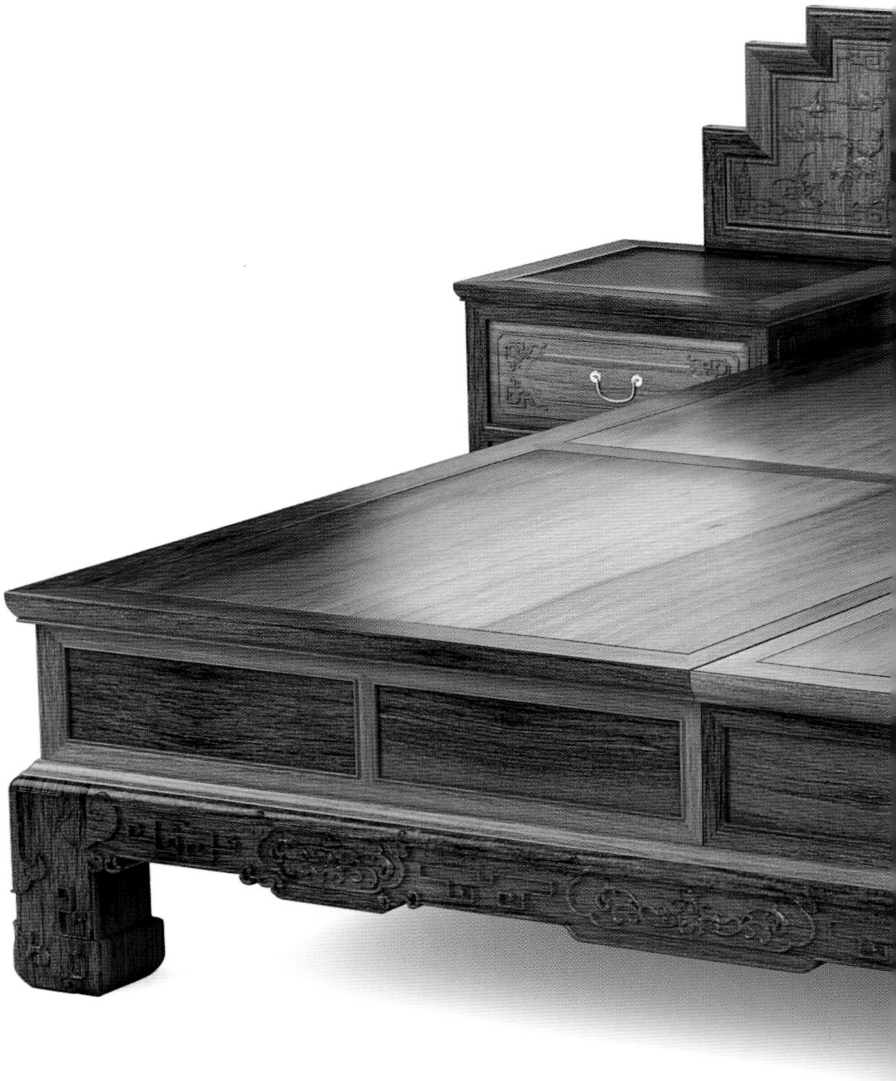

款式点评：

此床床头方正平直，床头靠背板雕饰鸳鸯纹式，床面宽阔，床尾没有挡板，床板下顶端有回纹攒接做装饰，整体显得大气端庄。床头柜面上有回纹栏板，面下柜膛，下有两屉，屉脸装黄铜拉手。

透视图

主视图

侧视图

俯视图

透视图

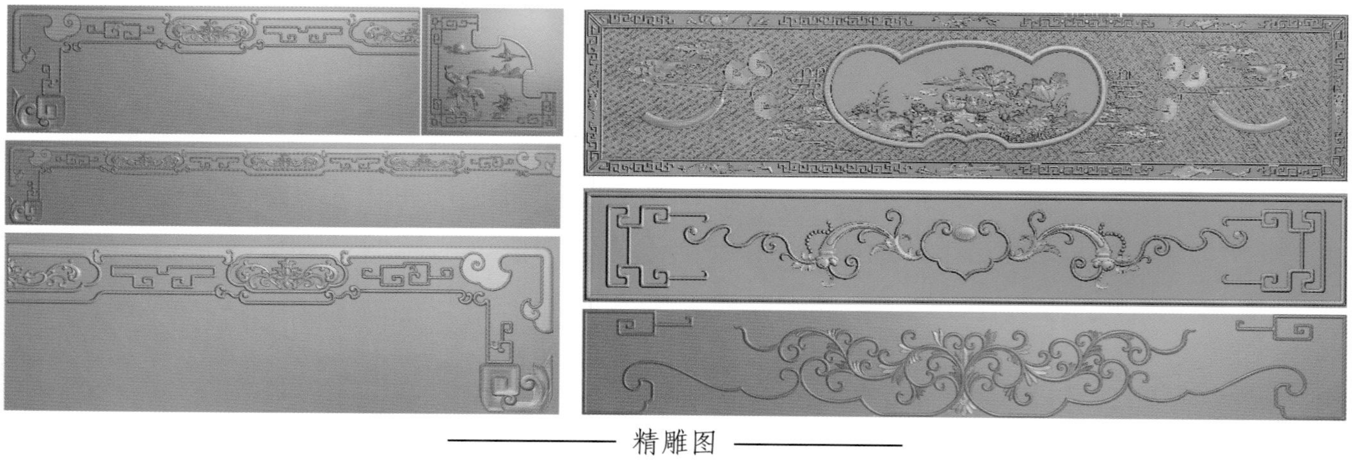

精雕图

主视图

俯视图

侧视图

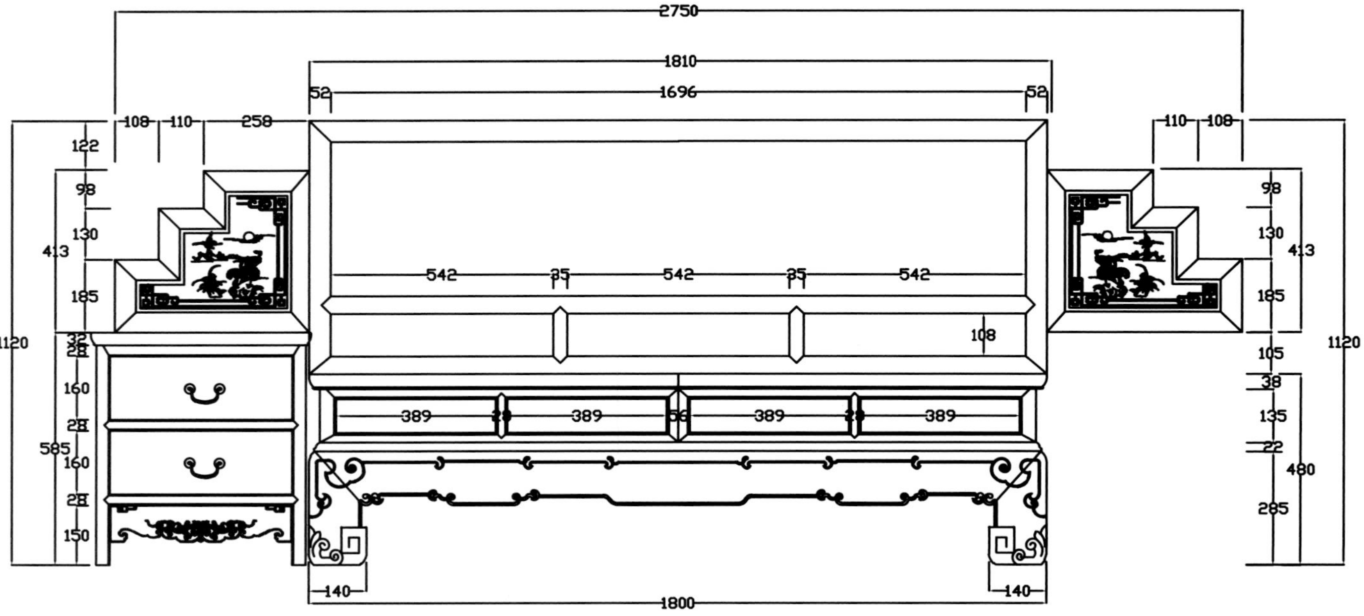
2750
1810
52
1696
52
108
110
258
110
108
122
98
130
413
185
1120
32
28
160
585
28
160
28
150
542
35
542
35
542
108
389
28
56
389
28
389
389
98
413
105
38
135
22
480
285
140
1800
140

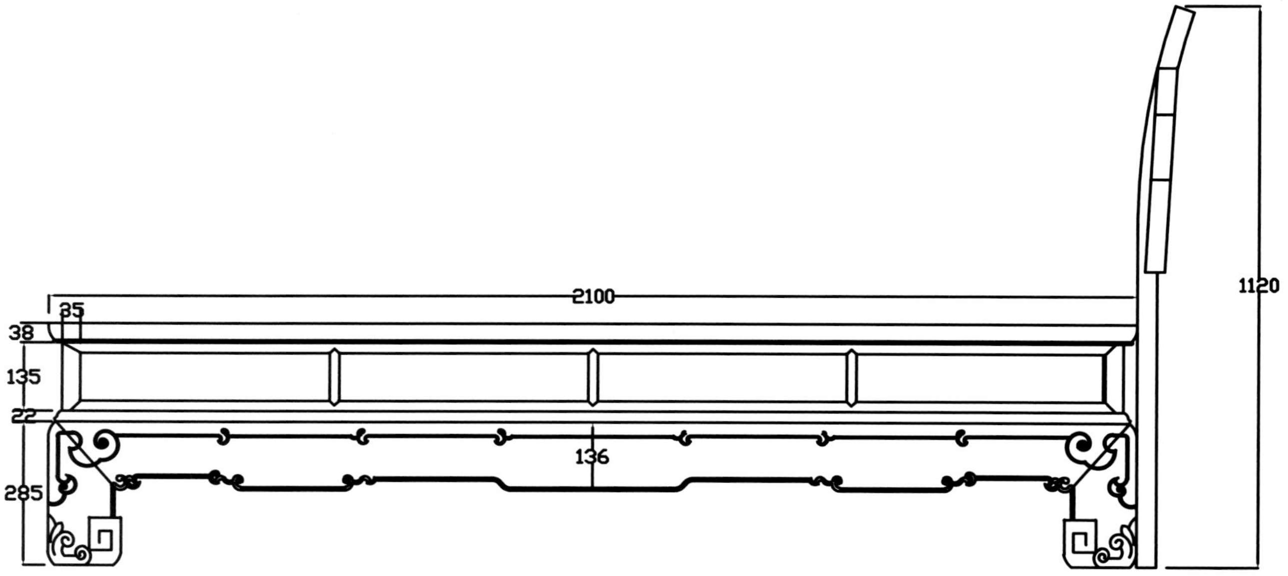
2100
35
38
135
22
285
136
1120

CAD 结构图

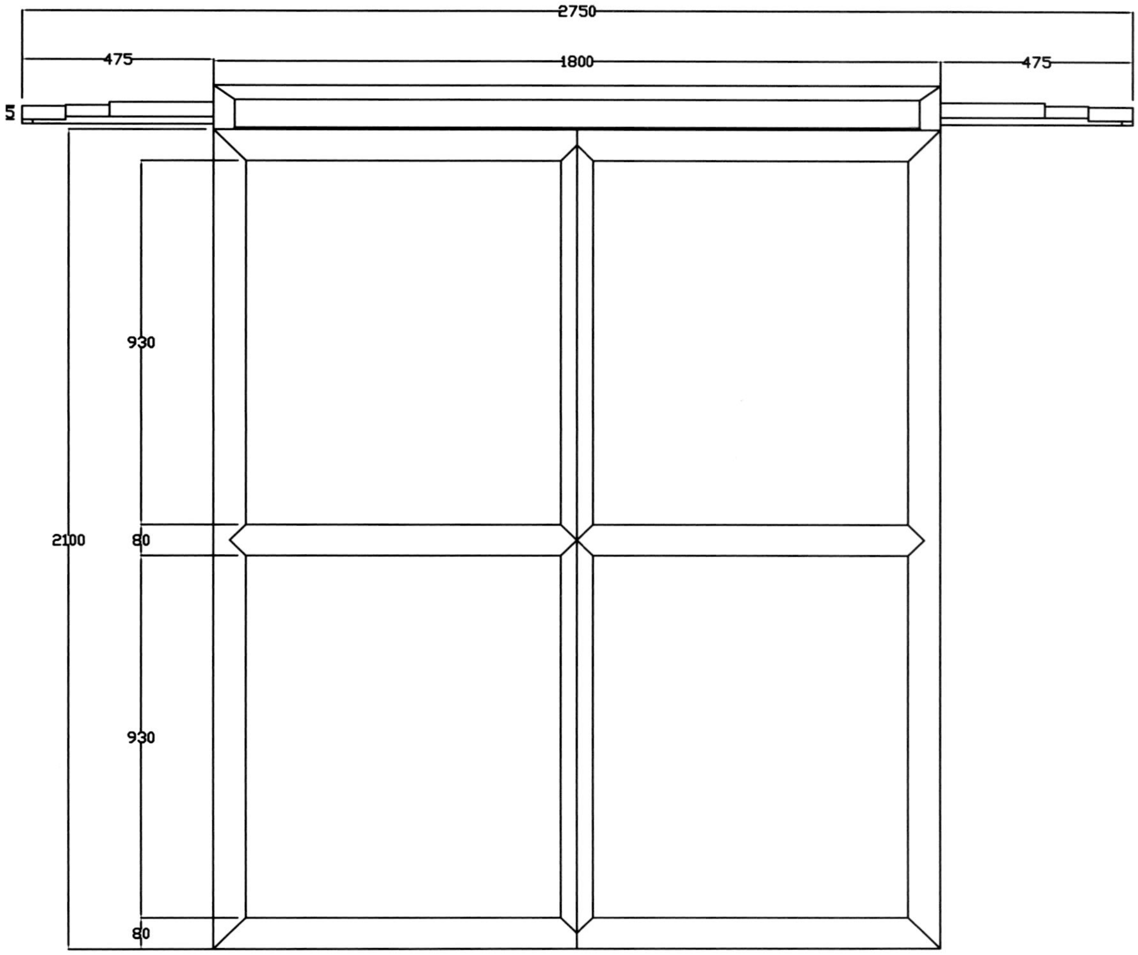
2750
475
1800
475
5
930
2100
80
930
80

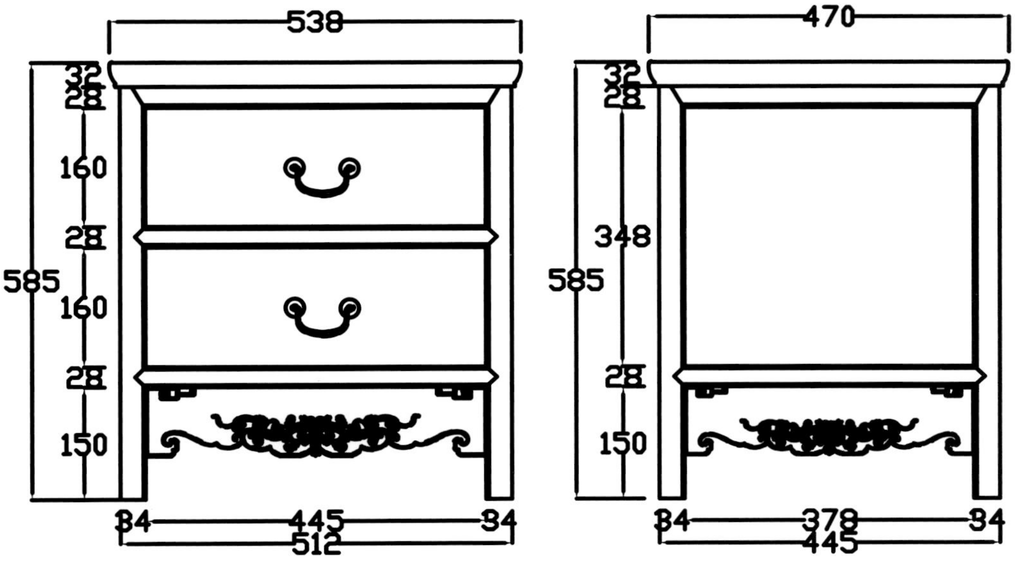
538
32
28
160
28
585
160
28
150
34
445
34
512
470
32
28
348
585
28
150
34
378
34
445

CAD 结构图

床榻類

新中式大床

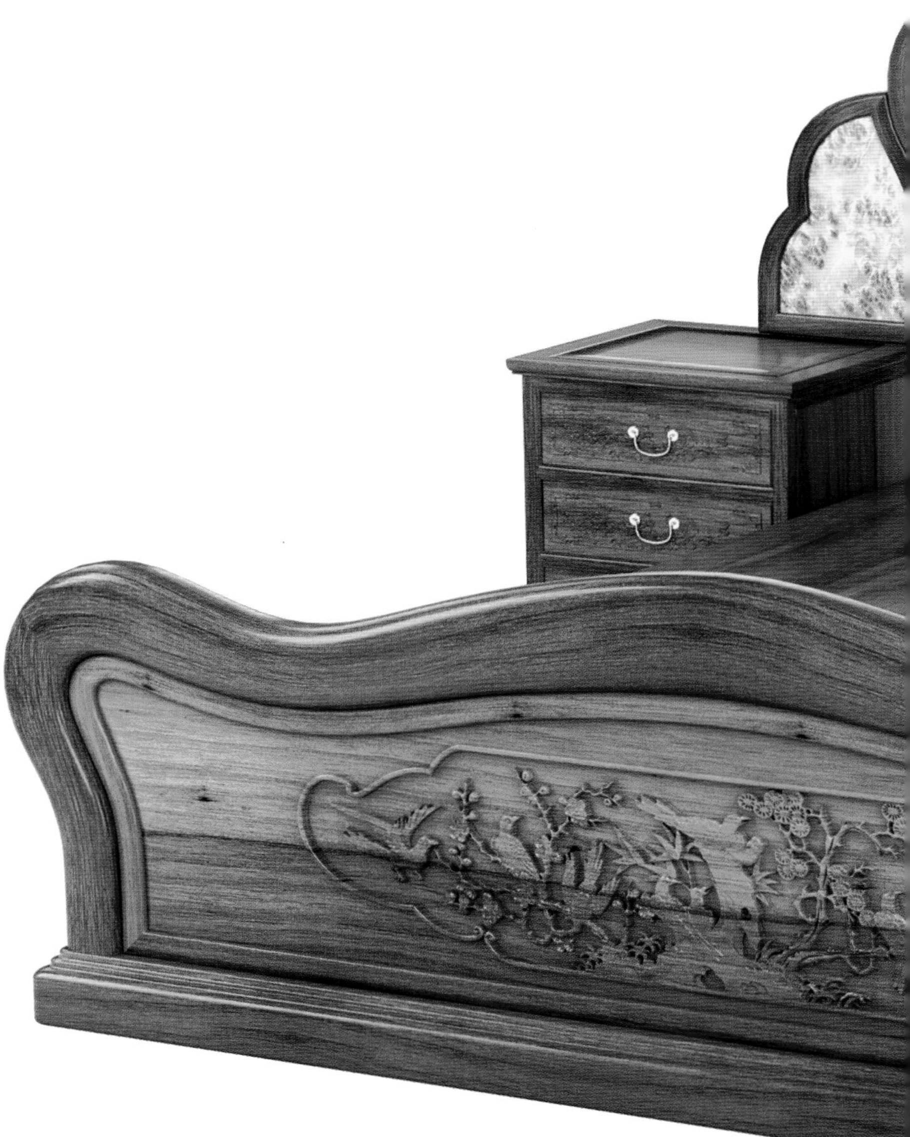

款式点评：

此床床头弧形弯曲，正中向上突起，床头靠背板雕饰纹式，床头板两侧护板中间镶嵌樱木，床面宽阔，床尾有挡板，挡板与床头呼应，同样为弧形。整体显得大气端庄。床头柜面下有三屉，屉脸装黄铜拉手。

透视图

主视图

俯视图

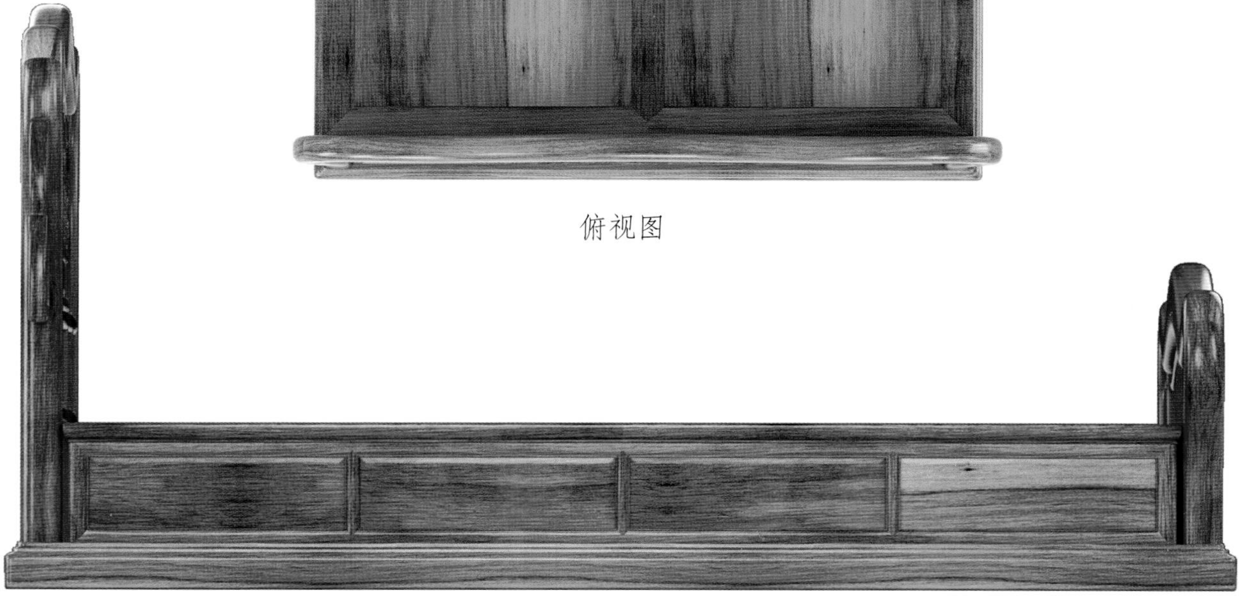

侧视图

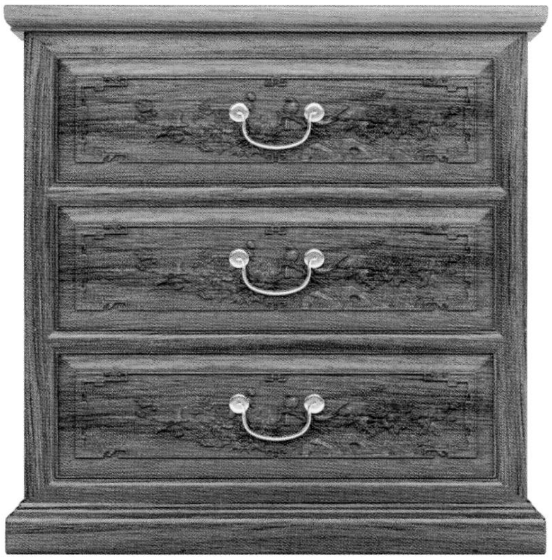

主视图

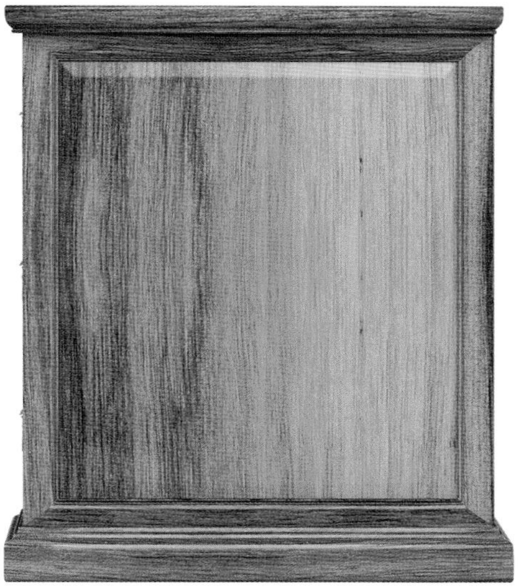

侧视图

俯视图

透视图

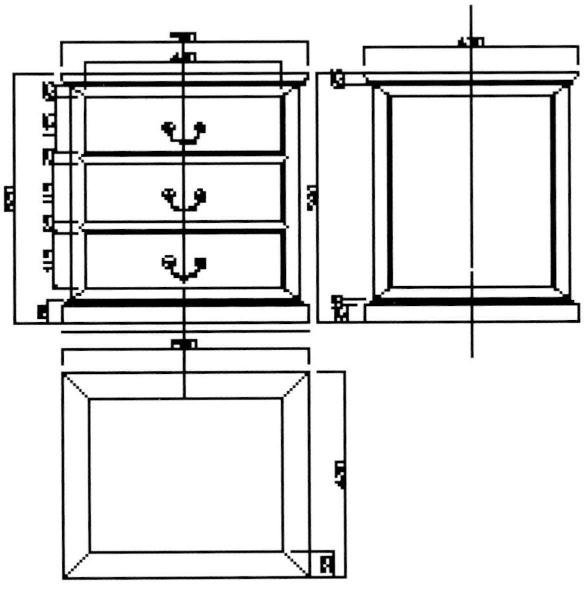

CAD 结构图

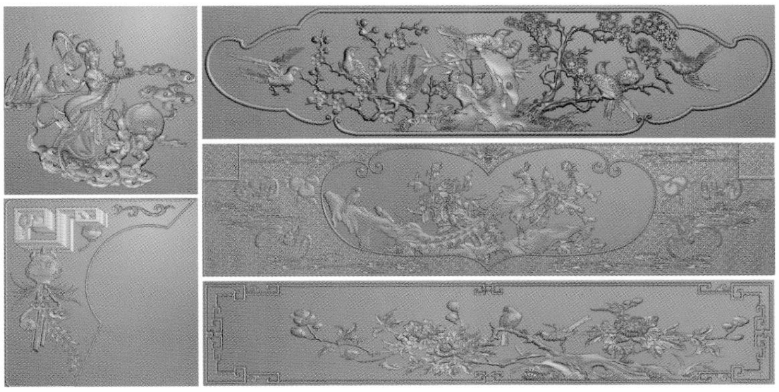

精雕图

床榻類

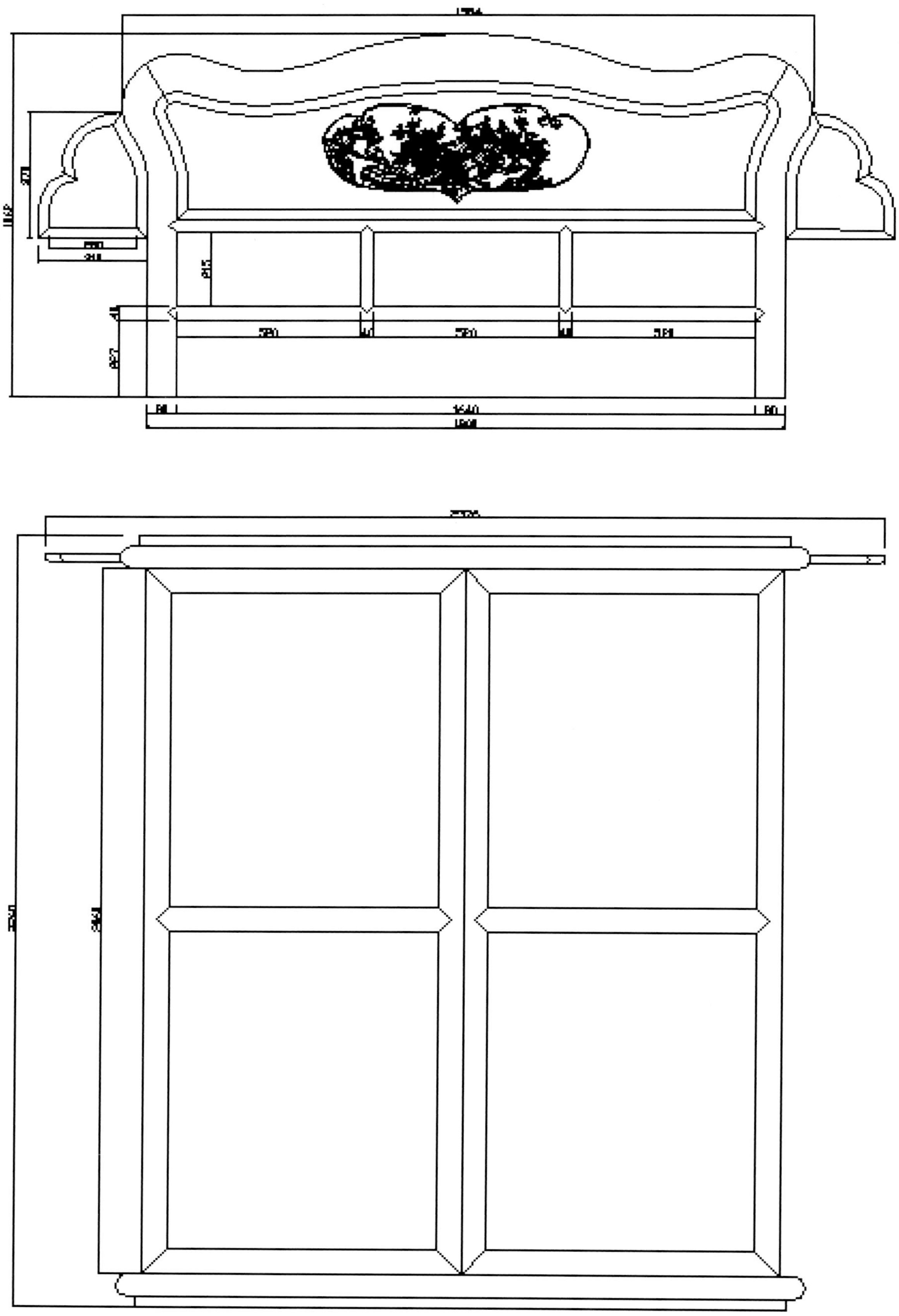

CAD 结构图

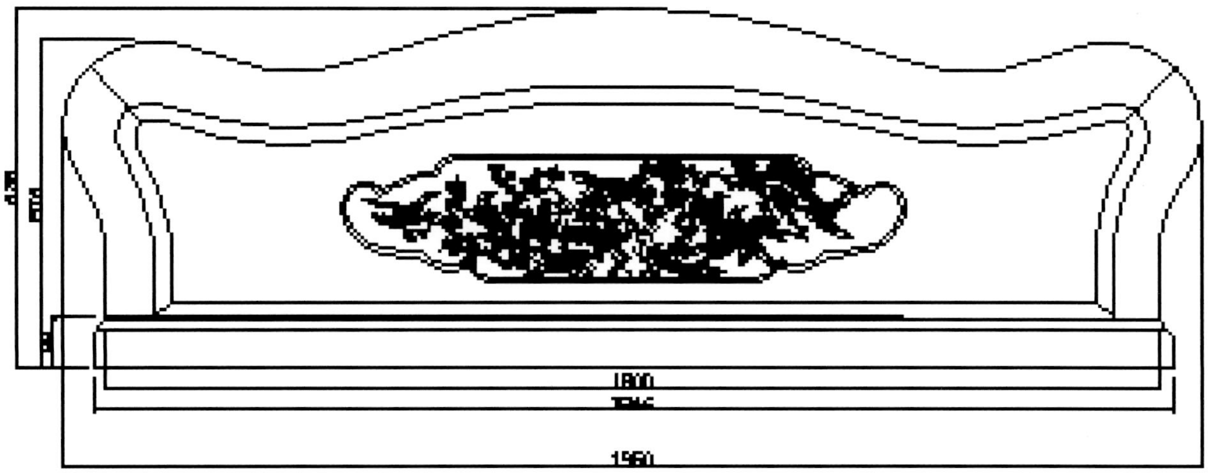

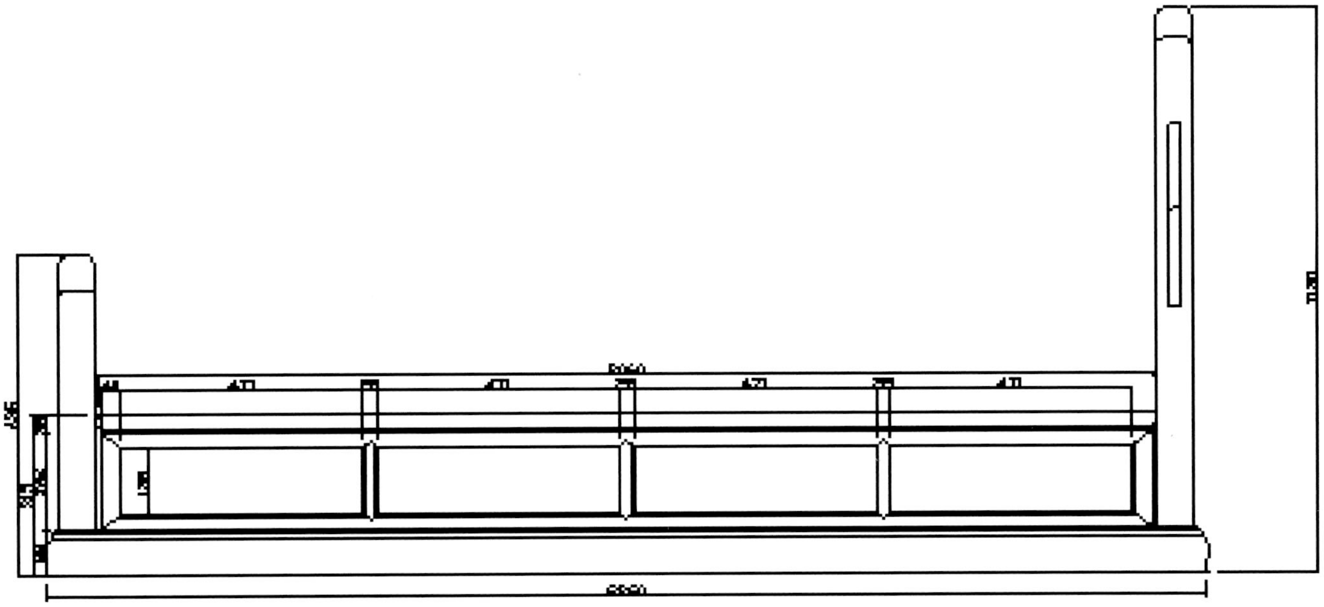

CAD 结构图

花鸟大床

款式点评：

此床床头板呈阶梯式向上突起，床头靠背板雕饰风景纹式，床头板两侧护板中间同样有雕饰，床面宽阔，床尾没有挡板，床板下有高束腰，腿面与牙板同样浮雕纹式，腿方直脚内翻。床头柜面下有屉，屉下有柜，柜面为金丝楠木，整体大气端庄。

透视图

主视图

俯视图

侧视图

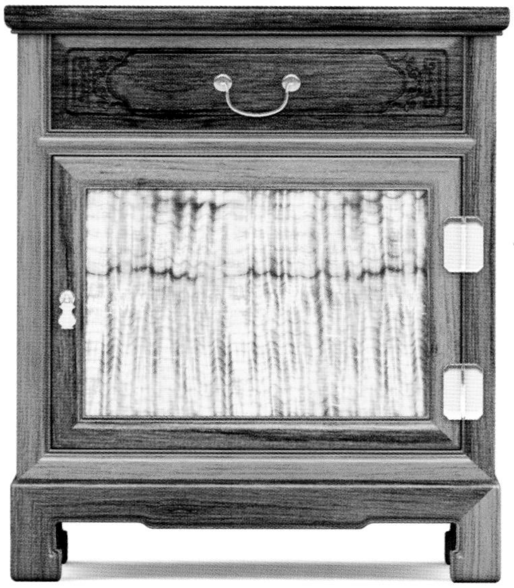

主视图

侧视图

俯视图

透视图

精雕图

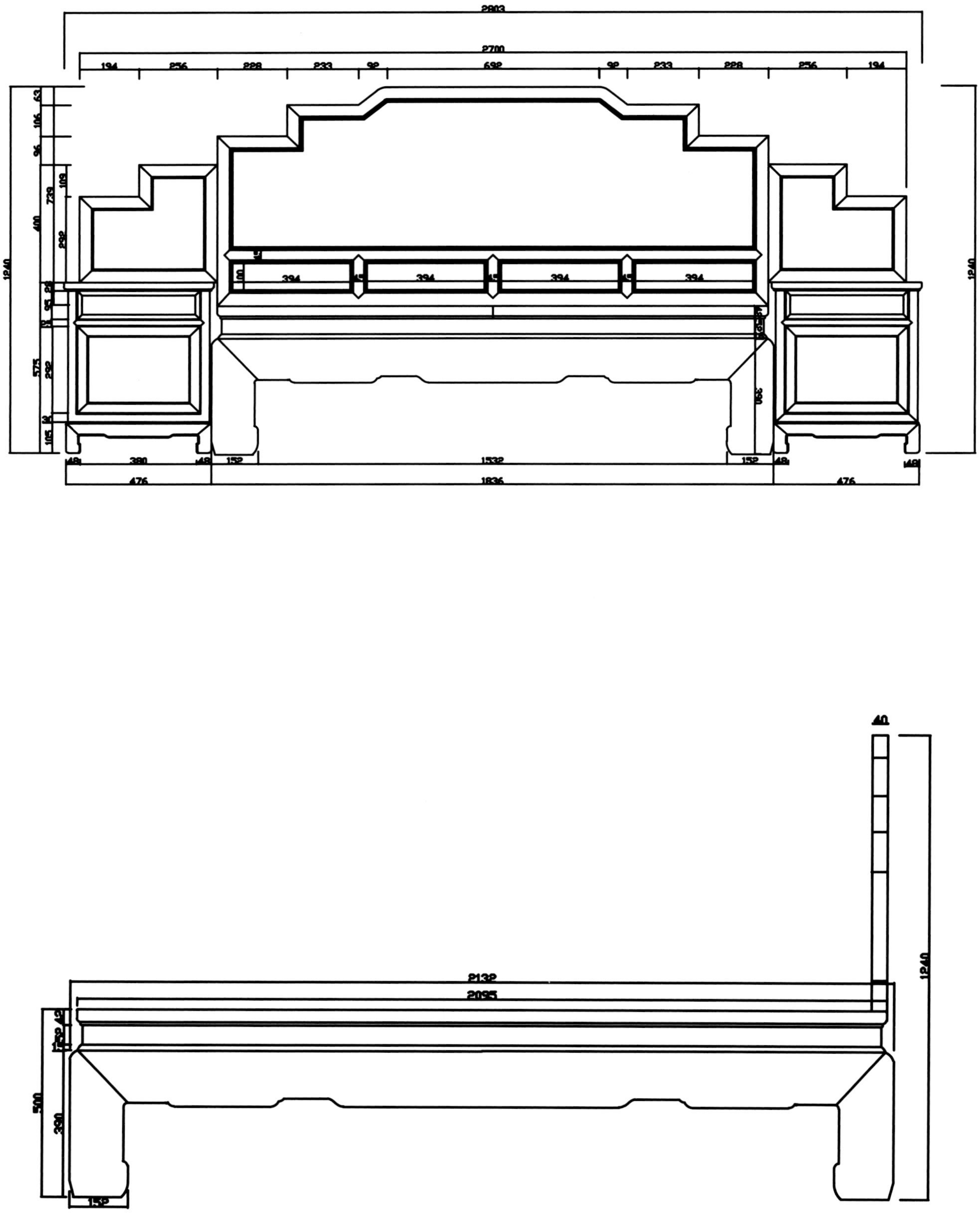
2803
2700
194
256
228
233
92
692
92
233
228
256
194
1240
394
394
394
394
45
45
45
48
380
48
152
1532
152
48
48
476
1836
476
1240
40
2132
2095
500
390
152
1240

CAD 结构图

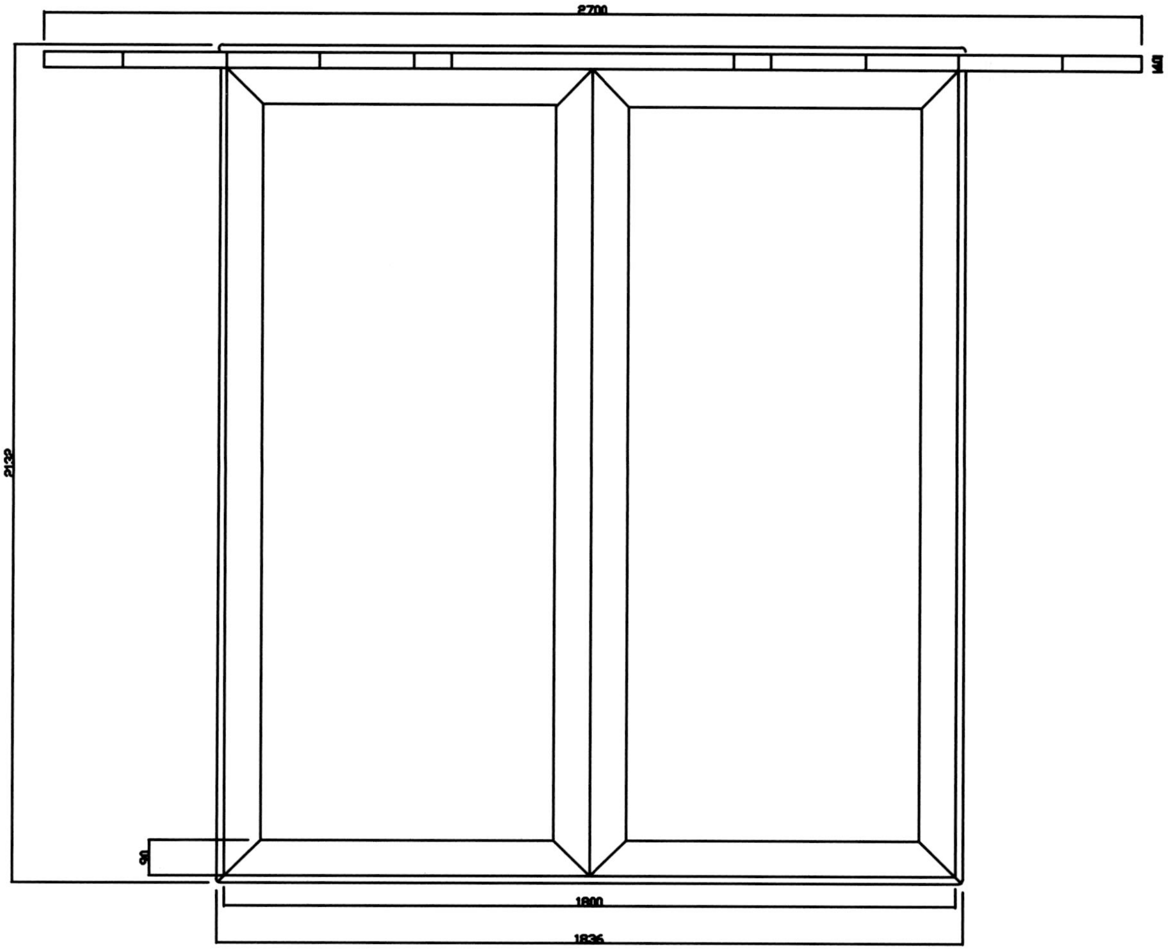

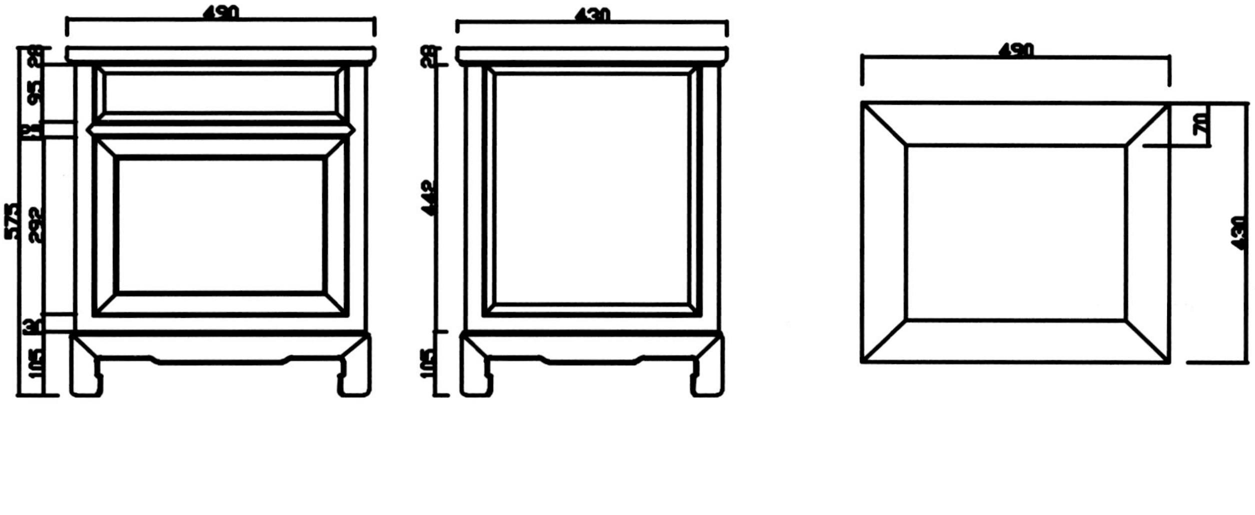

CAD 结构图

床榻類

弧形大床

款式点评：

此床为弧形靠背板，靠背板为两块深色檀木板，床面宽阔光素，床尾设挡板。床下有脚。床头柜柜面圆角喷出，面下有两屉，屉面有铜环拉手。

透视图

主视图

俯视图

侧视图

主视图

侧视图

俯视图

透视图

精雕图

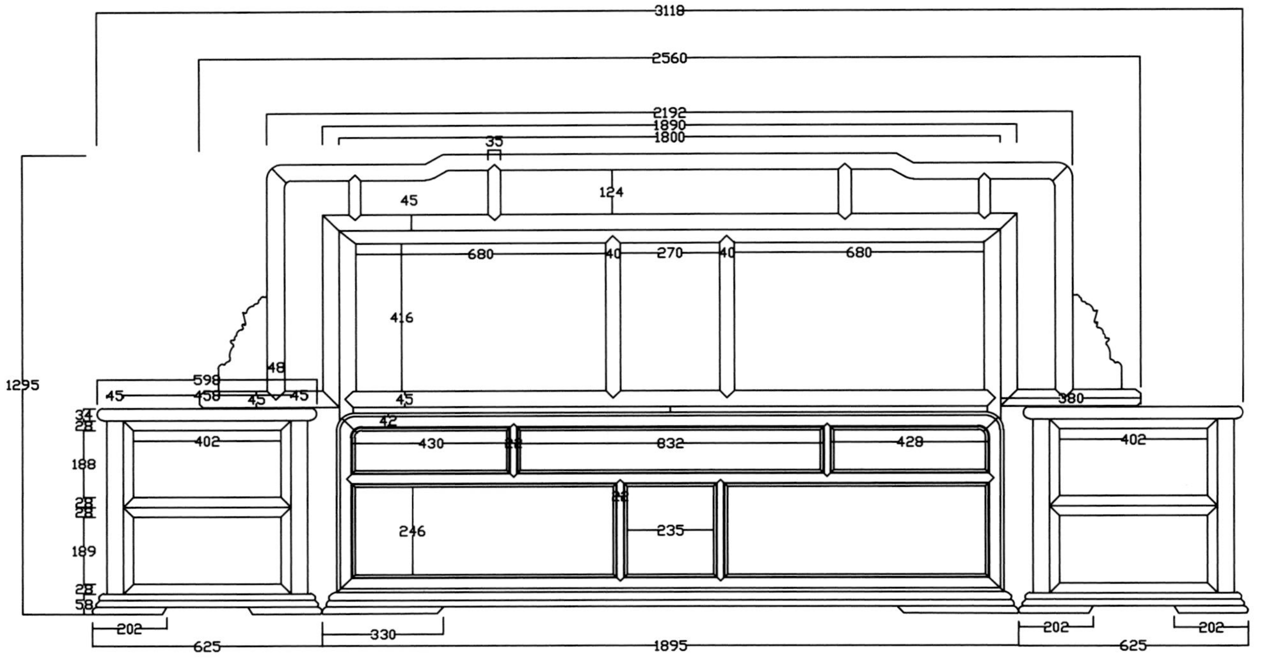
3118
2560
2192
1890
1800
35
124
45
680
40
270
40
680
416
48
598
458
45
45
45
45
380
42
34
28
402
430
28
832
428
402
188
28
28
246
28
235
189
28
58
202
330
202
202
625
1895
625
1295

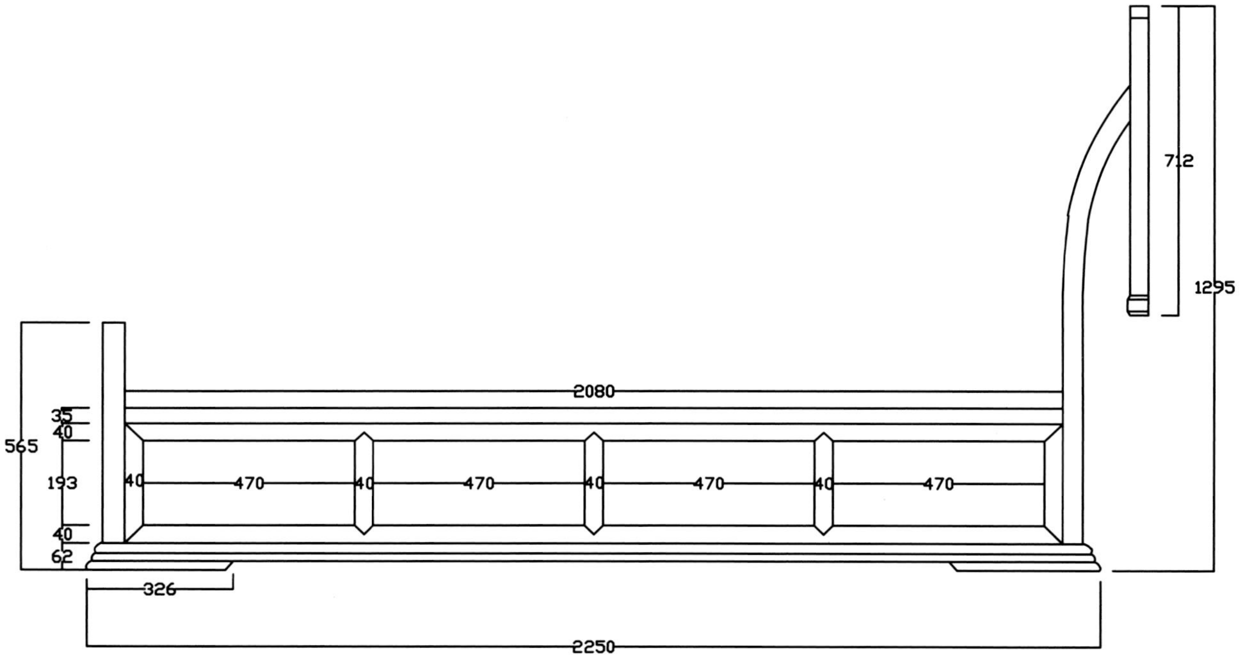
712
1295
2080
565
35
40
193
40
470
40
470
40
470
40
470
40
62
326
2250

CAD 结构图

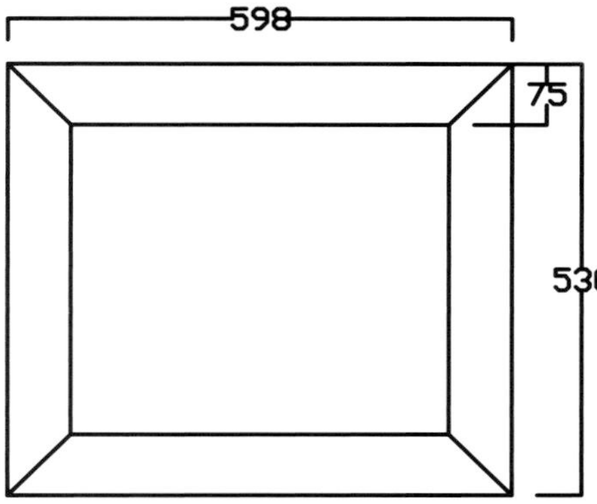
598
75
530

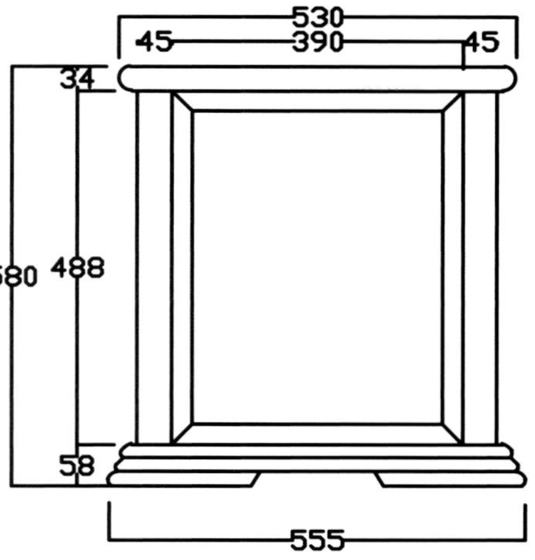
530
45
390
45
34
580
488
58
555

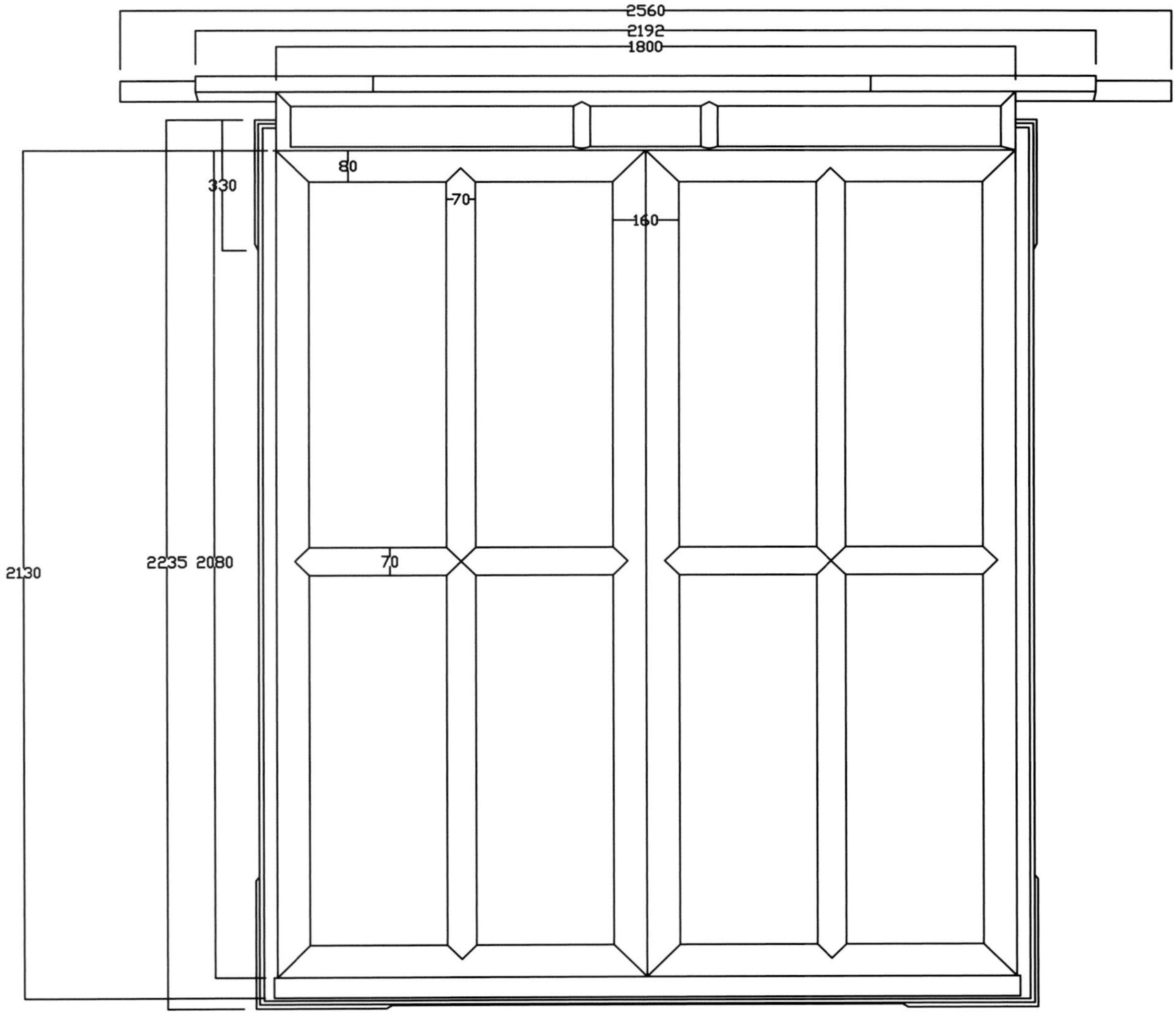
2560
2192
1800
80
330
70
160
70
2130
2235
2080

CAD 结构图

拐子大床

款式点评：

此床床头板搭脑呈卷书状，靠背板边框为回形纹，靠背板浮雕拐子纹，床板宽阔，面下有束腰，牙板雕云纹，腿方直脚内翻。床头柜面下有两屉，屉面有铜环拉手，腿方直短小。

透视图

主视图

俯视图

侧视图

透视图

主视图

侧视图

俯视图

透视图

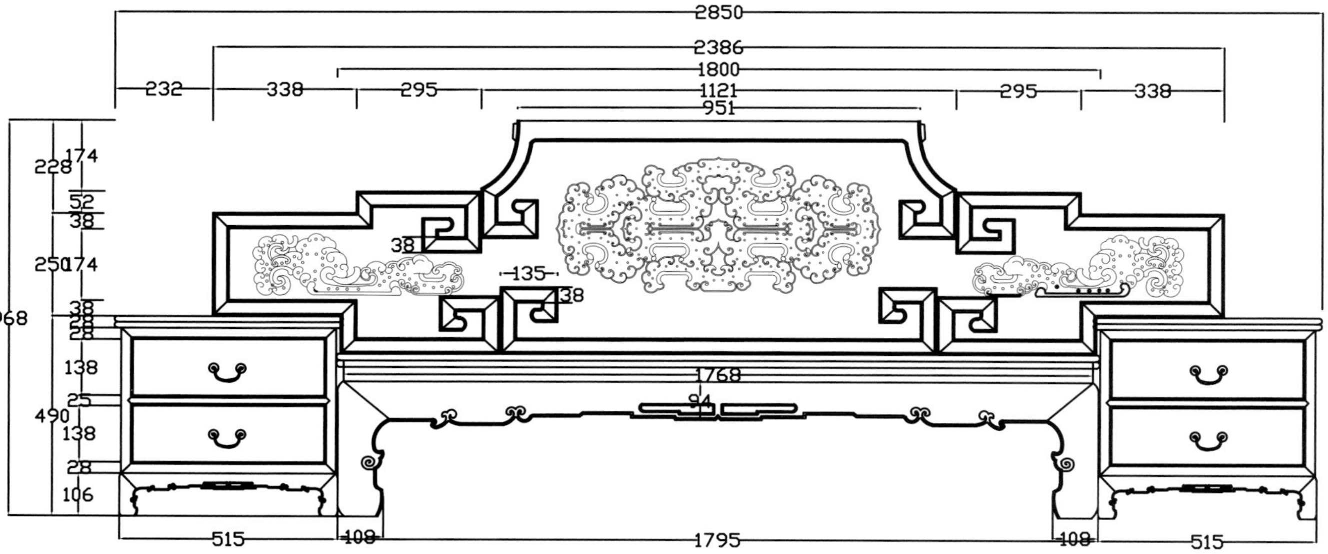
2850
2386
1800
232
338
295
1121
295
338
951
174
228
52
38
250
174
38
135
38
38
968
28
28
138
25
490
138
28
106
1768
94
515
108
1795
108
515

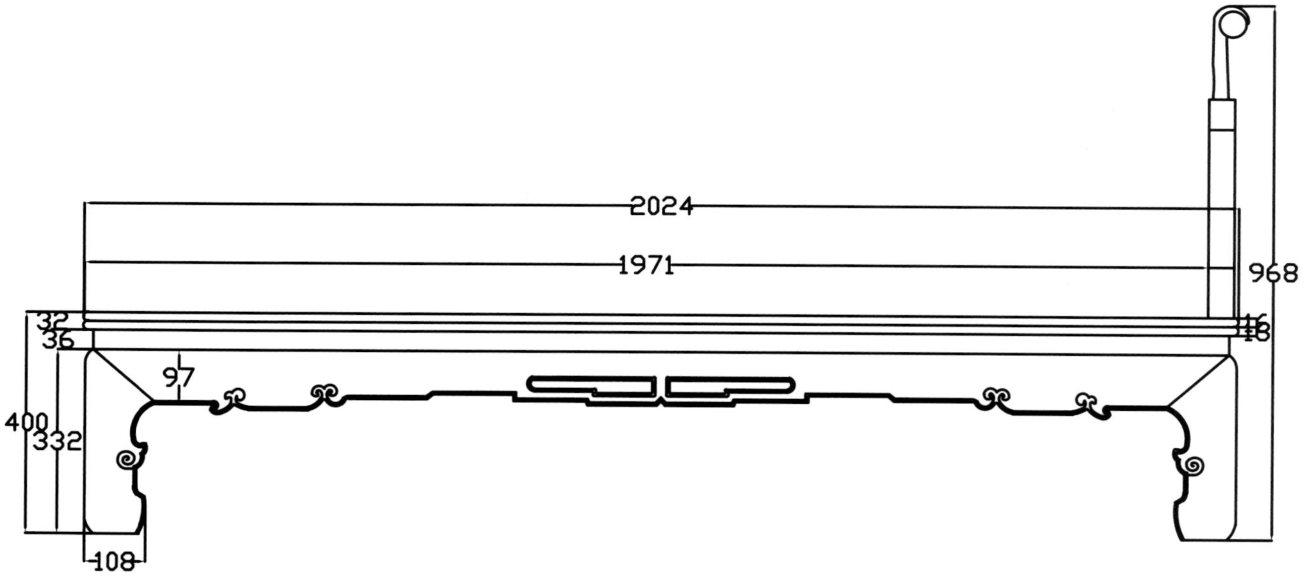
2024
1971
968
32
36
16
18
97
400
332
108

CAD 结构图

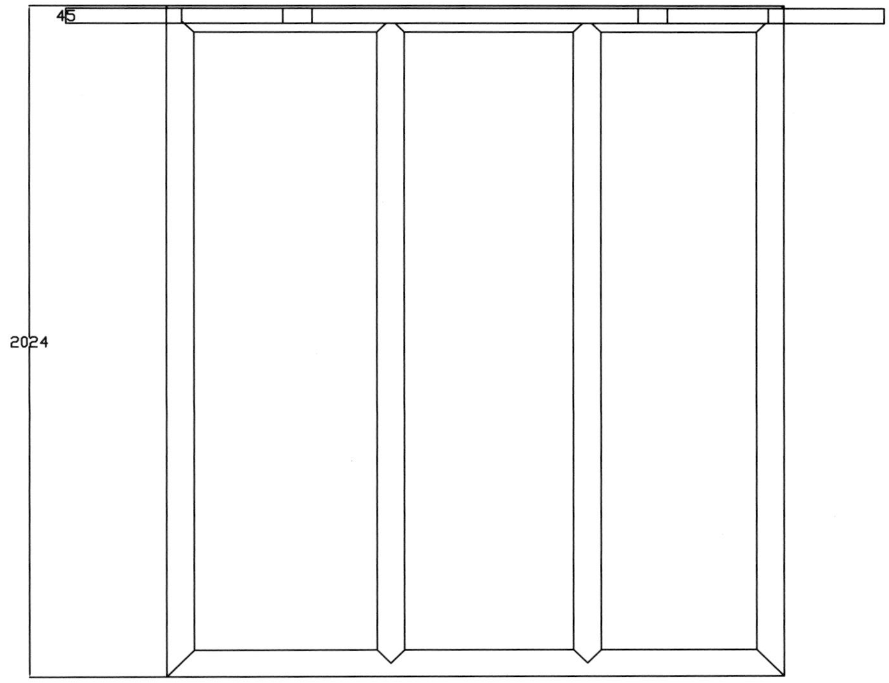
45
2024

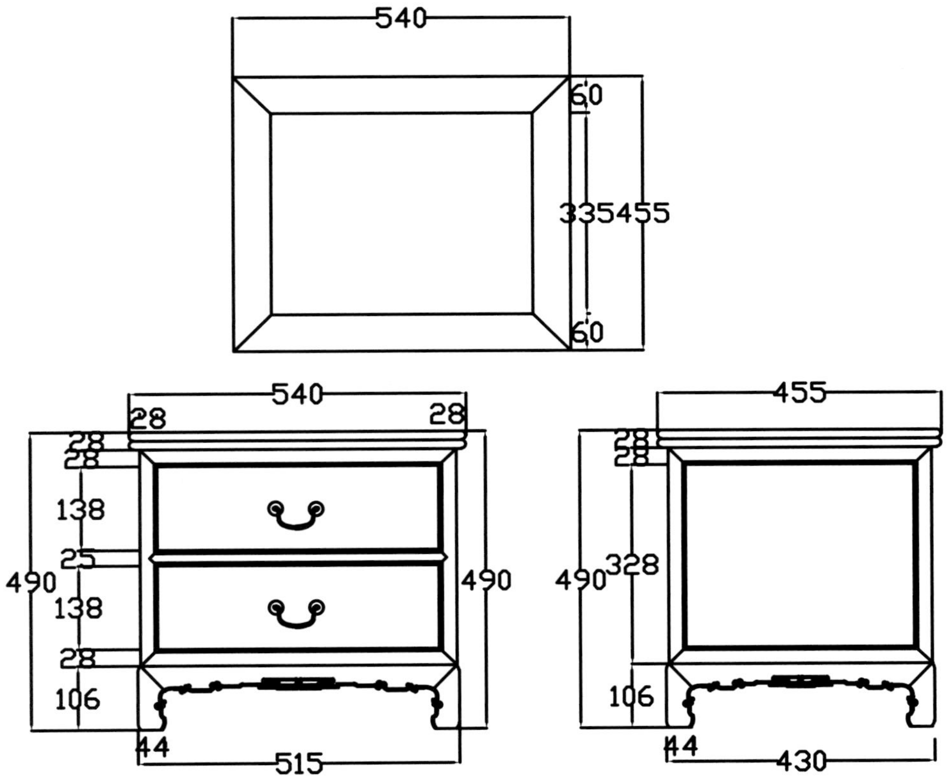
540
60
335
455
60
540
28
28
28
28
138
25
490
138
28
106
490
44
515
455
28
28
490
328
106
44
430

CAD 结构图

镂空大床

款式点评：

此床床头板中间有板，四周镂空装饰，靠背板分三块光素无雕饰，床板梳条状，床面宽阔，床尾设挡板，挡板光素。床板下有罗锅枨加矮老形。床头柜面下有两屉，屉面有铜环拉手，腿间罗锅枨加矮老，整体华丽精巧。

透视图

主视图

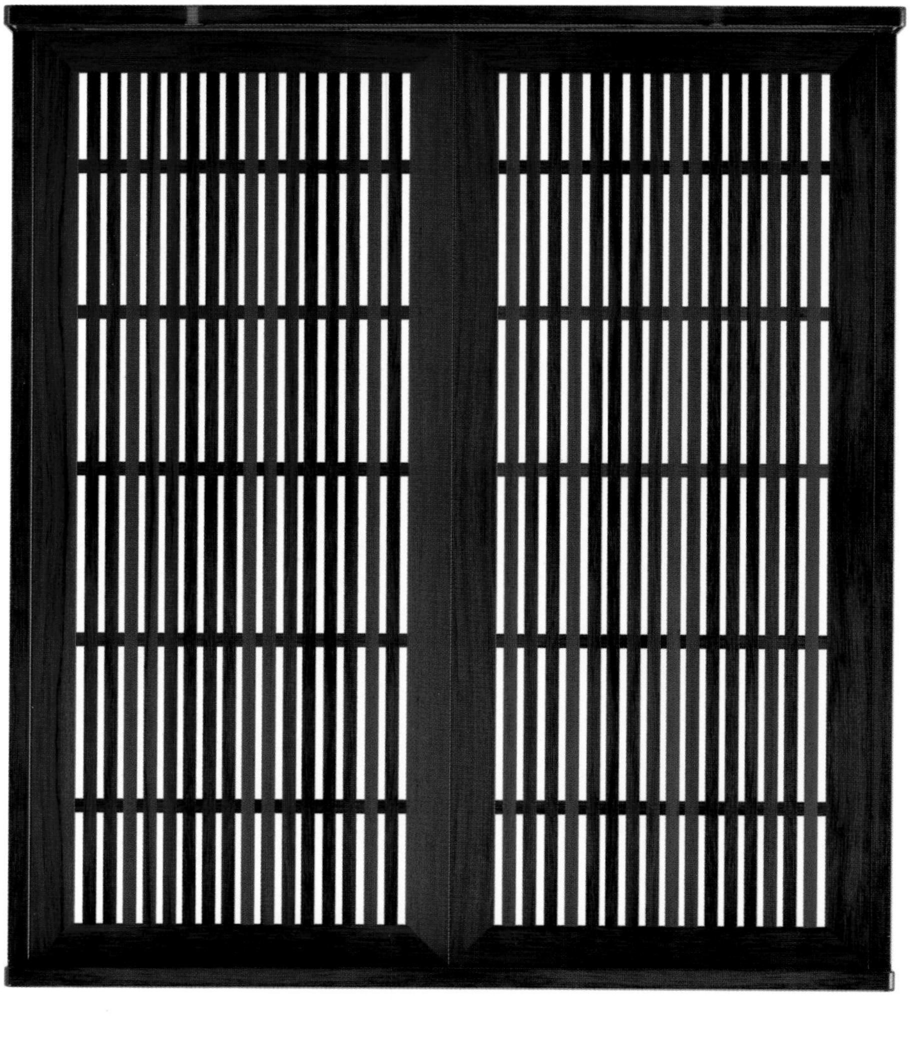

俯视图

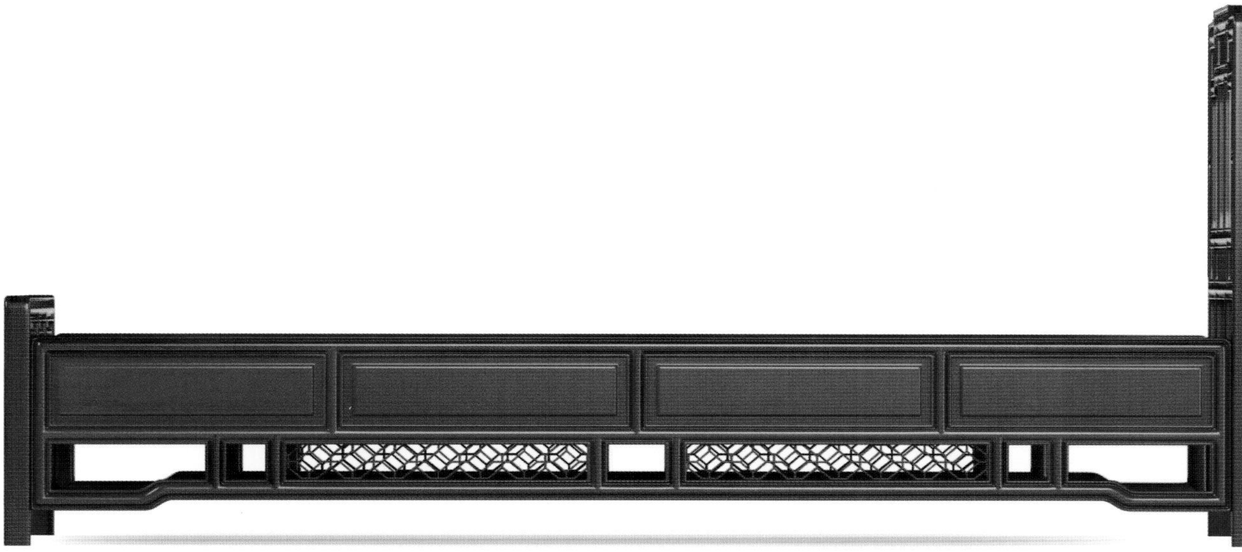

侧视图

主视图

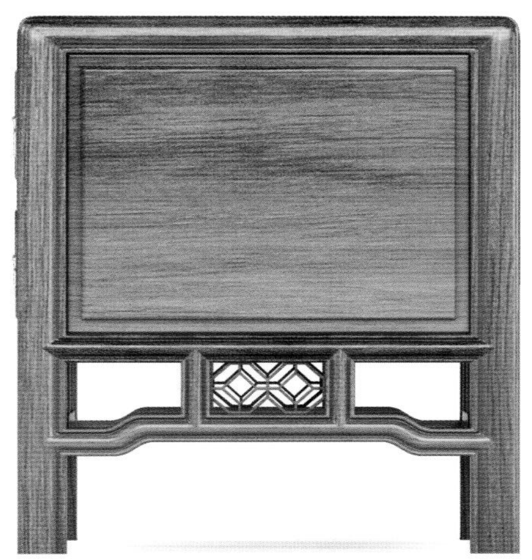

侧视图

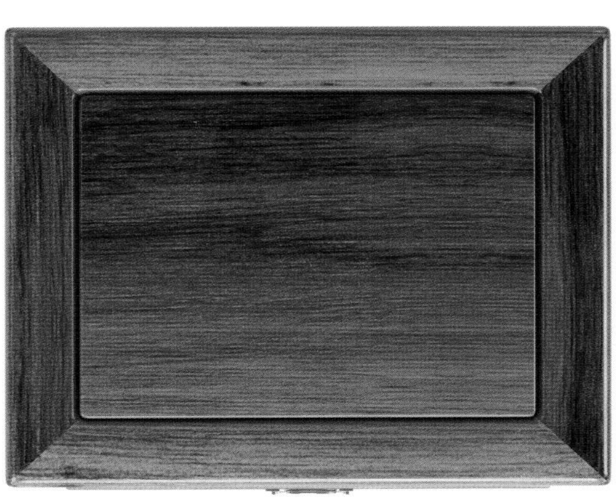

俯视图

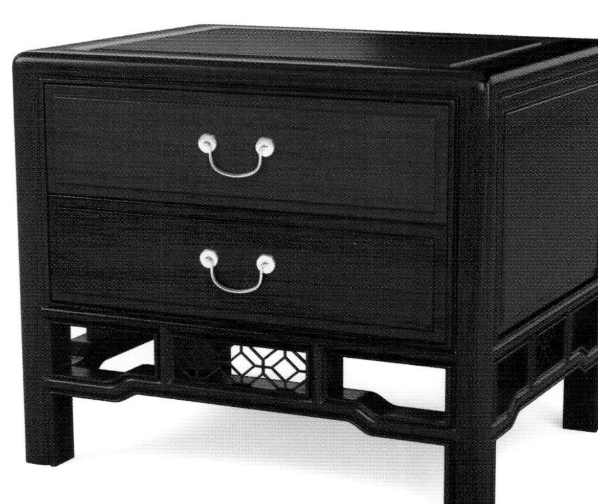

透视图

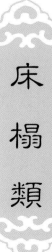

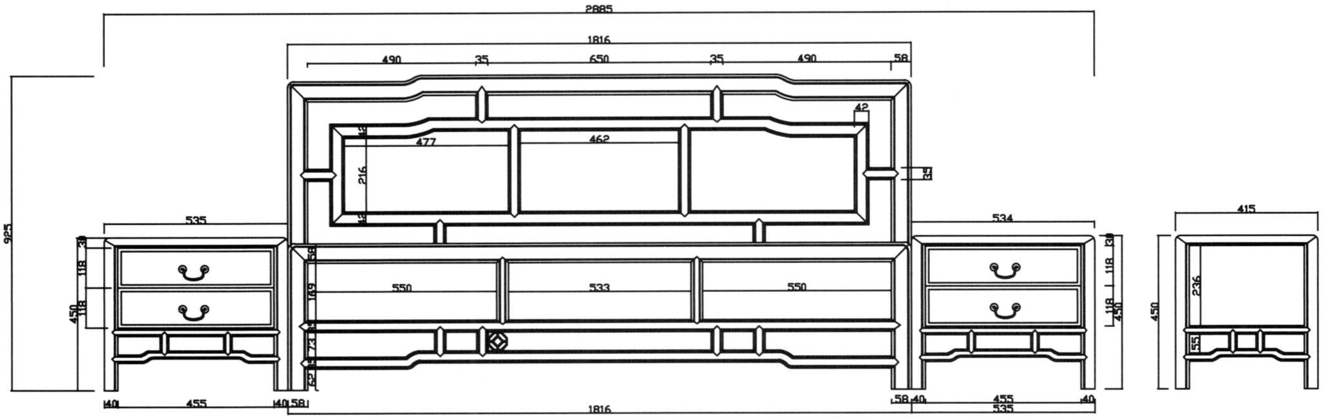
2885
1816
490
35
650
35
490
58
477
462
216
925
535
534
415
550
533
550
450
455
1816
236

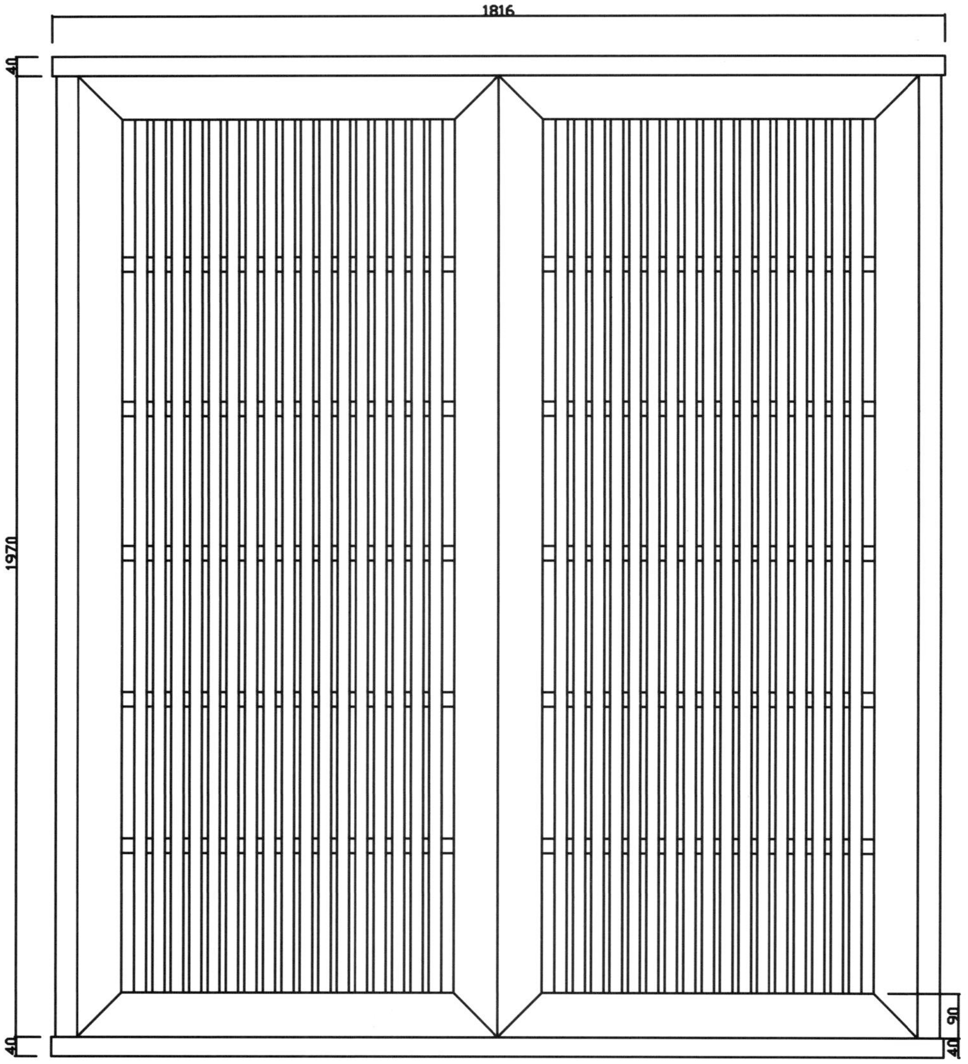
1816
1970
40
90

CAD 结构图

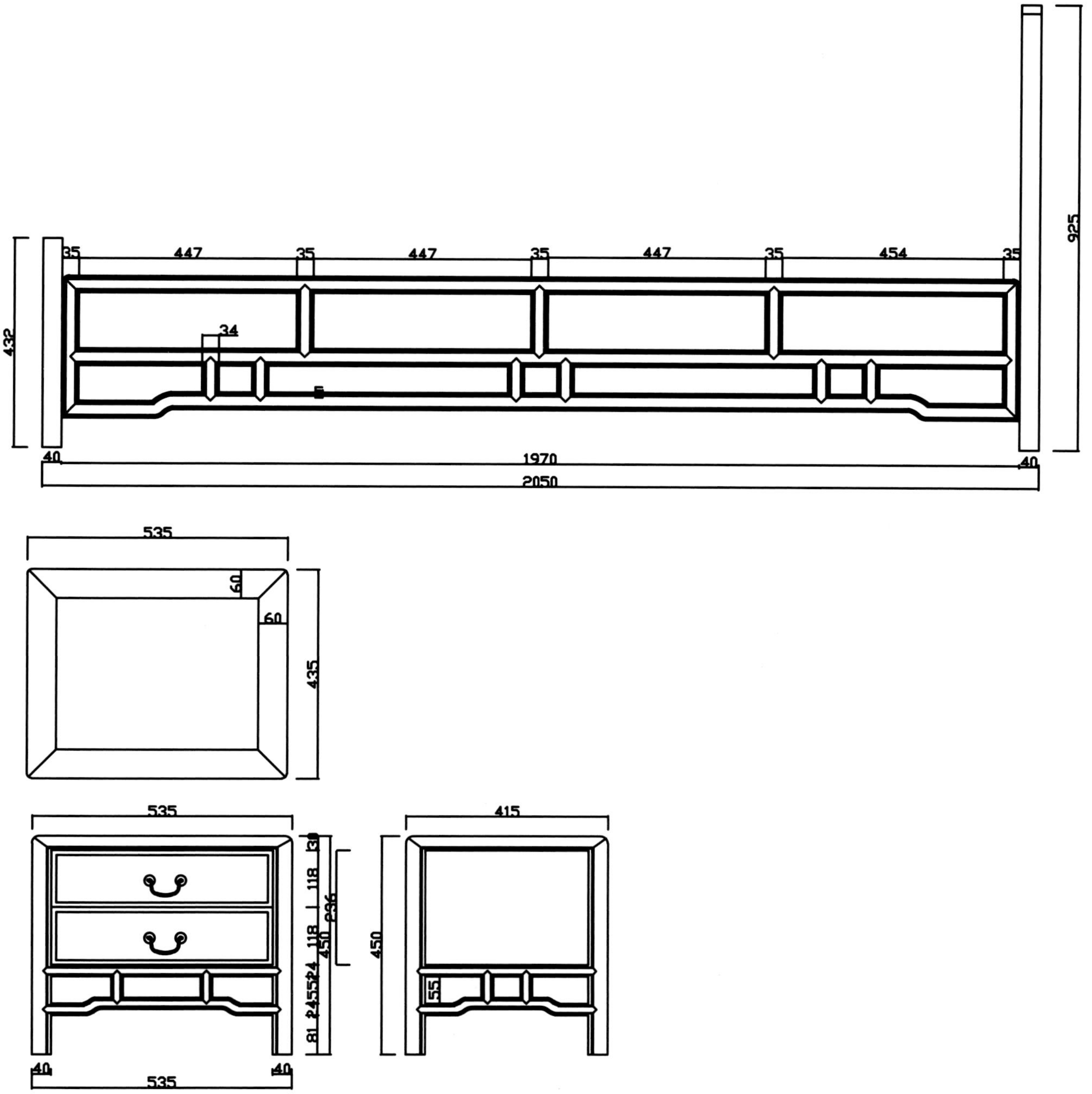
35
447
35
447
35
447
35
454
35
925
432
34
40
1970
40
2050
535
60
60
435
535
415
30
118
118
296
450
450
24
55
24
55
81
40
40
535

CAD 结构图

酸枝大床

款式点评：

此床床头板较高，向后弯曲，中间有两块镶金丝楠板，床板光素宽阔，床尾设挡板，挡板上有回形纹。大床整体较高，简洁大气。

透视图

主视图

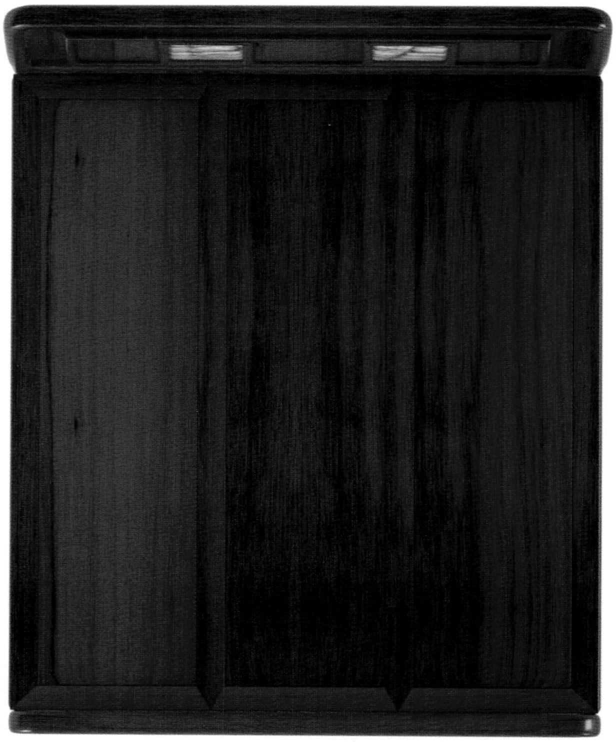

俯视图

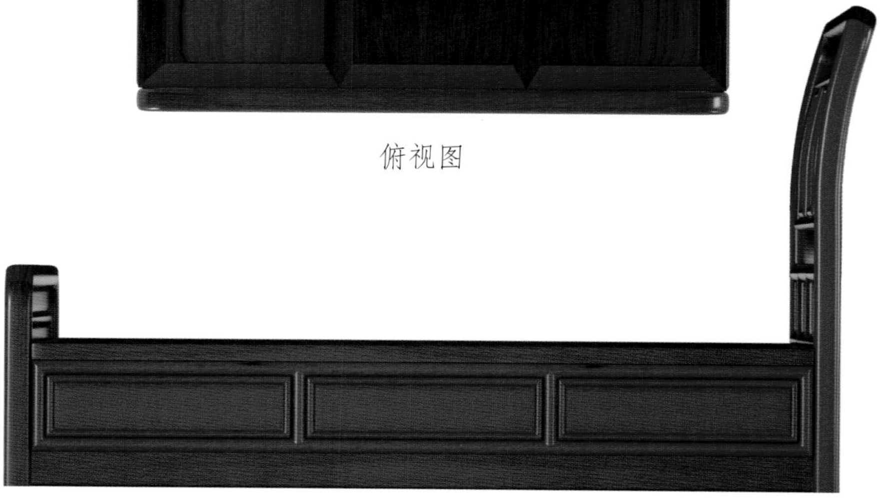

侧视图

透视图

主视图

侧视图

俯视图

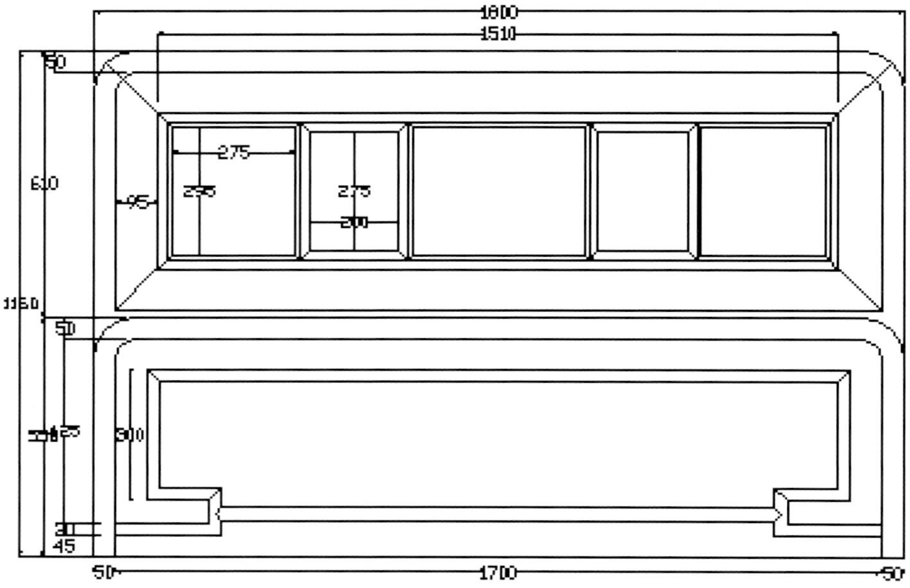
1800
1510
50
610
275
255
275
200
95
1160
50
525
475
300
30
45
50
1700
50

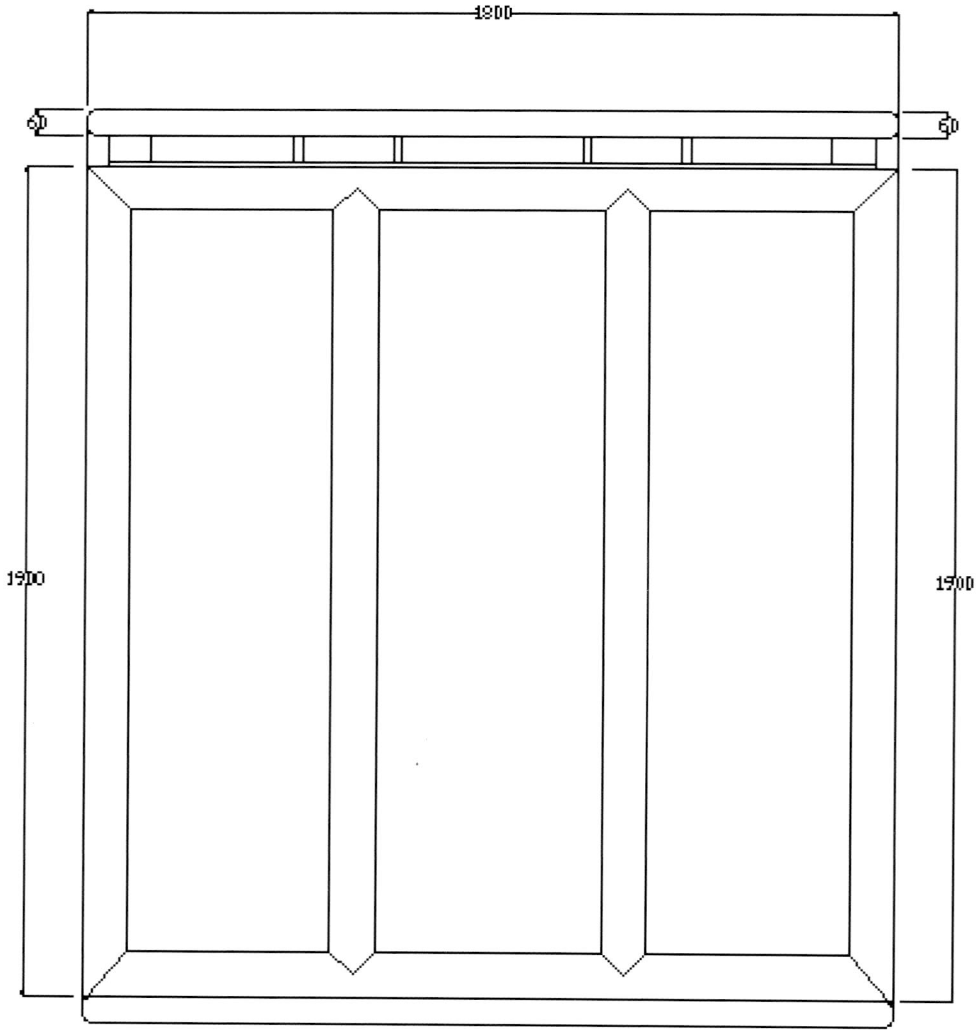
1800
60
60
1900
1700

CAD 结构图

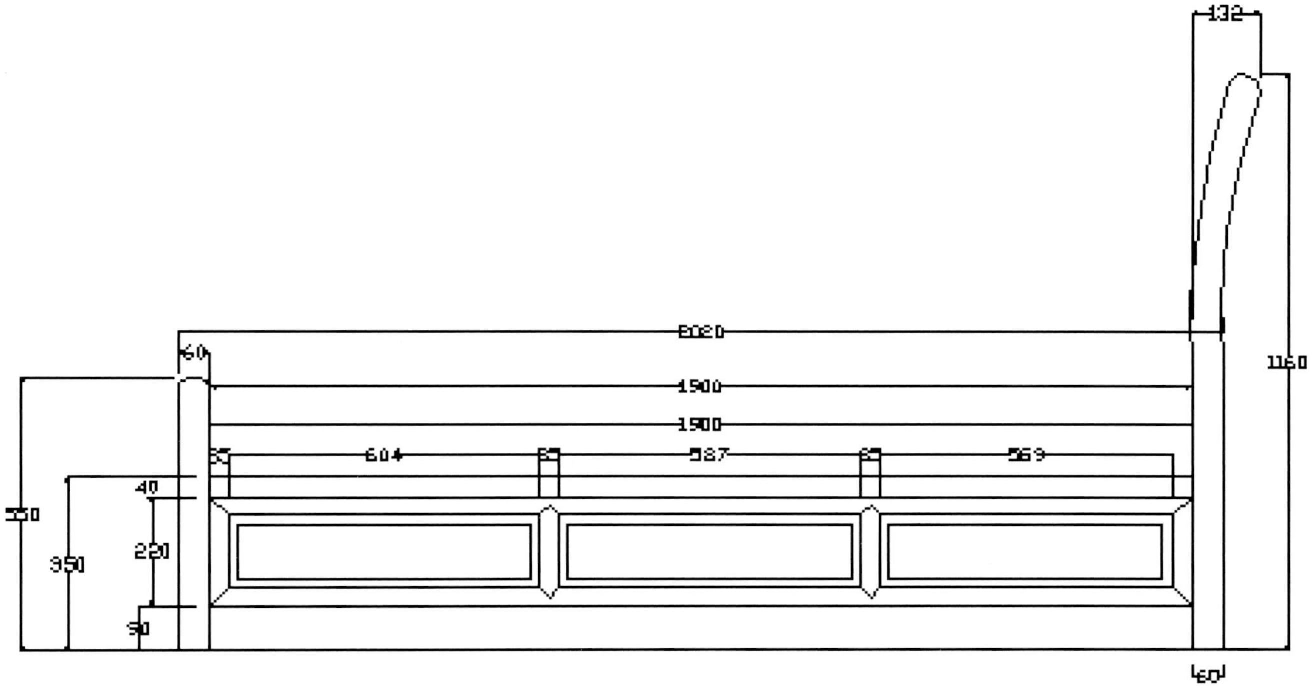
132
2020
1160
60
1900
1900
65
604
65
587
65
569
40
220
550
350
90
60

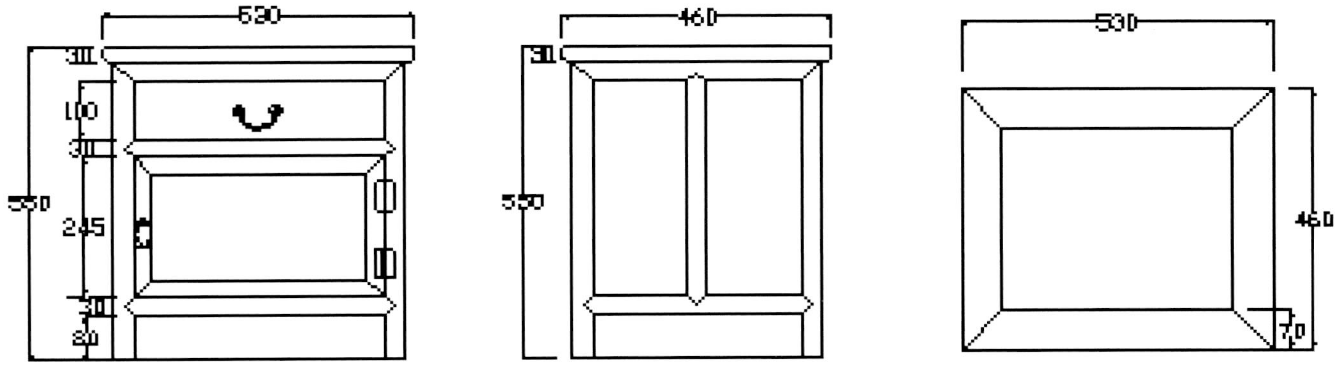
520
30
100
30
550
245
30
80
460
30
550
530
460
70

CAD 结构图

床榻類

园林风光大床

款式点评：

此床床头板呈阶梯状，靠背板浮雕园林纹式，靠背板下有三块板，上浮雕花纹，床面宽阔，床尾无挡板，床板下高束腰，束腰浮雕纹式。牙板浮雕纹式，床腿较短，足内翻。床头柜面下有一屉，屉面下有柜，柜面浮雕纹式，大床整体雕工精美。

透视图

主视图

俯视图

侧视图

透视图

主视图

侧视图

俯视图

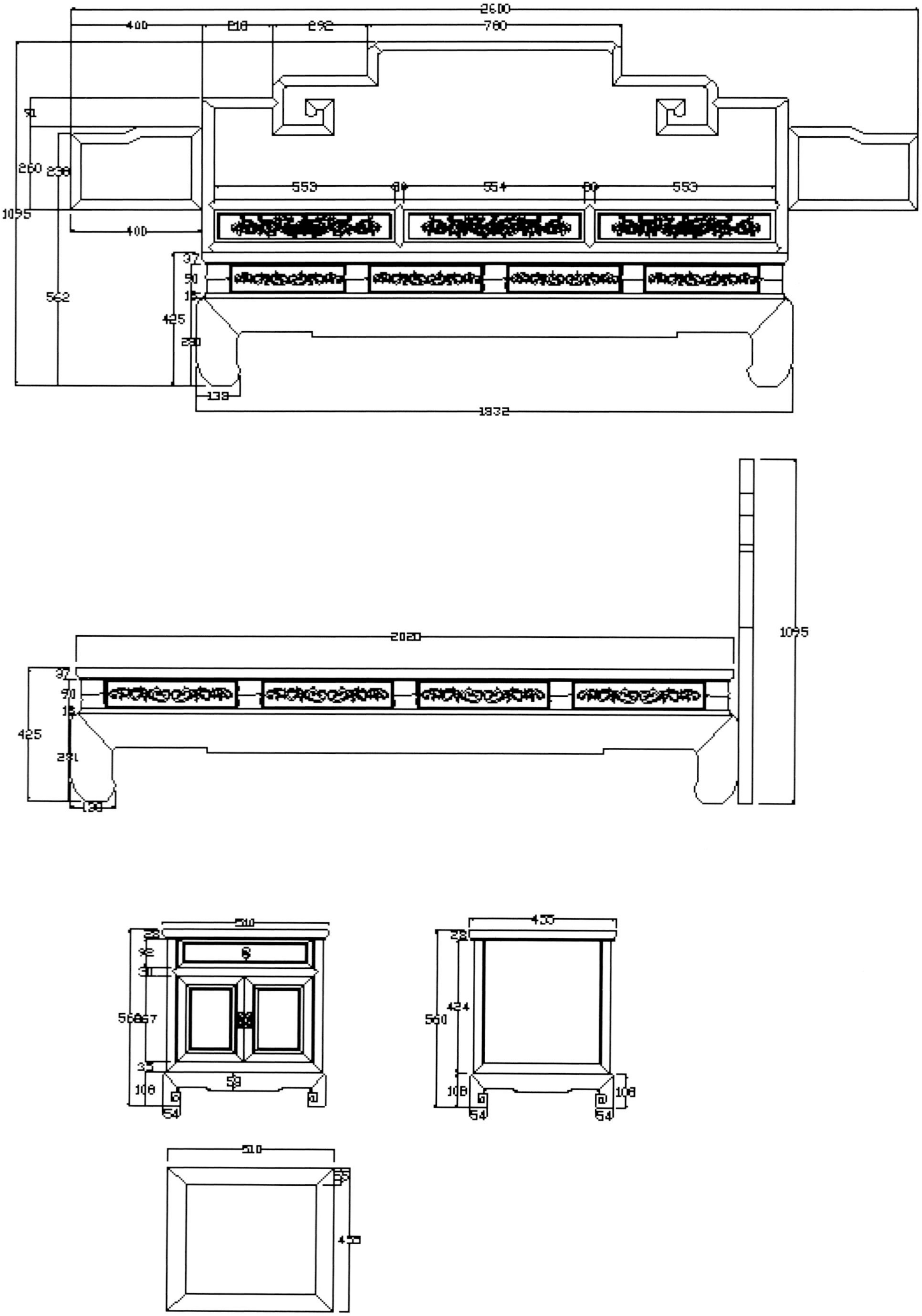
2600
400
218
292
760
553
554
553
1095
260
236
562
400
37
50
425
138
1832
2020
1095
425
510
560
435
424
108
54
510

CAD 结构图

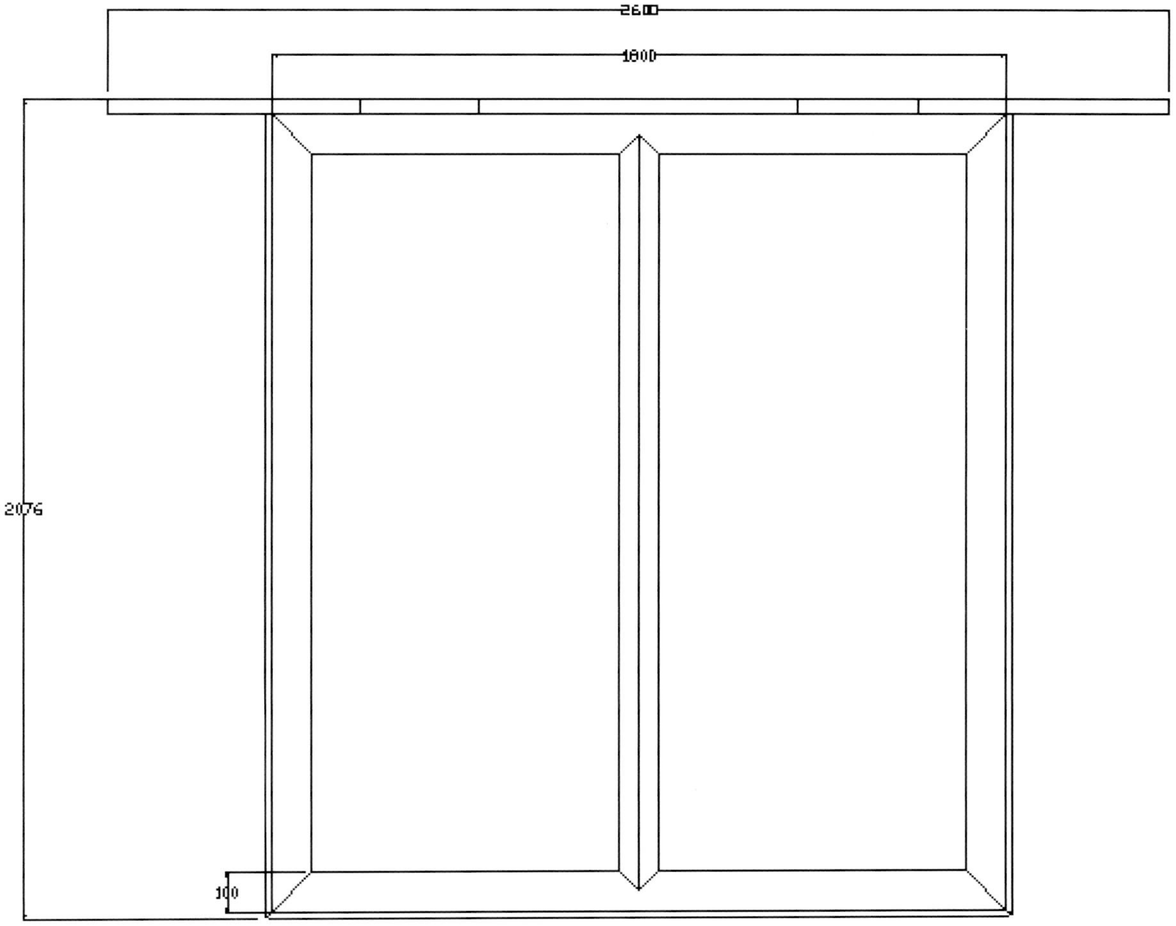

CAD 结构图

精雕图

雕　龙　大　床

款式点评：

此床床头板方正，搭脑呈卷书状，靠背板浮雕龙纹，床板梳条状，床面宽阔，床尾不设挡板，腿内翻，下有托泥，下设托泥脚。床腿较短。床头柜面下有两屉，屉面有铜环拉手，整体大气庄严。

透视图

主视图

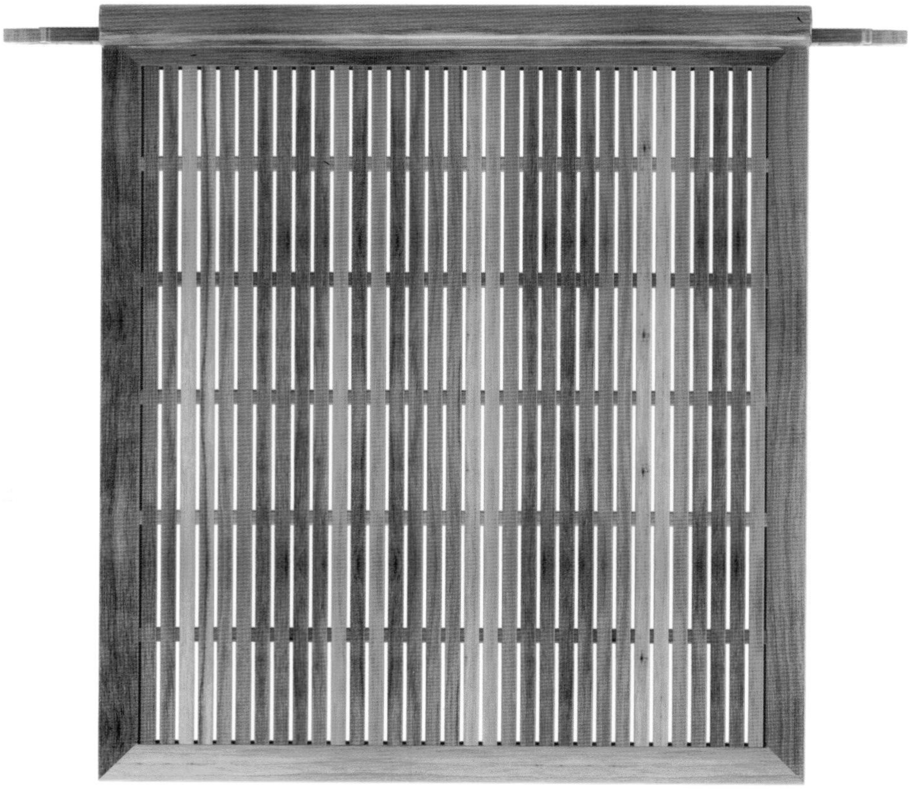

俯视图

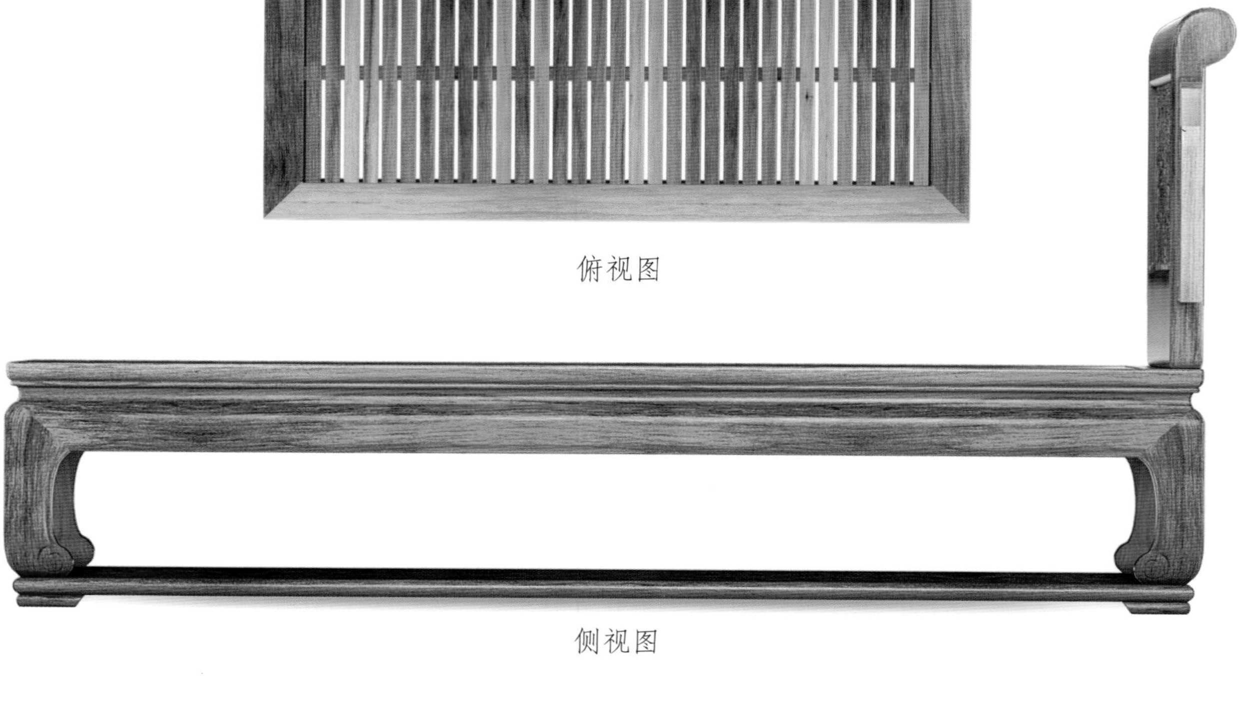

侧视图

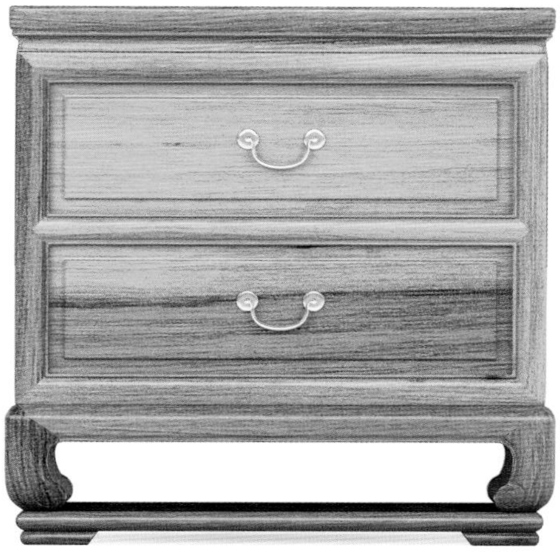

主视图

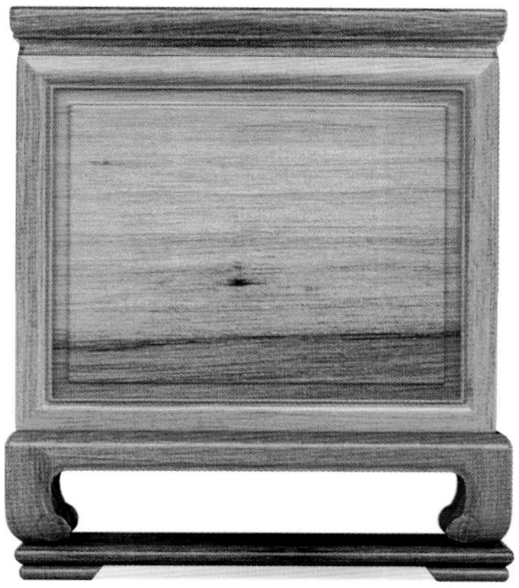

侧视图

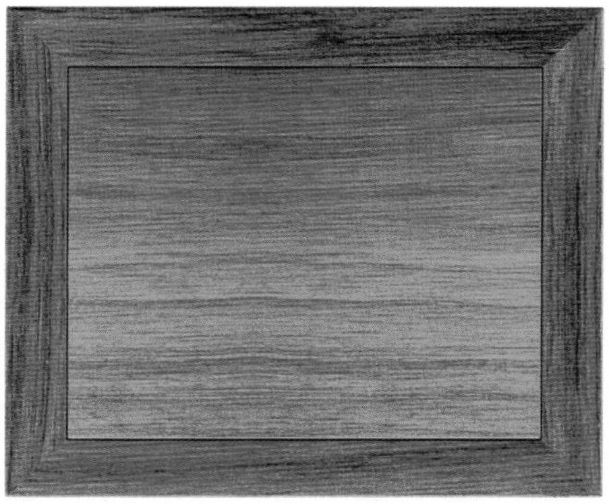

俯视图

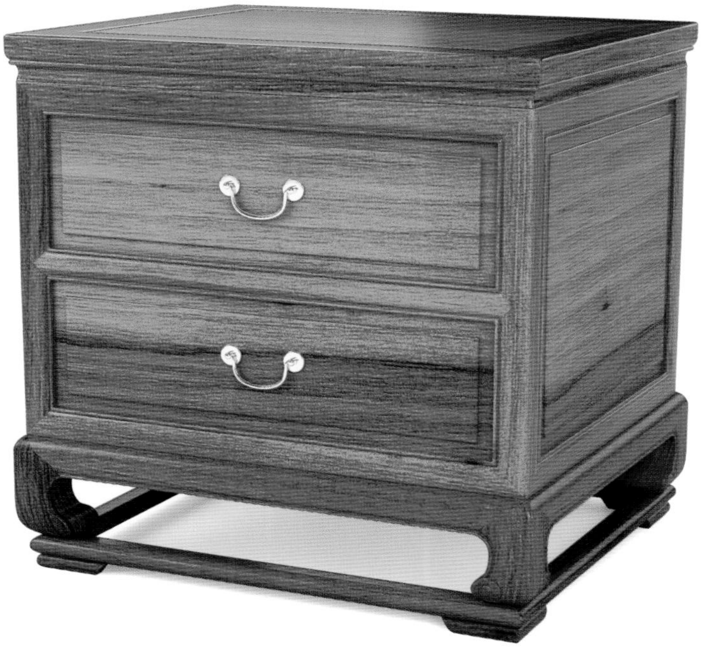

透视图

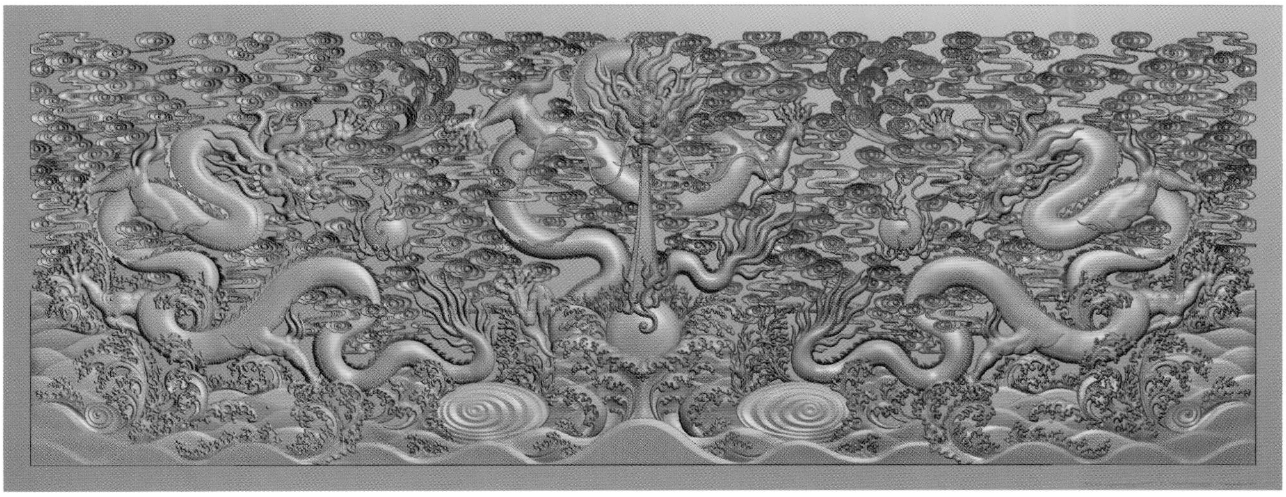

精雕图

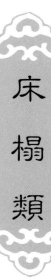

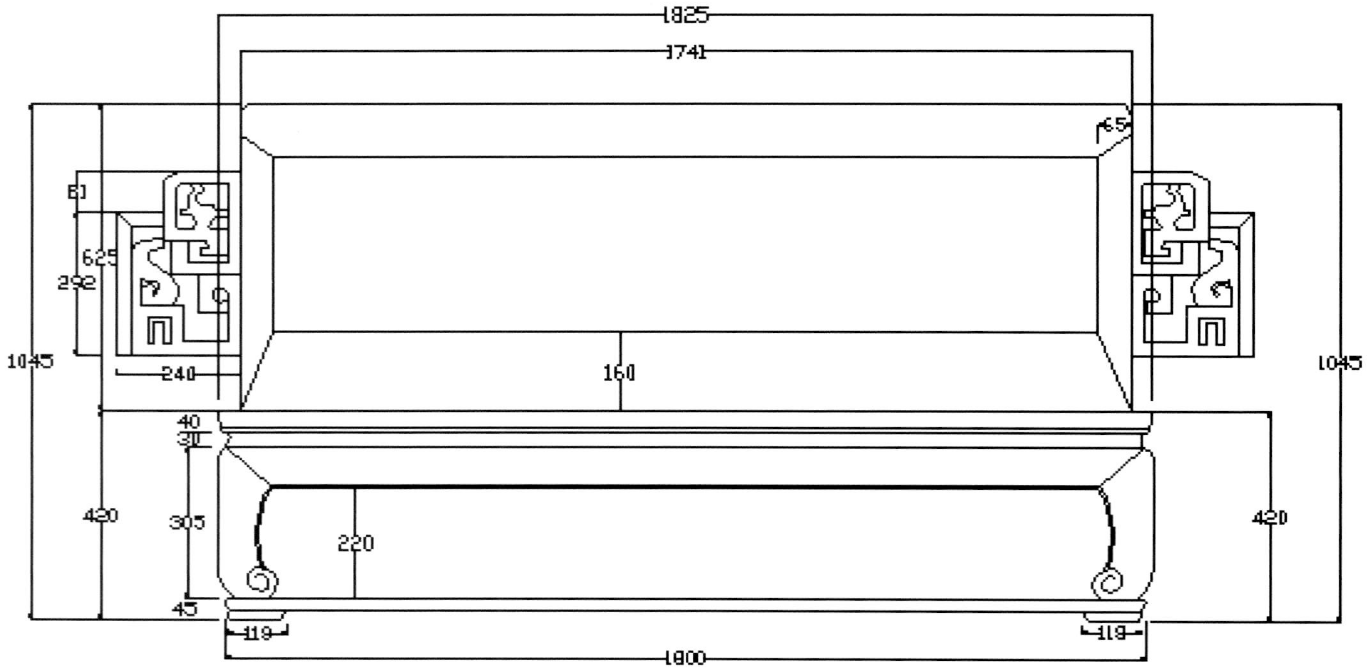
1825
1741
65
61
625
292
1045
240
160
1045
40
30
420
305
220
420
45
119
119
1800

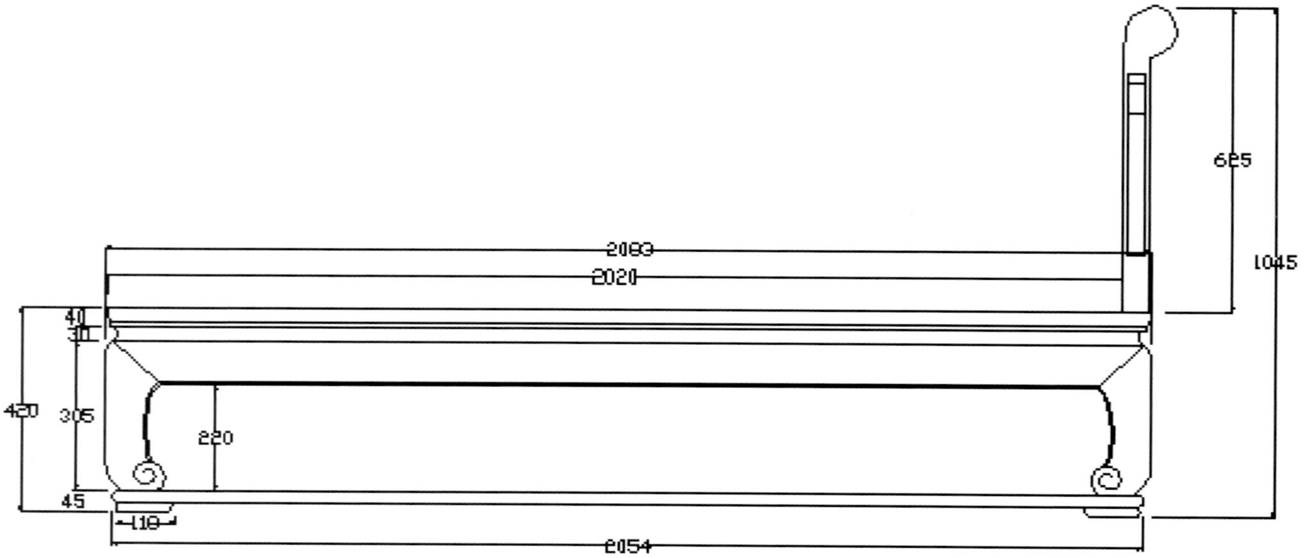
625
2083
2020
1045
40
30
420
305
220
45
110
2054

CAD 结构图

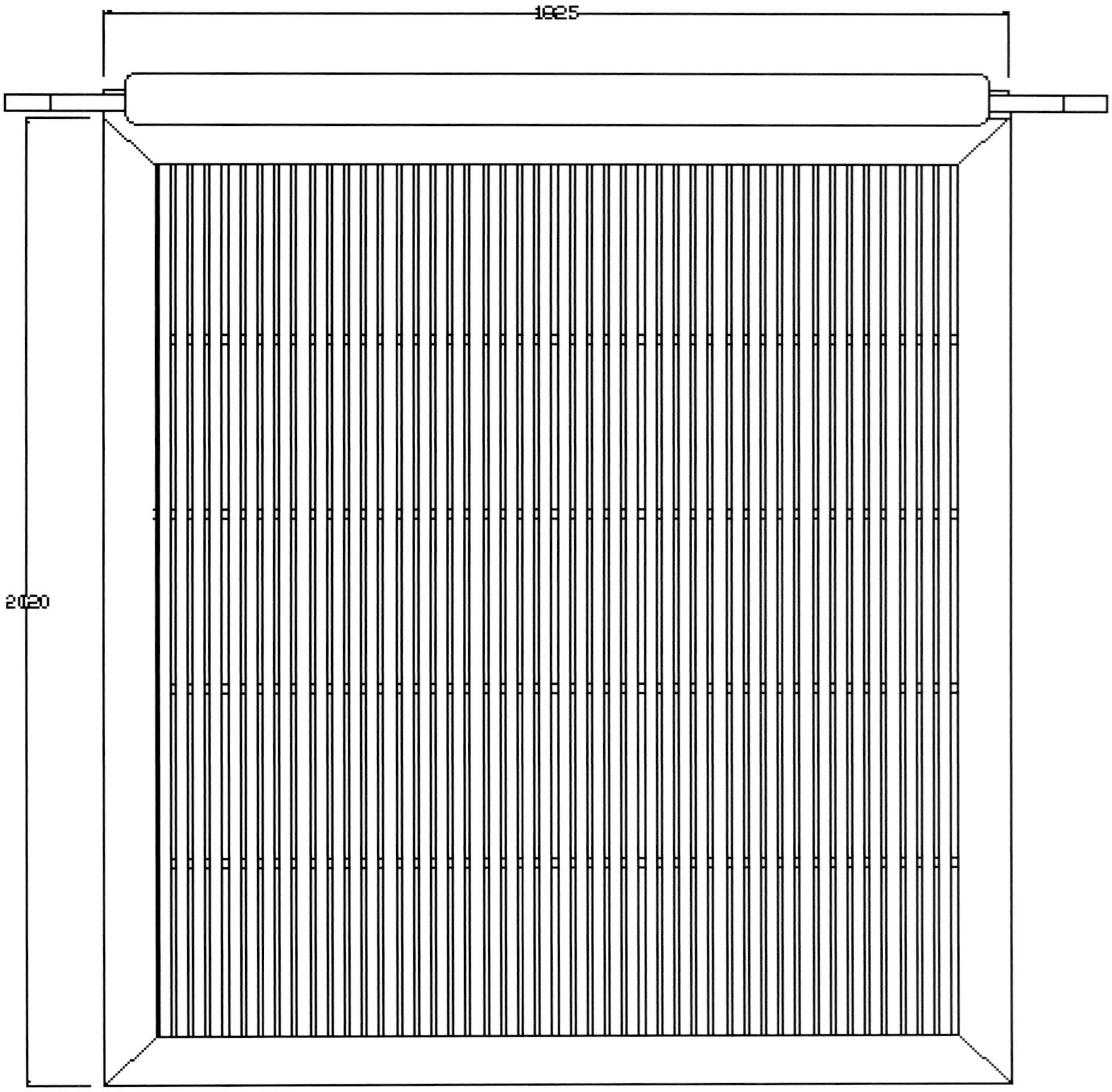
1825
2020

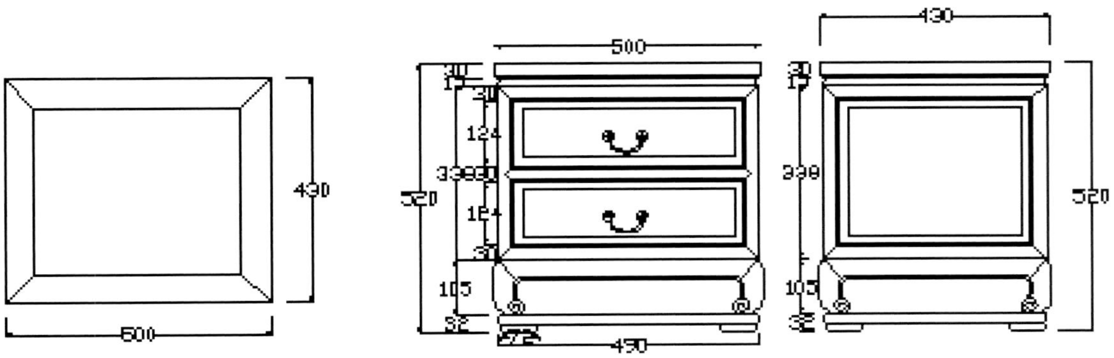
490
500
500
30
17
30
124
330
30
124
30
105
32
520
72
490
430
30
17
330
105
32
520

CAD 结构图

床榻類

如意大床

款式点评：

此床床头板方正，中间线上凸起浮雕纹式，靠背板呈弧形，靠板中间浮雕如意纹式。床面宽阔，床尾设挡板。挡板正中浮雕如意纹。床头柜面下有两柜，屉面柜面浮雕纹式。整体古朴大气。

透视图

主视图

俯视图

侧视图

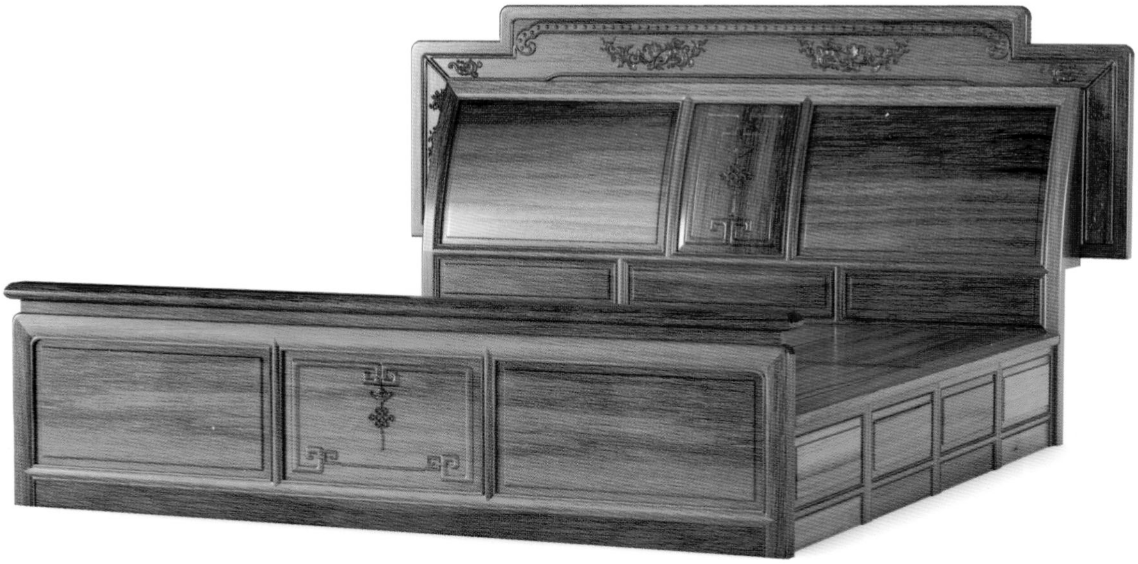

透视图

主视图

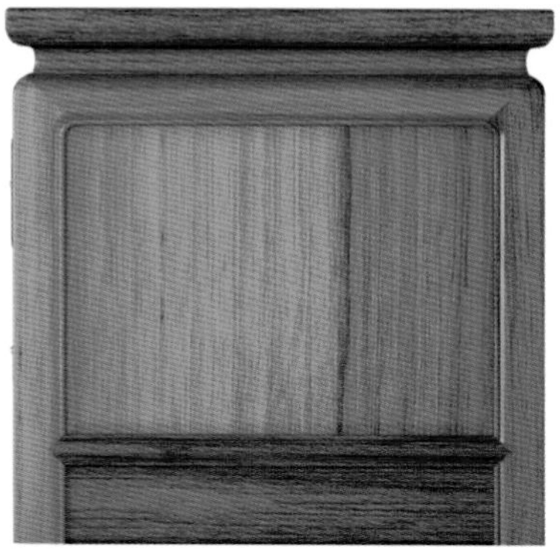

侧视图

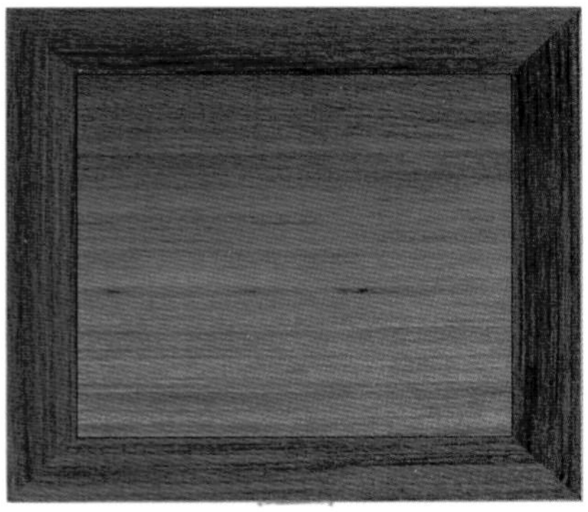

俯视图

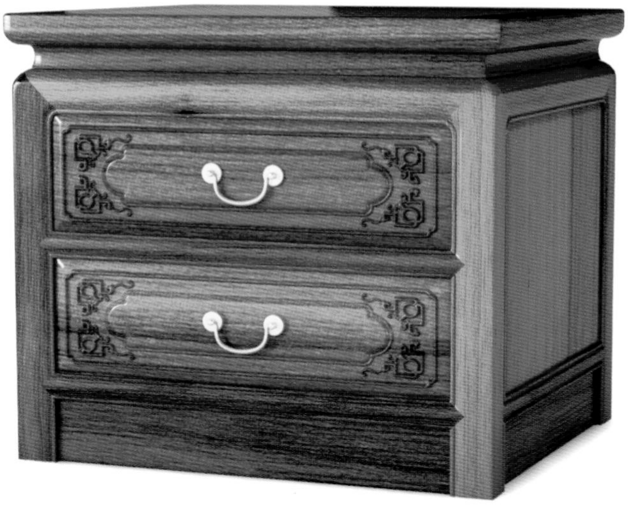

透视图

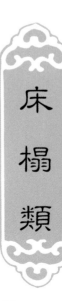

精雕图

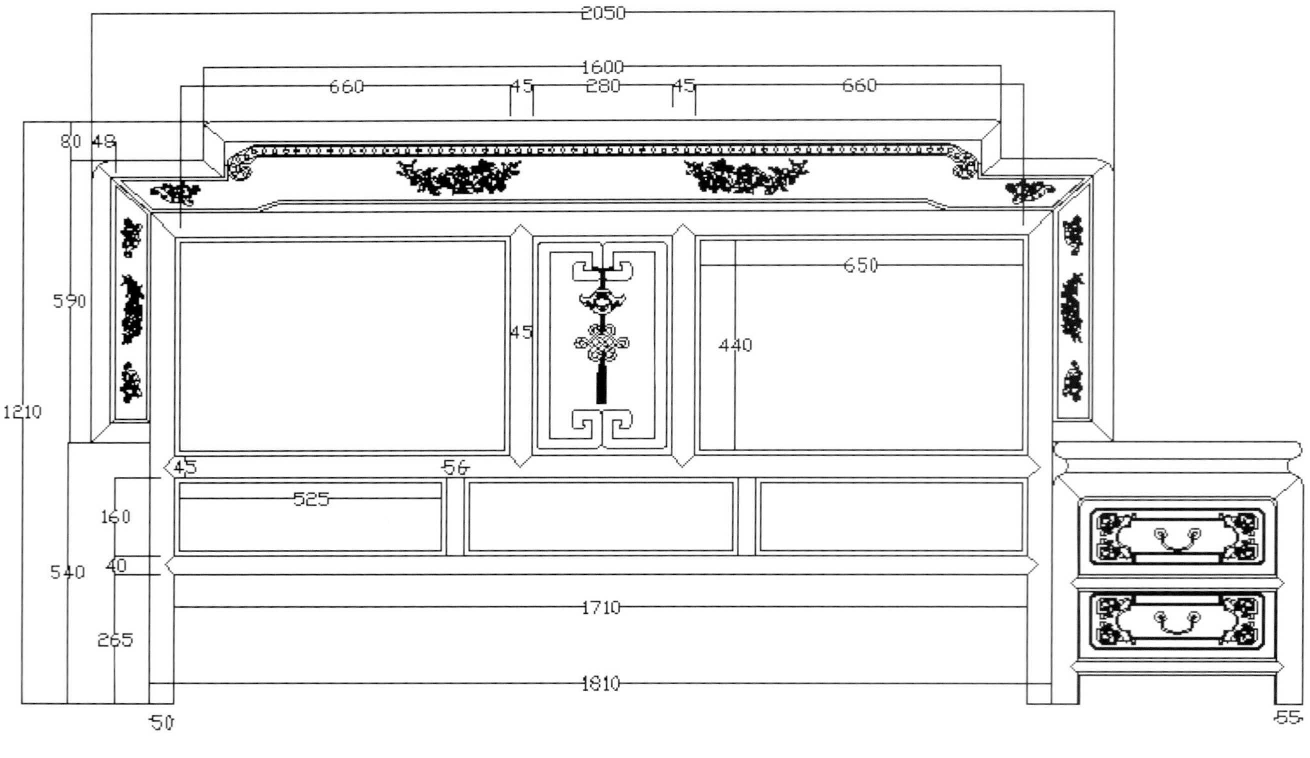
2050
1600
660
45
280
45
660
80
48
590
650
45
440
1210
45
56
525
160
540
40
1710
265
1810
50
55

CAD 结构图

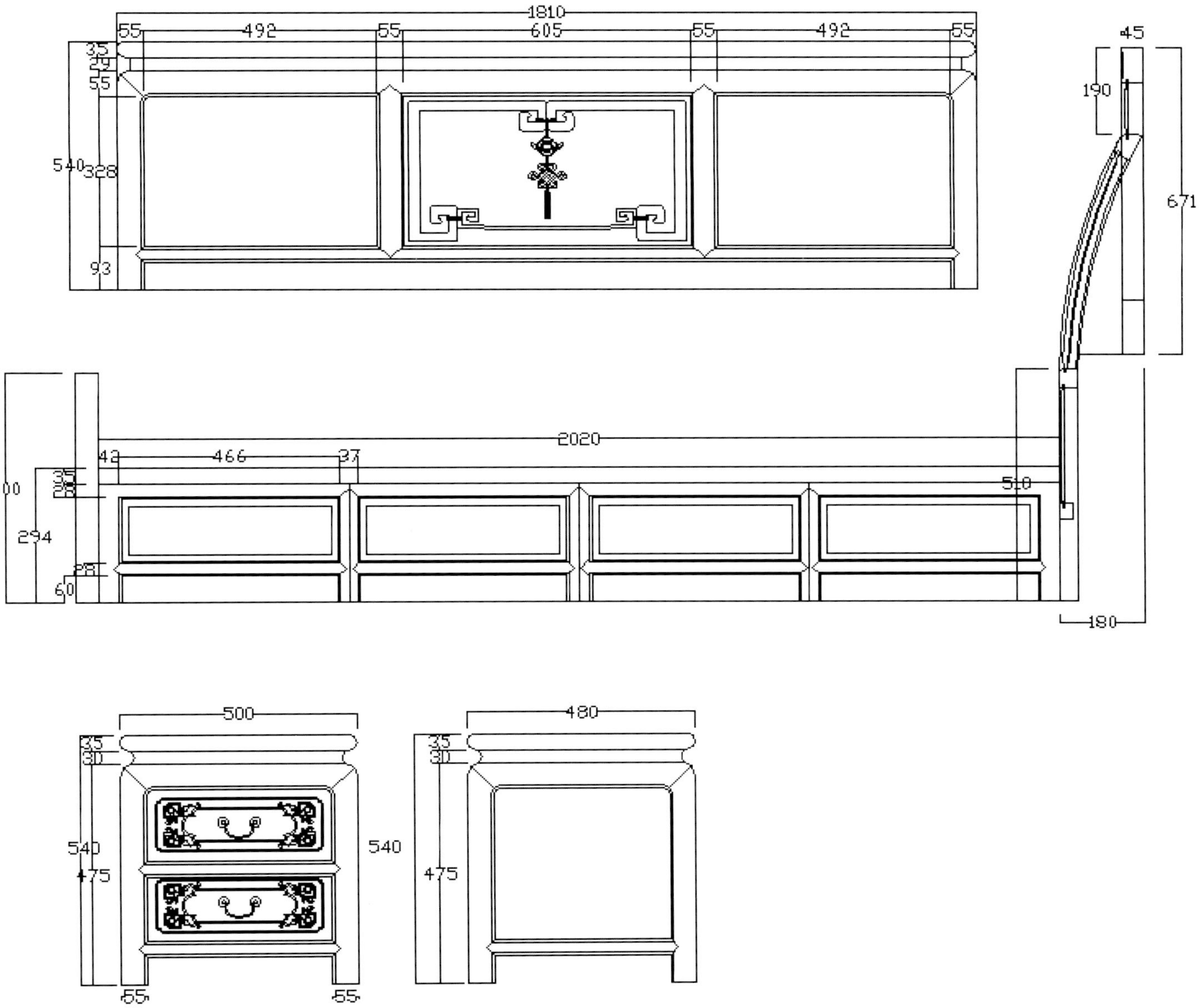
1810
55
492
55
605
55
492
55
35
29
55
540
328
93
45
190
671
2020
42
466
37
510
500
35
28
294
28
60
180
500
35
30
540
475
55
55
540
480
35
30
475

CAD 结构图

洋花大床

款式点评：

此床靠背板为弧形，靠背板上端正中浮雕花纹，背板两侧有花纹雕饰。床体方正，床尾设挡板，挡板浮雕纹式。床头柜面下有两屉，屉面柜面光素无雕饰。整体美观大气。

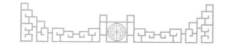

透视图

主视图

俯视图

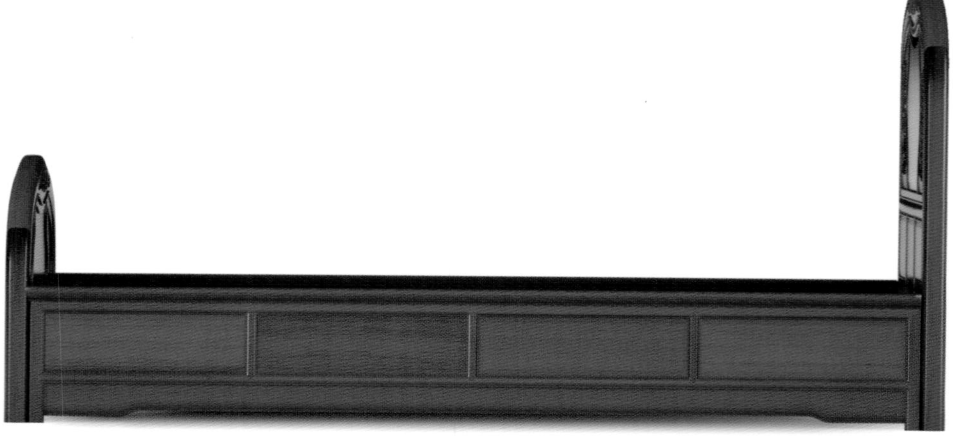

侧视图

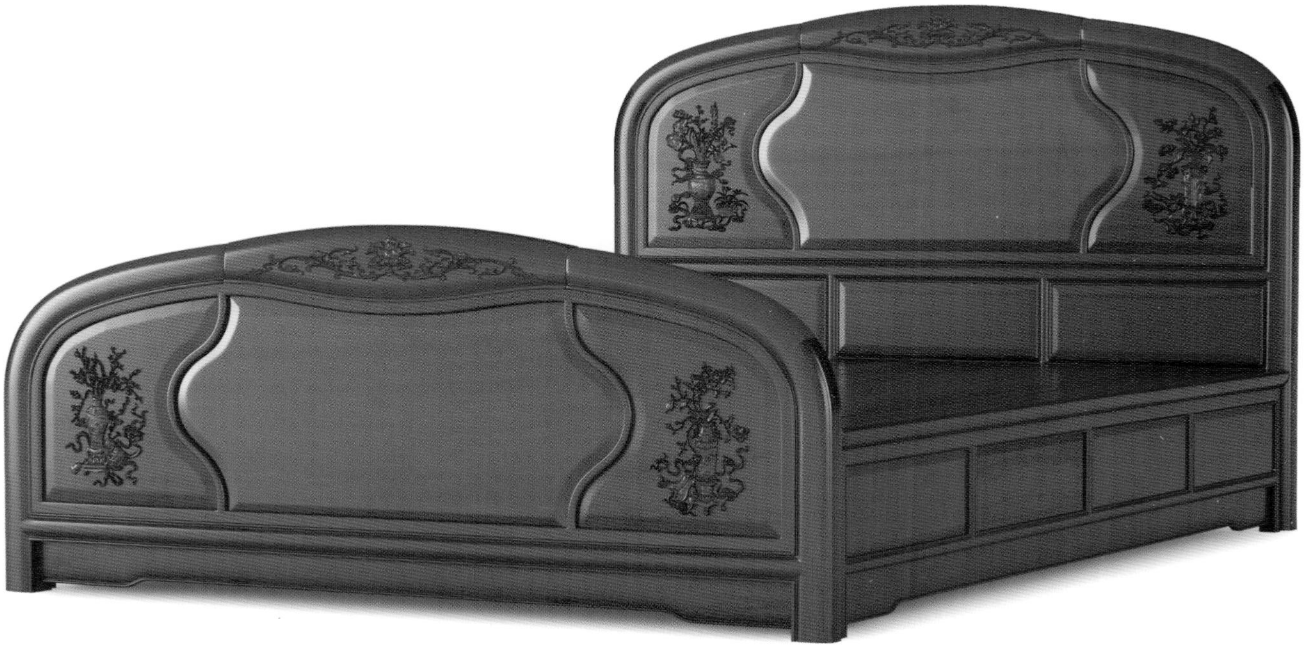

透视图

主视图

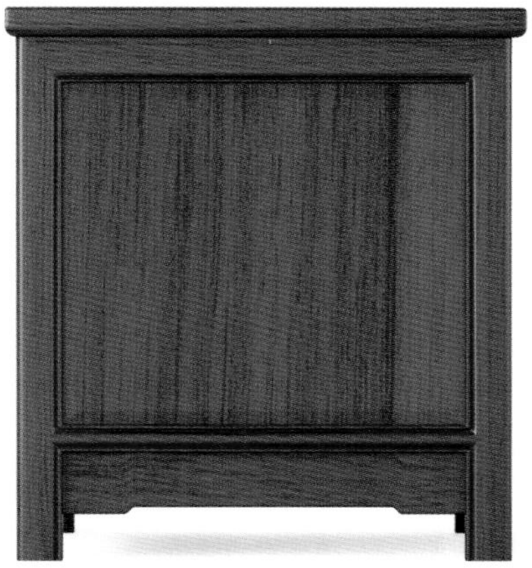

侧视图

俯视图

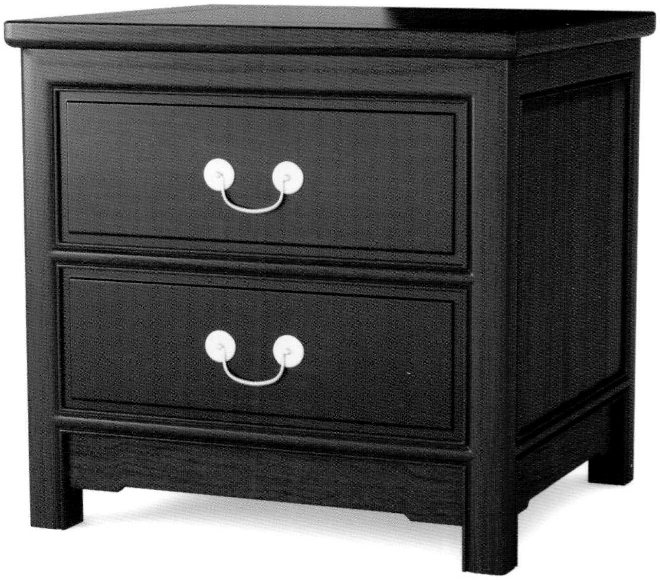

透视图

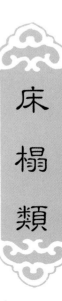

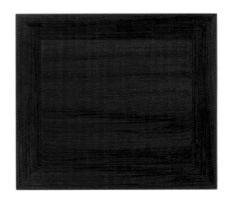

精雕图

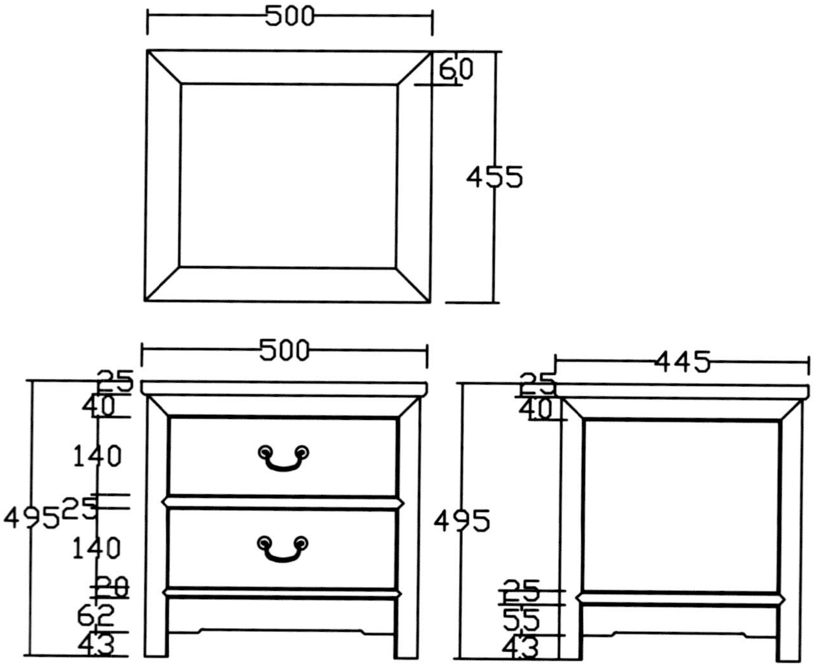

CAD 结构图

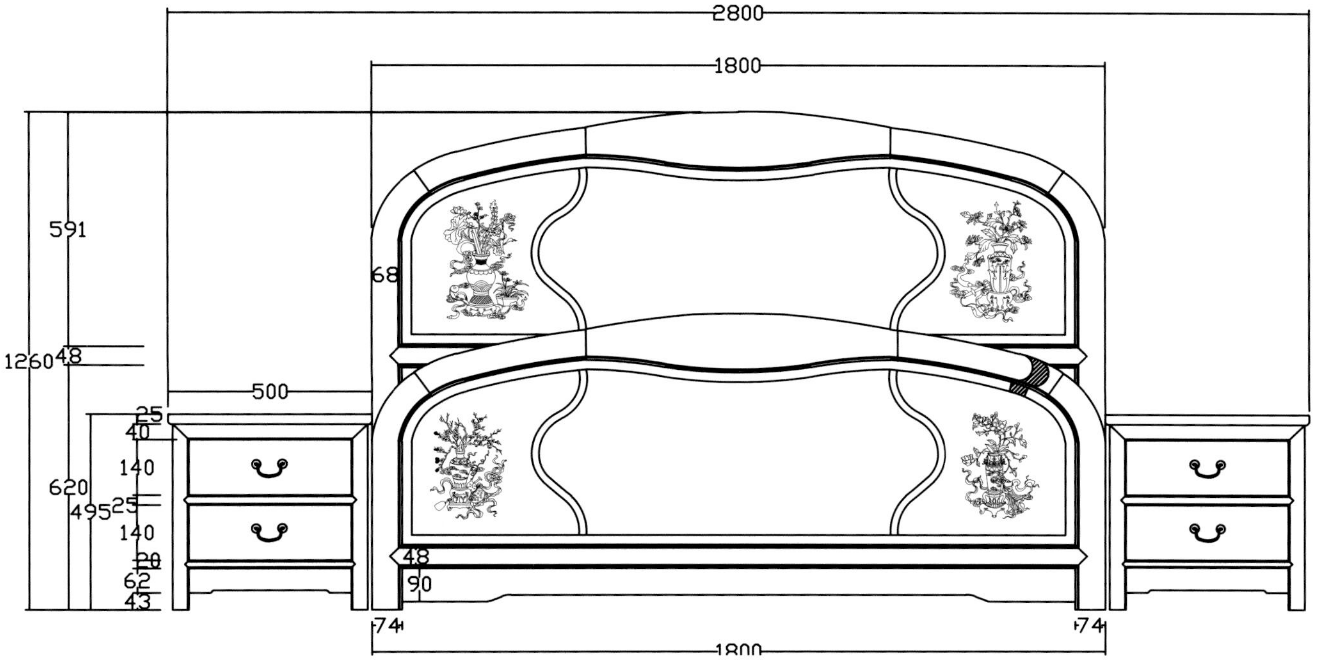
2800
1800
591
68
1260
48
500
25
40
140
620
495
25
140
20
62
43
48
90
74
74
1800

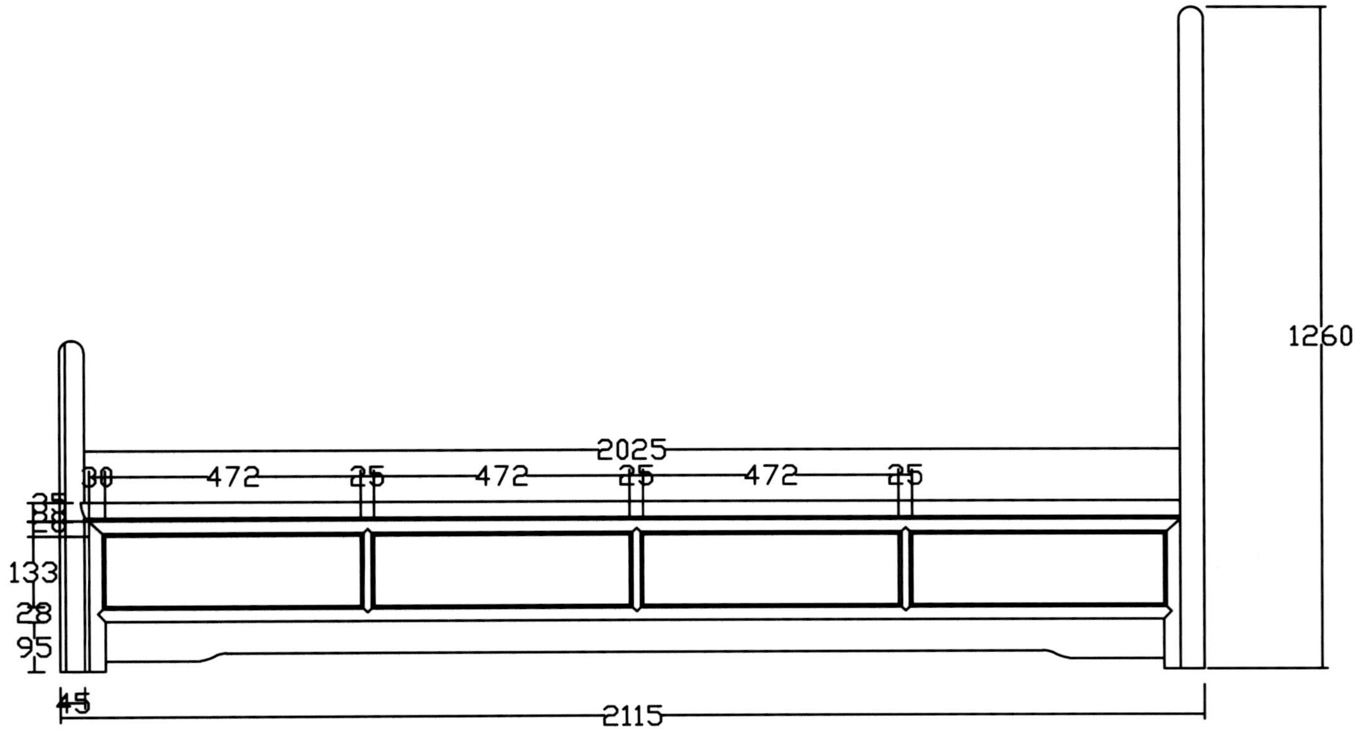
1260
2025
30
472
25
472
25
472
25
35
18
8
133
28
95
45
2115

CAD 结构图

床榻類

雕龙大床

款式点评：

此床床头板呈阶梯状向上突起，靠背板分四块，分别浮雕龙纹，大床床头两侧板呈两翼状展开，侧板面浮雕龙纹。床板光素，床体两侧侧板浮雕龙纹，床尾有挡板，浮雕龙纹。床头柜面下有三屉，屉面浮雕龙纹。整体给人大气祥瑞的感觉。

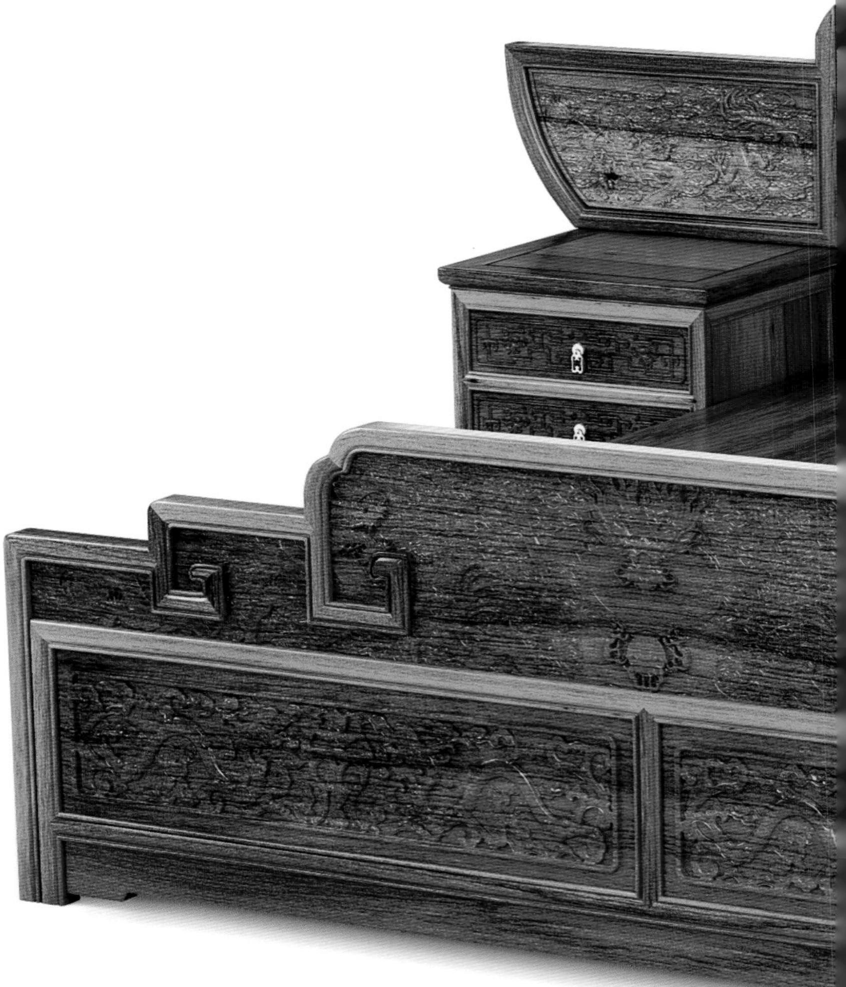

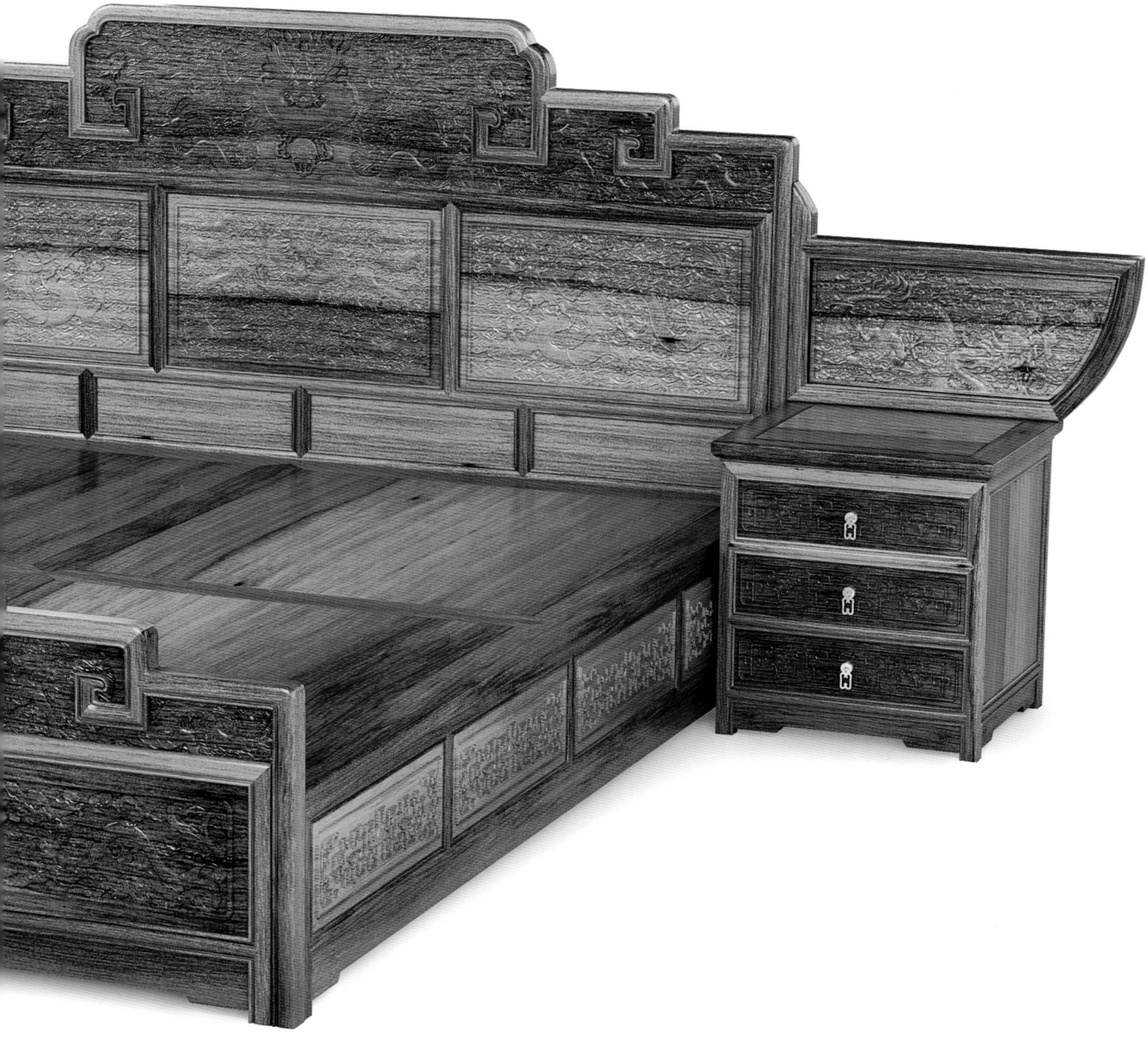

透视图

主视图

俯视图

侧视图

主视图

侧视图

俯视图

透视图

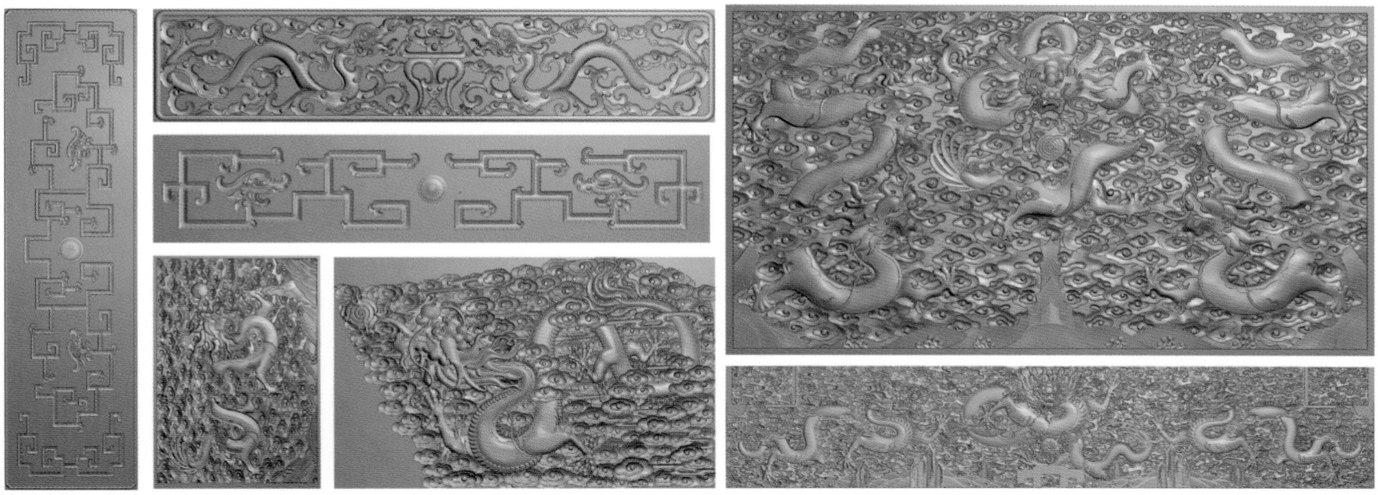

精雕图

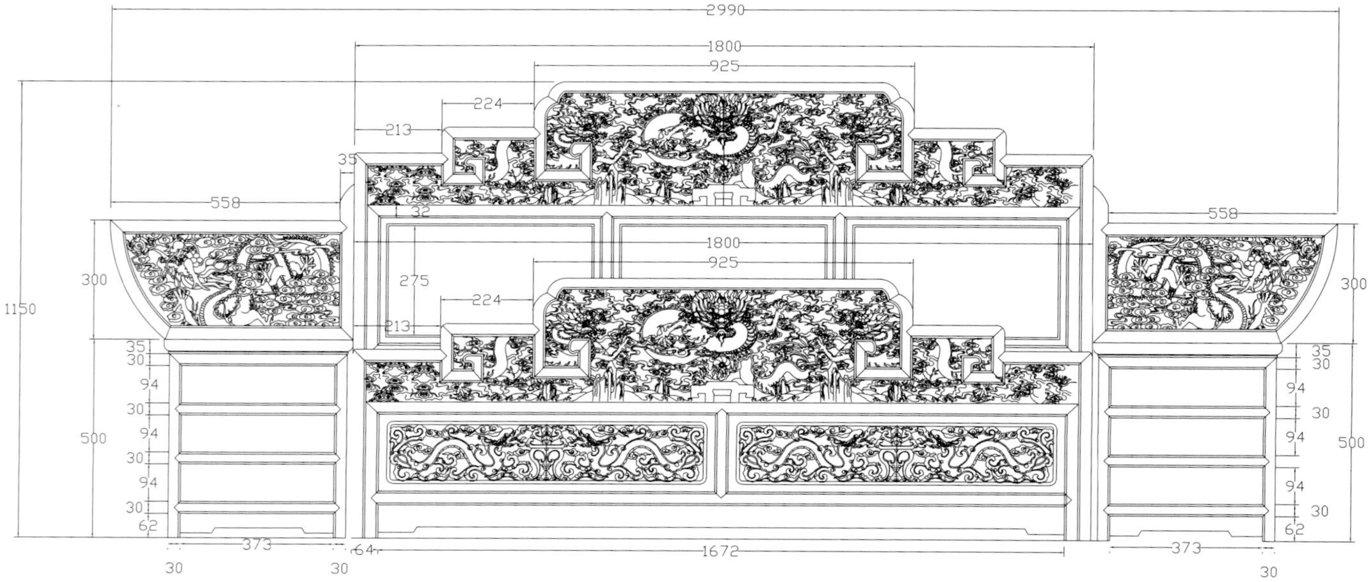
2990
1800
925
224
213
35
32
558
1800
925
275
224
213
558
1150
300
300
35
30
94
30
94
30
94
30
62
500
35
30
94
30
94
94
30
62
500
373
64
1672
373
30
30
30

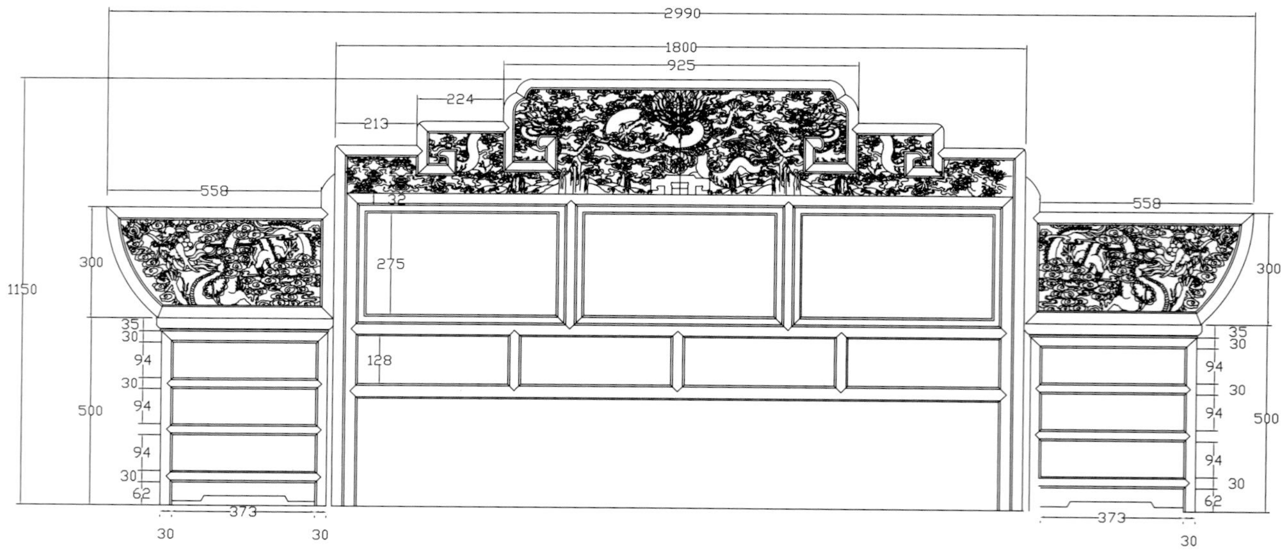
2990
1800
925
224
213
32
558
558
1150
300
275
300
35
30
94
30
94
94
30
62
500
128
35
30
94
30
94
94
30
62
500
373
373
30
30
30

CAD 结构图

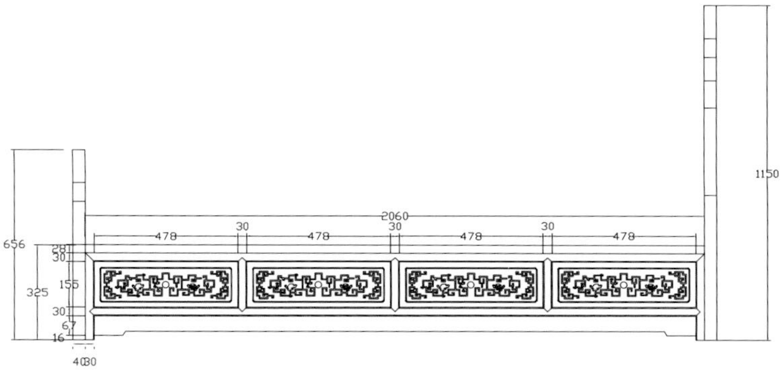
2060
478
30
478
30
478
30
478
656
325
155
1150
4030

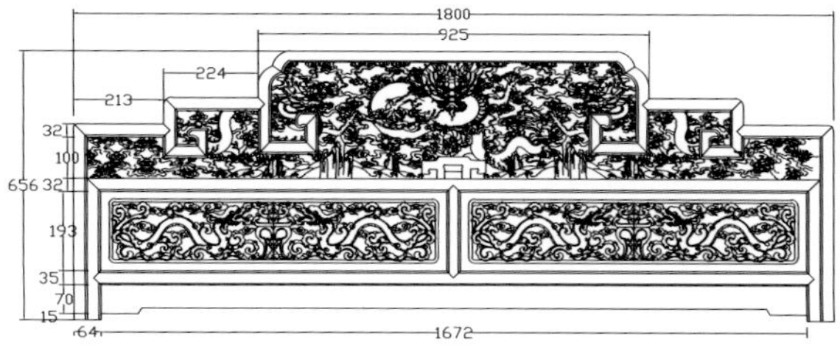
1800
925
224
213
32
100
656
32
193
35
70
15
64
1672

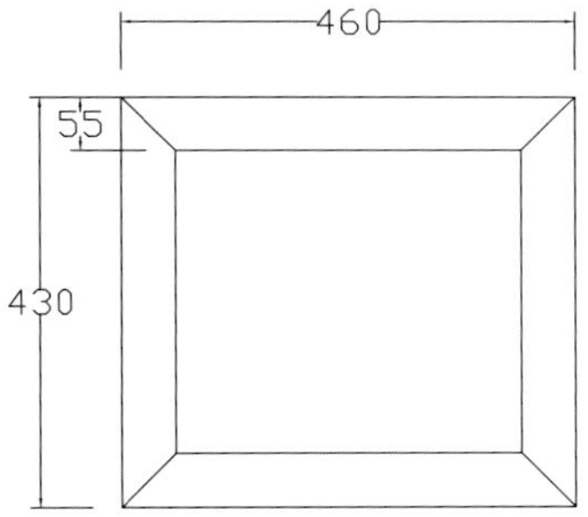
460
55
430

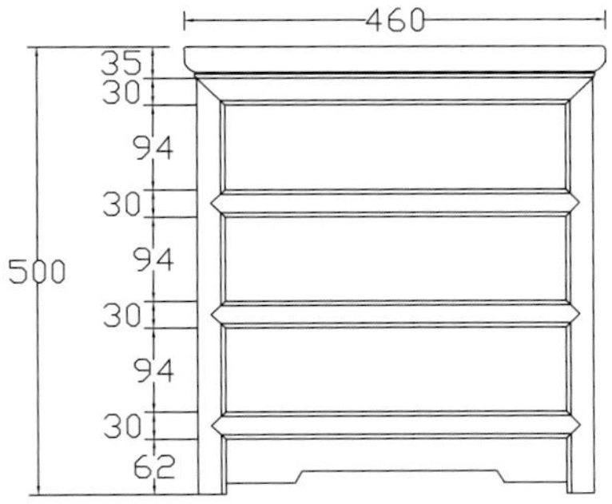
460
35
30
94
30
94
30
94
30
62
500

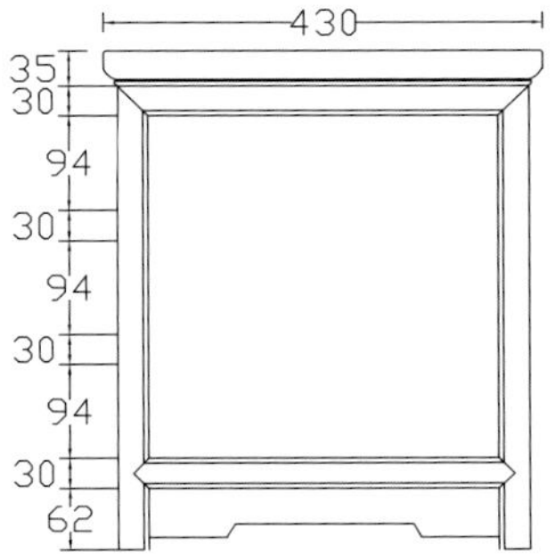
430
35
30
94
30
94
30
94
30
62

CAD 结构图

床榻類

雕心大床

款式点评：

此床床头背板搭脑向上突起，靠背板边沿浮雕回纹，靠背板呈弧形后曲，靠背板中间浮雕花纹。床板光素，床体较高，床尾有挡板。床头柜面下有两屉，屉面光素。整体装饰精巧，美观耐用。

透视图

主视图

俯视图

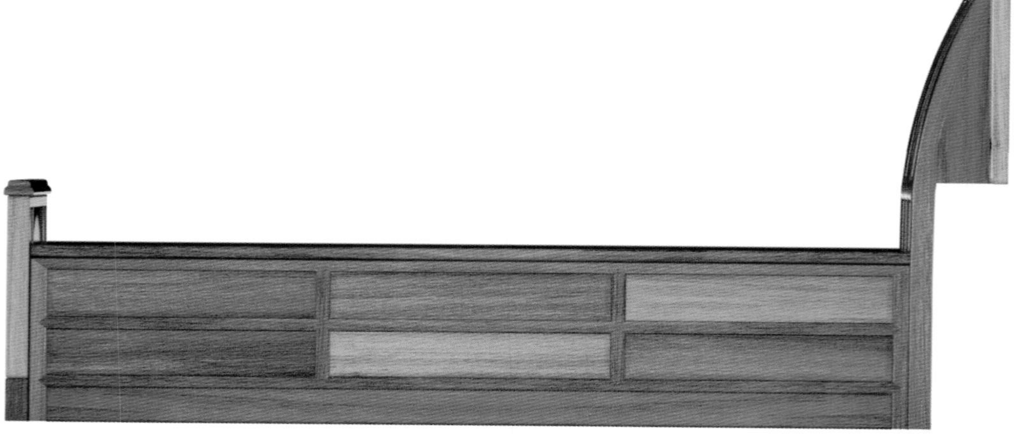

侧视图

透视图

主视图

侧视图

俯视图

透视图

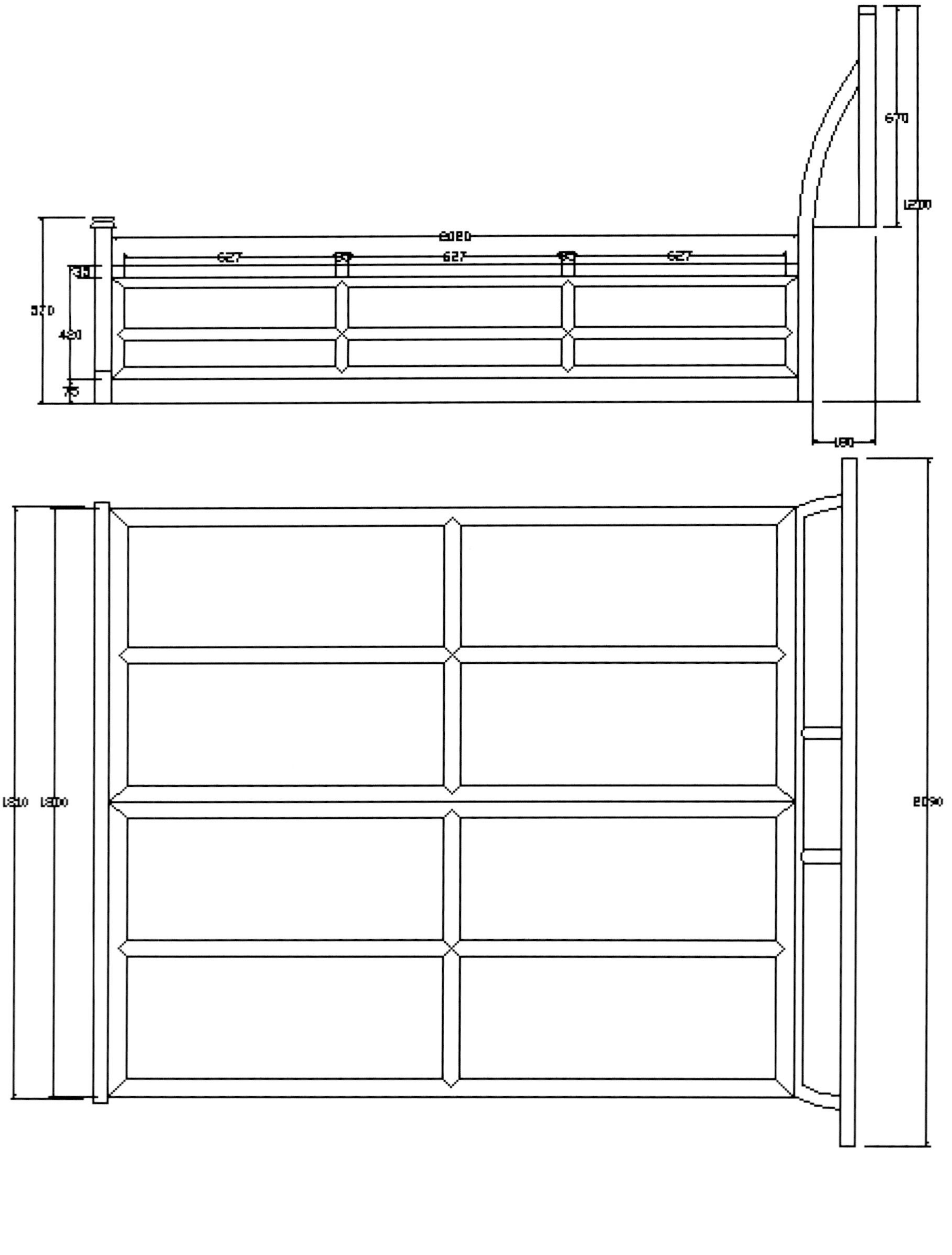

CAD 结构图

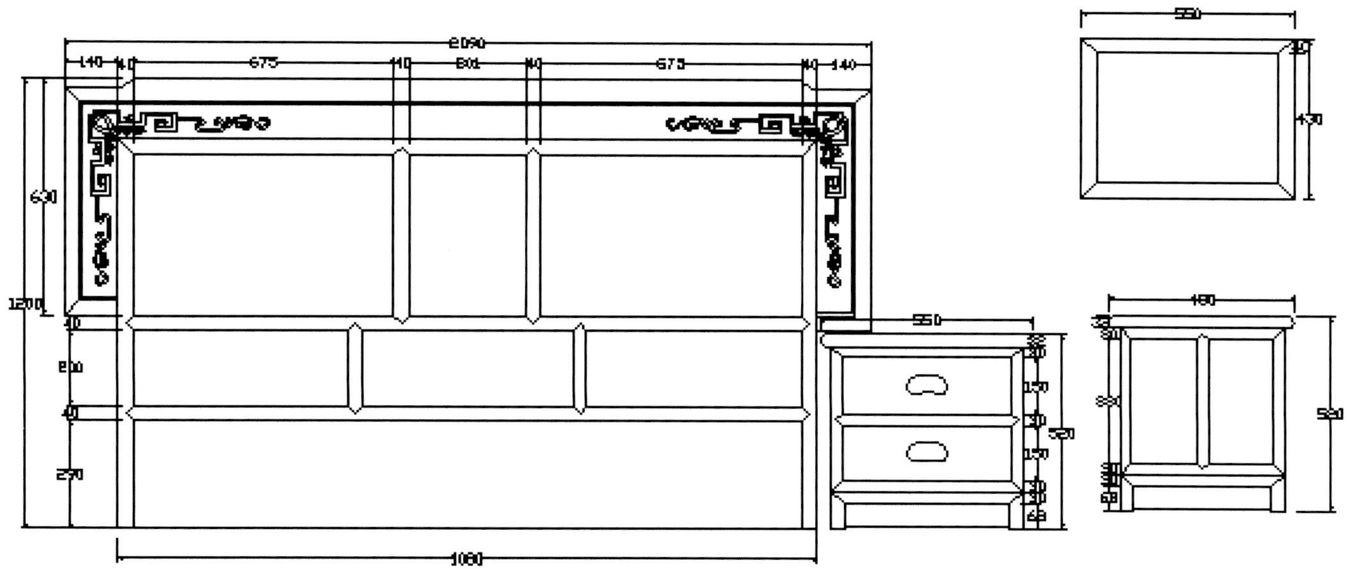

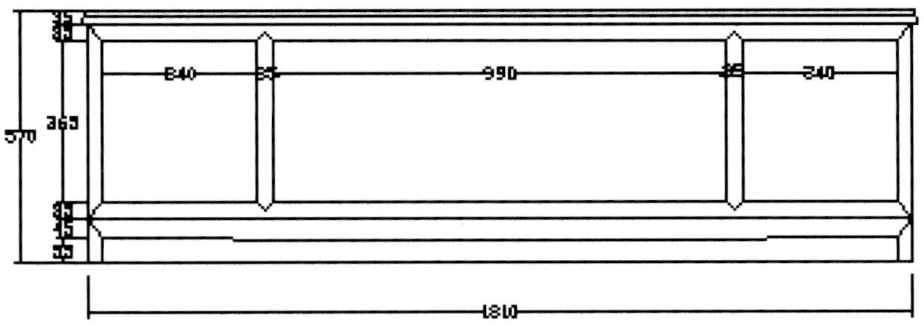

CAD 结构图

精雕图

素板大床

款式点评：

此床床头背板上搭脑为一根圆杆，下有梳条状杆状衔接，靠背板呈弧形后曲，靠背板中间浮雕花纹。床板光素，床体较高，床尾有挡板，挡板与床头类似。床头柜面下有三屉，屉面光素。有铜环拉手，整体装饰精巧，美观耐用。

透视图

主视图

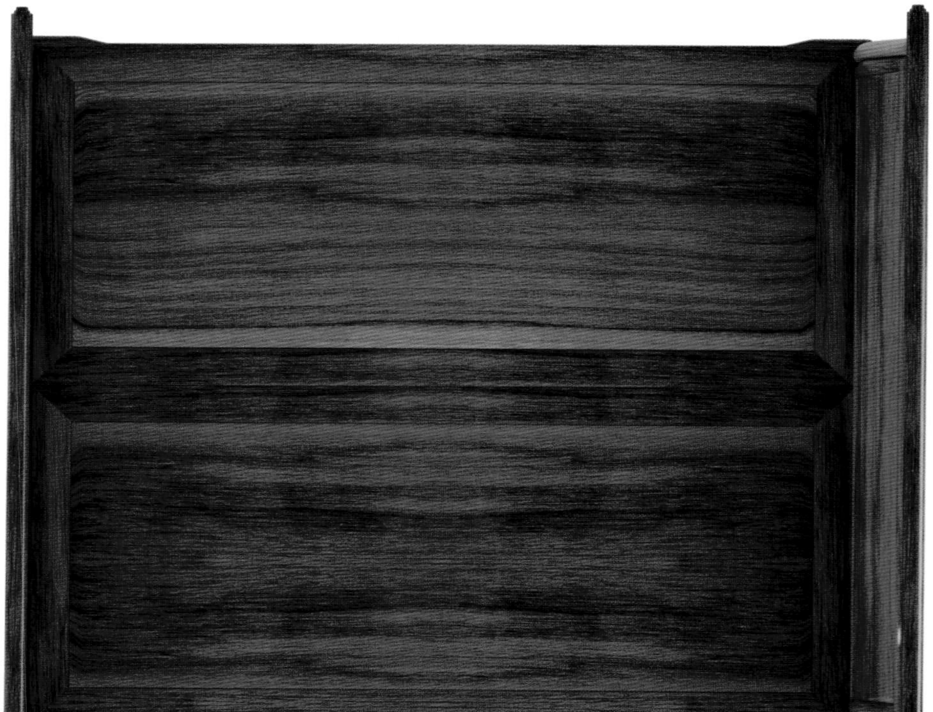

俯视图

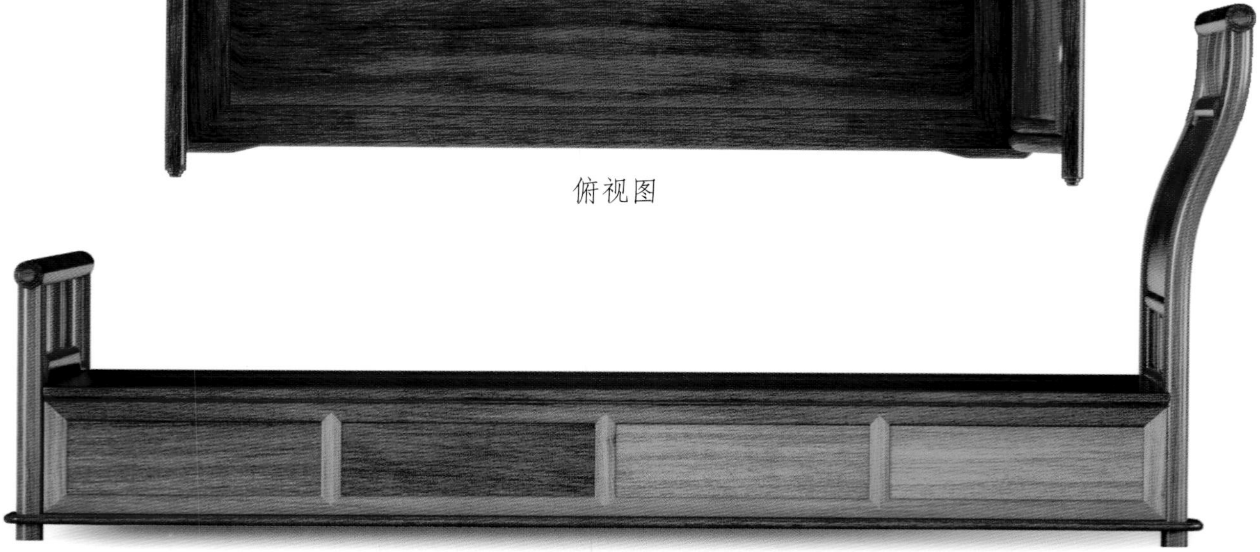

侧视图

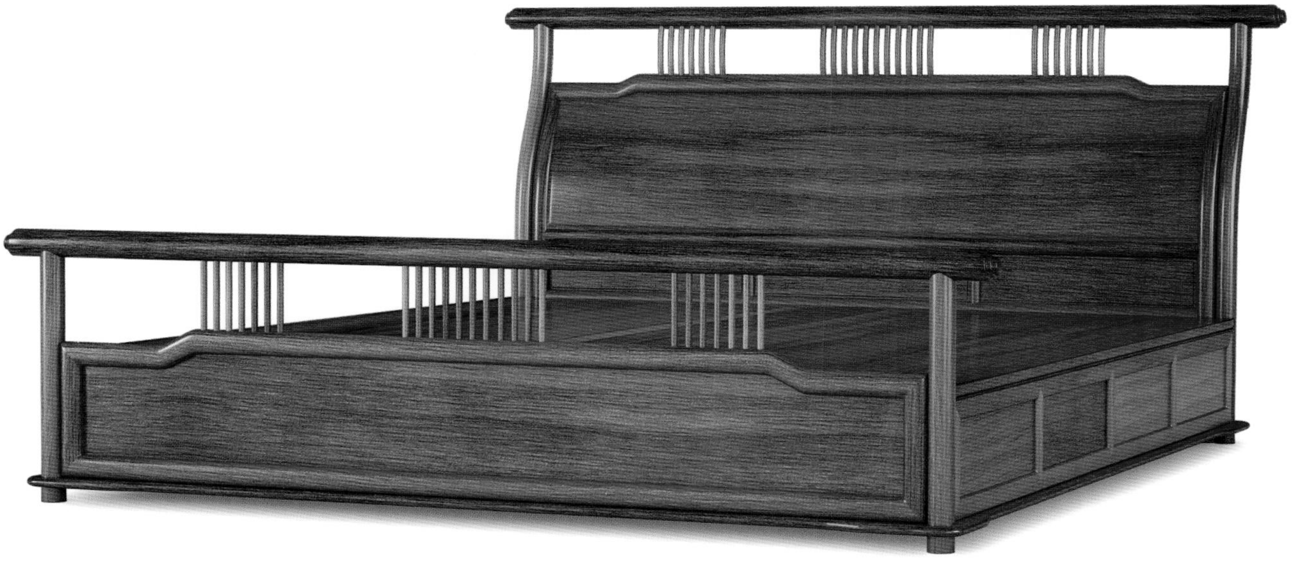

透视图

主视图

侧视图

俯视图

透视图

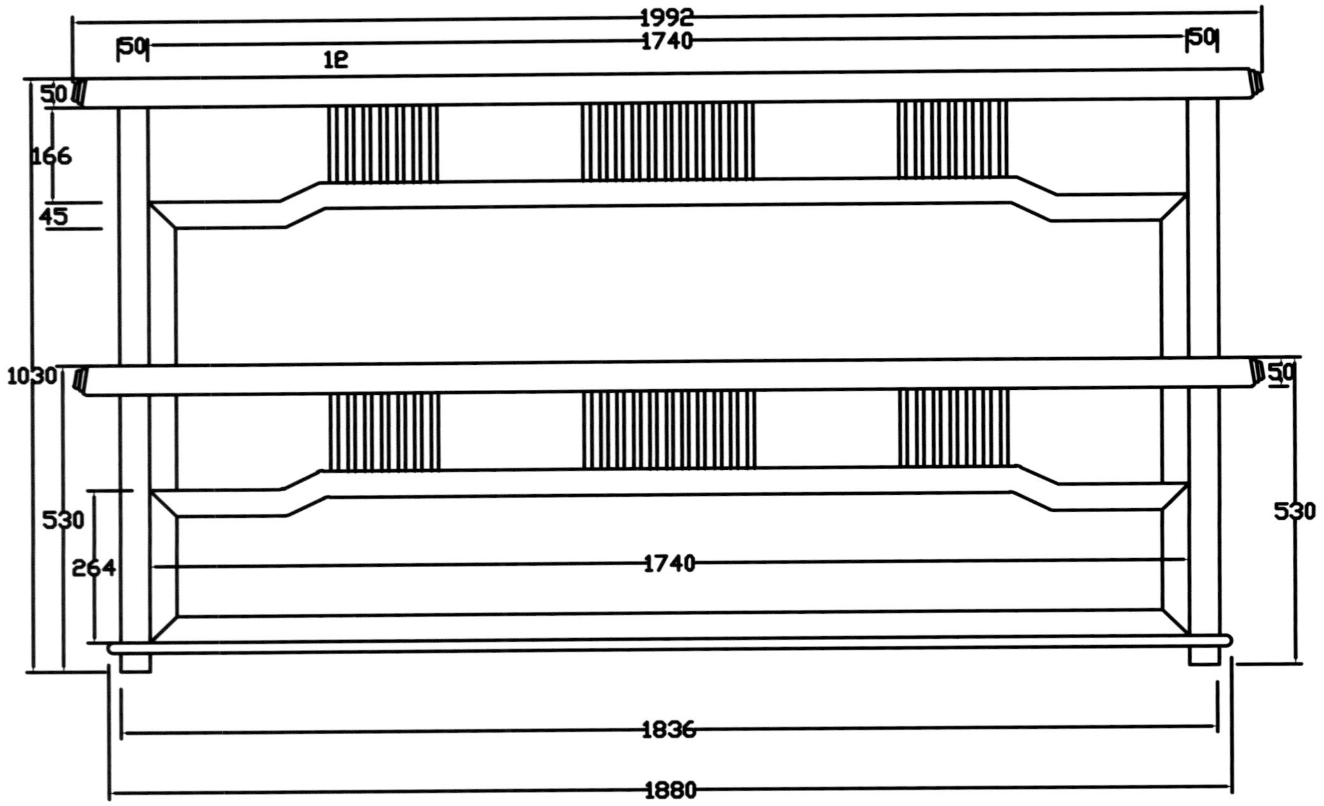
1992
50
1740
50
12
50
166
45
1030
50
530
264
1740
530
1836
1880

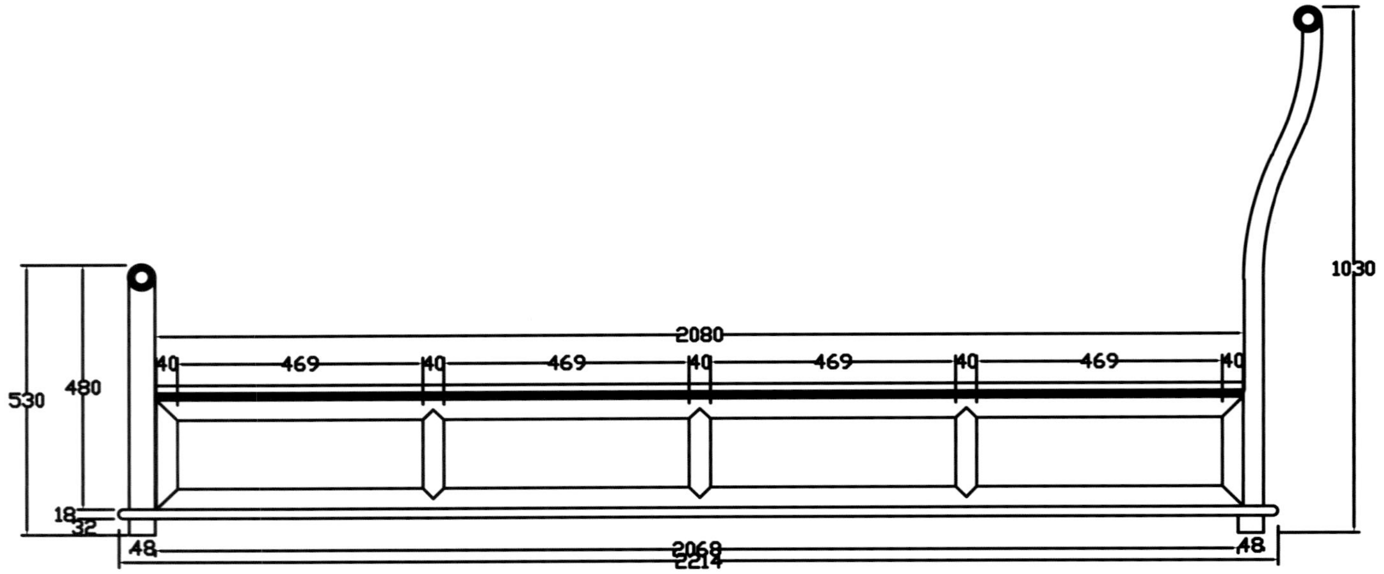
1030
2080
40
469
40
469
40
469
40
469
40
530
480
18
32
48
2068
48
2214

CAD 结构图

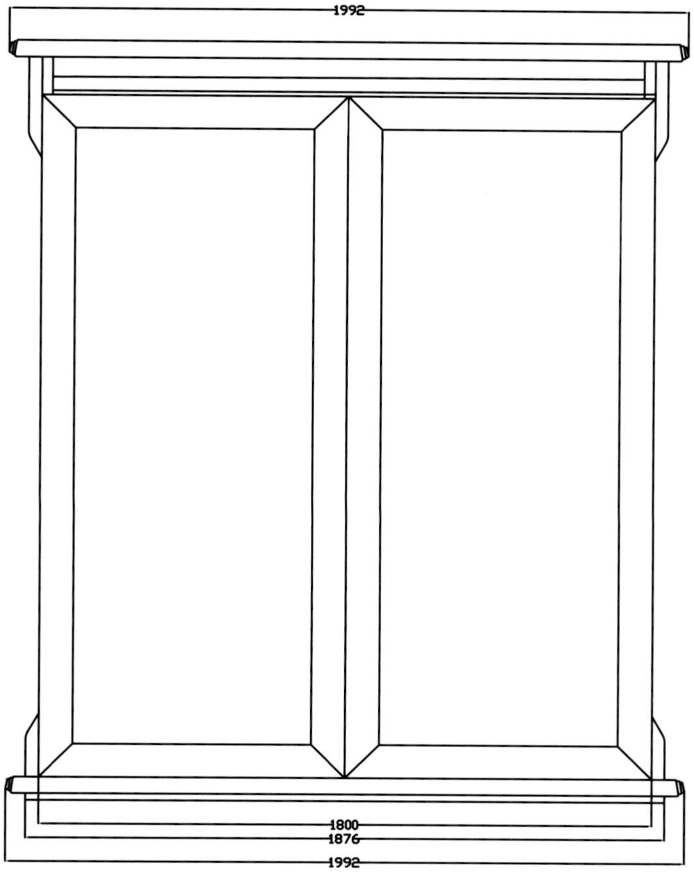
1992
1800
1876
1992

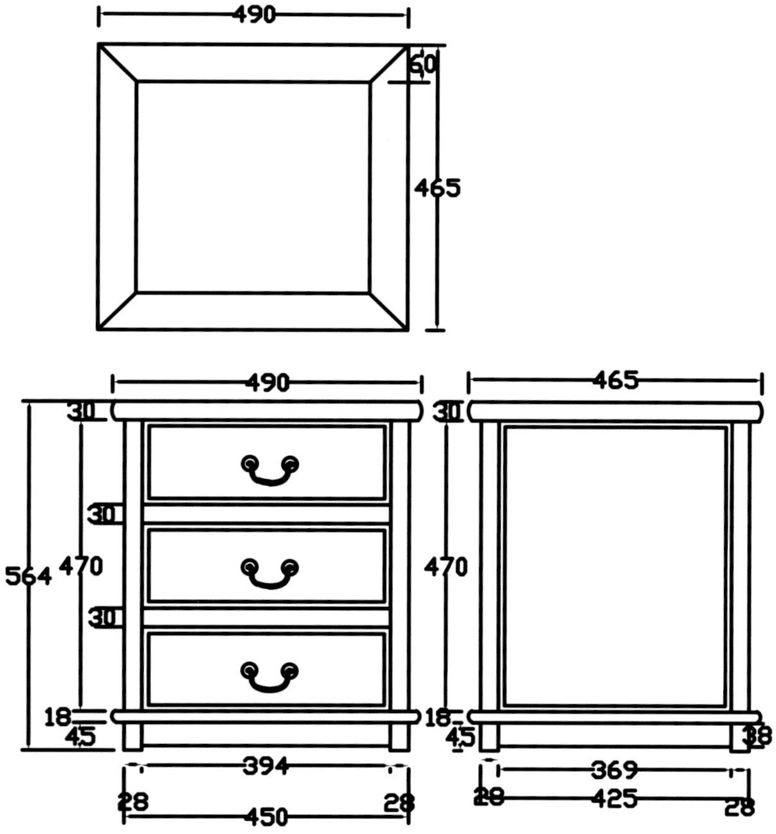
490
60
465
490
465
30
30
30
30
564
470
470
18
18
45
45
38
394
369
28
450
28
28
425
28

CAD 结构图

床榻類

圆环架子床

透视图

款式点评：

此床为架子床。床面上三面围子，围子为圆环形攒接，床面下有罗锅枨，圆形矮老，床顶板下有围挡，中间圆环装饰。整体空灵大气，美观实用。

主视图

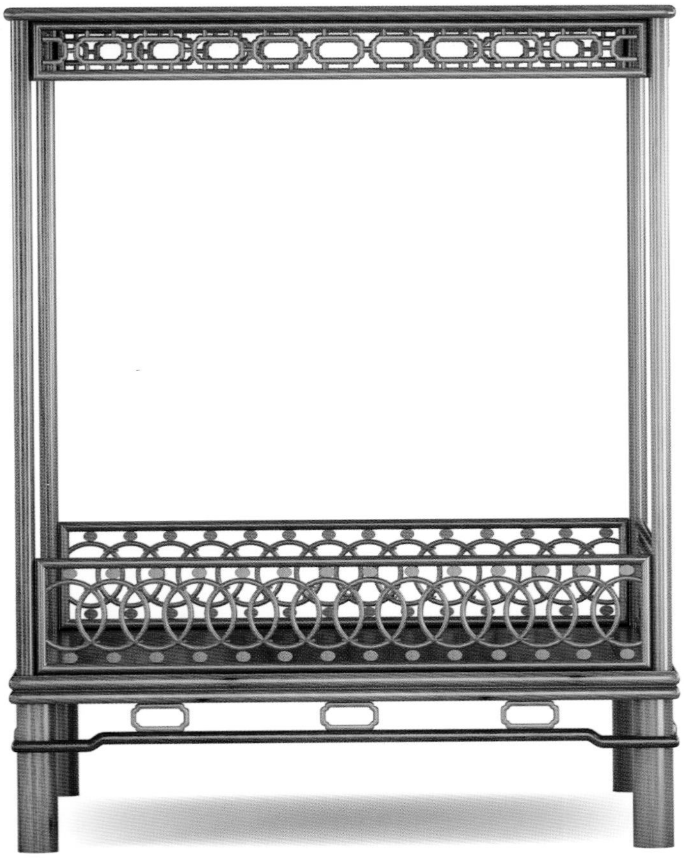

侧视图

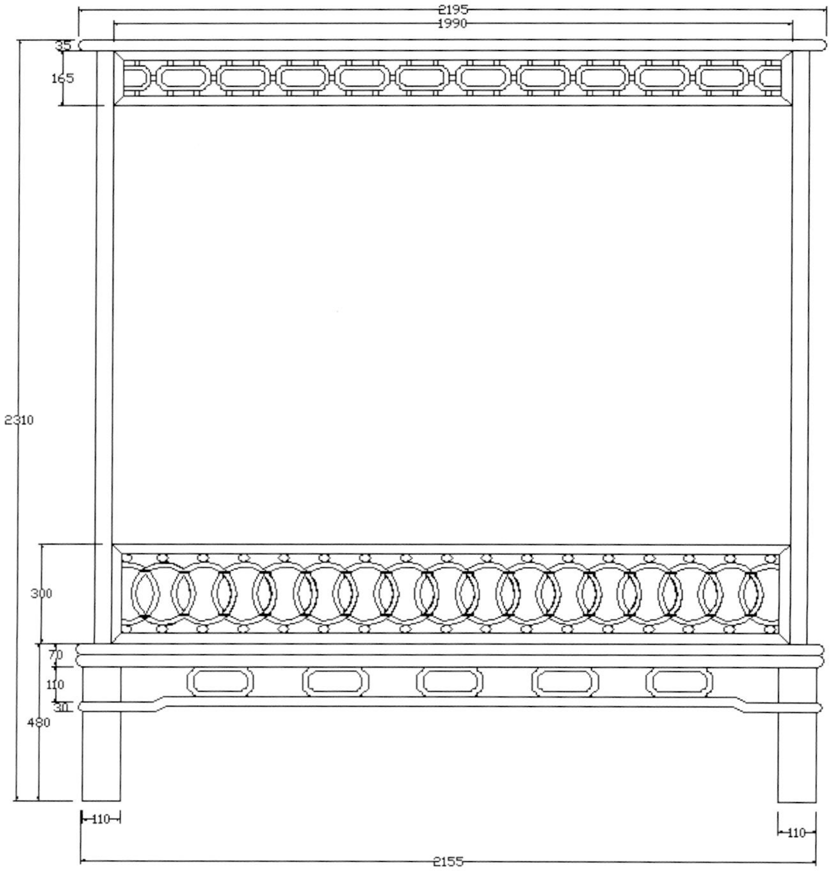
2195
1990
35
165
2310
300
70
110
30
480
110
110
2155

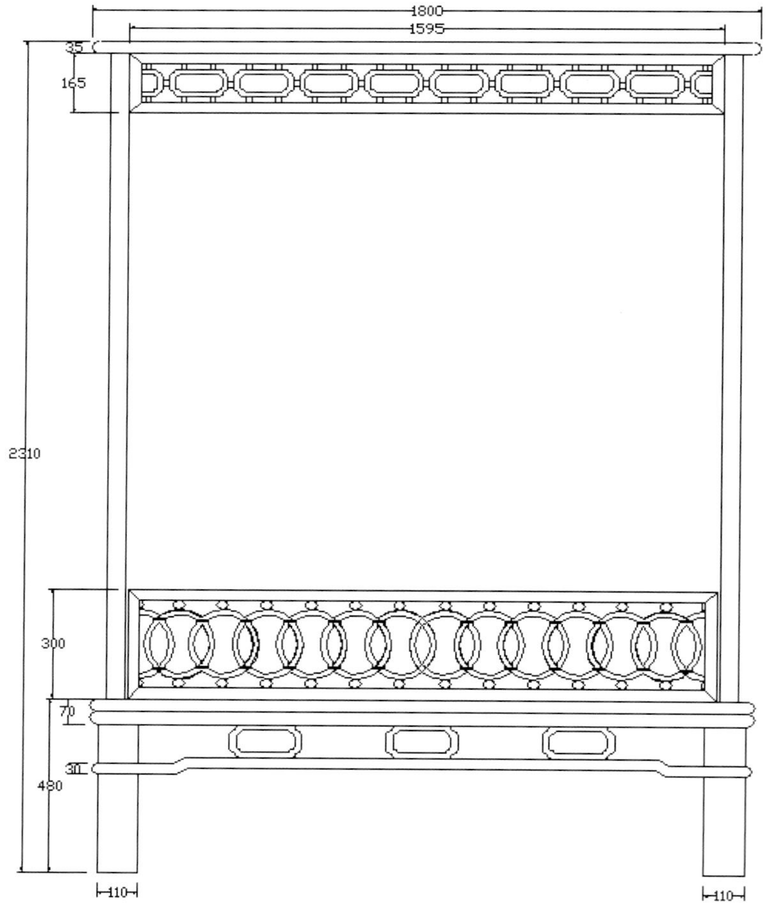
1800
1595
35
165
2310
300
70
30
480
110
110

CAD 结构图

双面浮雕罗汉床

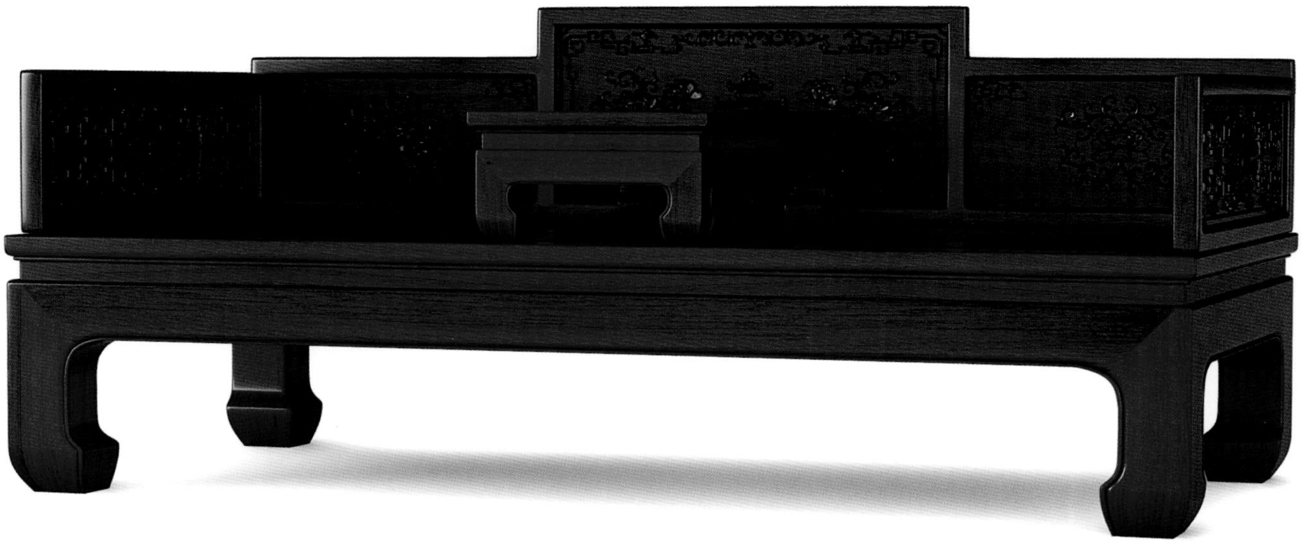

透视图

款式点评：

此床造型优美华丽，面上后左右三面装有围子，围板上雕有花纹。侧面围板双面浮雕花纹，面下有束腰，牙板与床腿相连，直腿内翻马蹄足，牙板和床腿光素无雕饰，形式经典，样式大方美观。

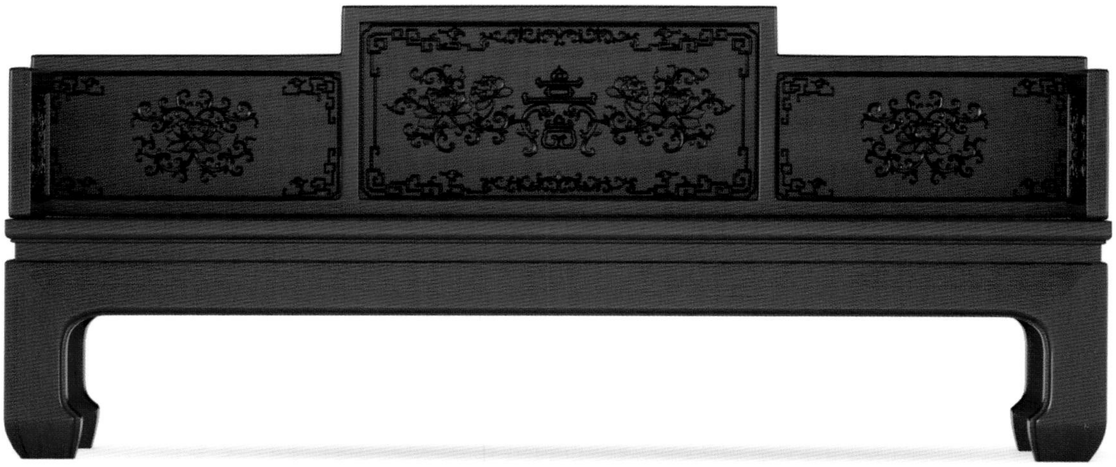

主视图

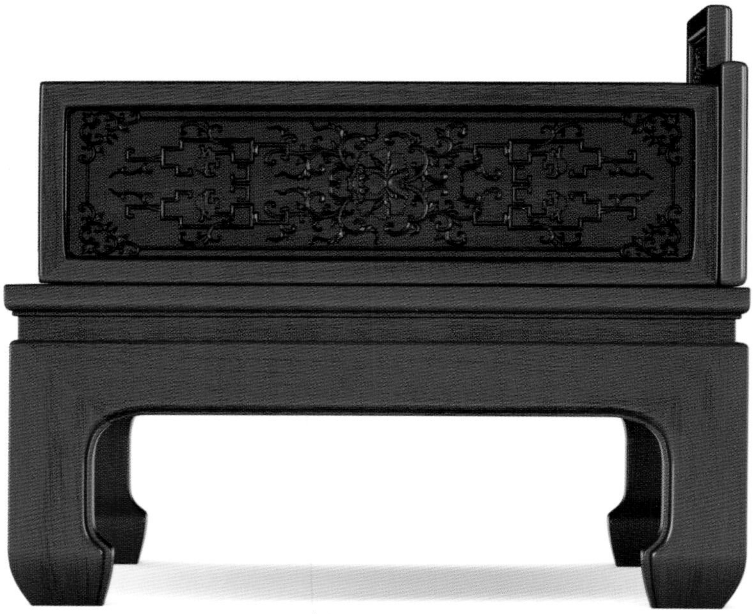

侧视图

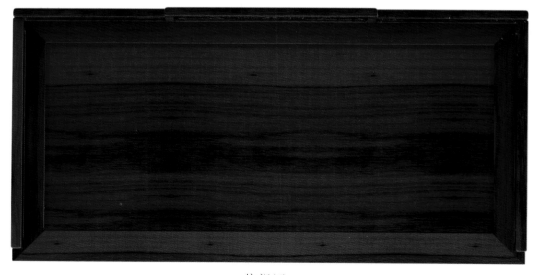

俯视图

透视图

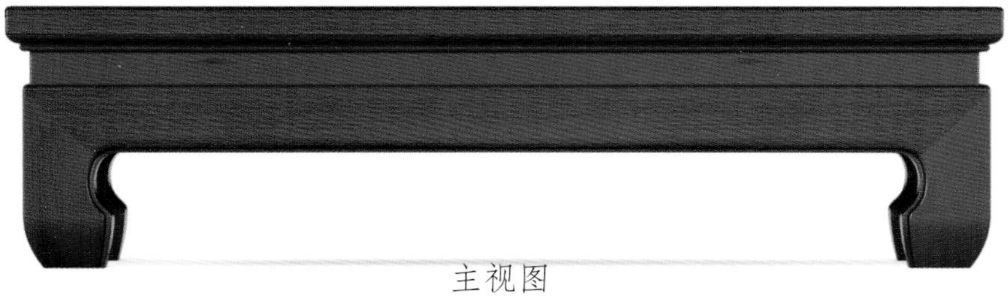

主视图

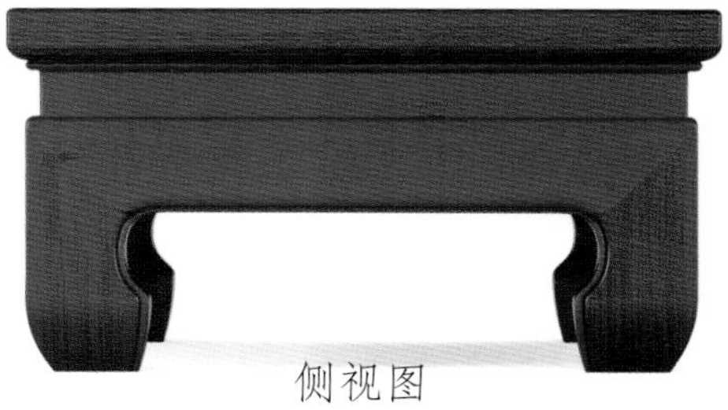

侧视图

俯视图

透视图

精雕图

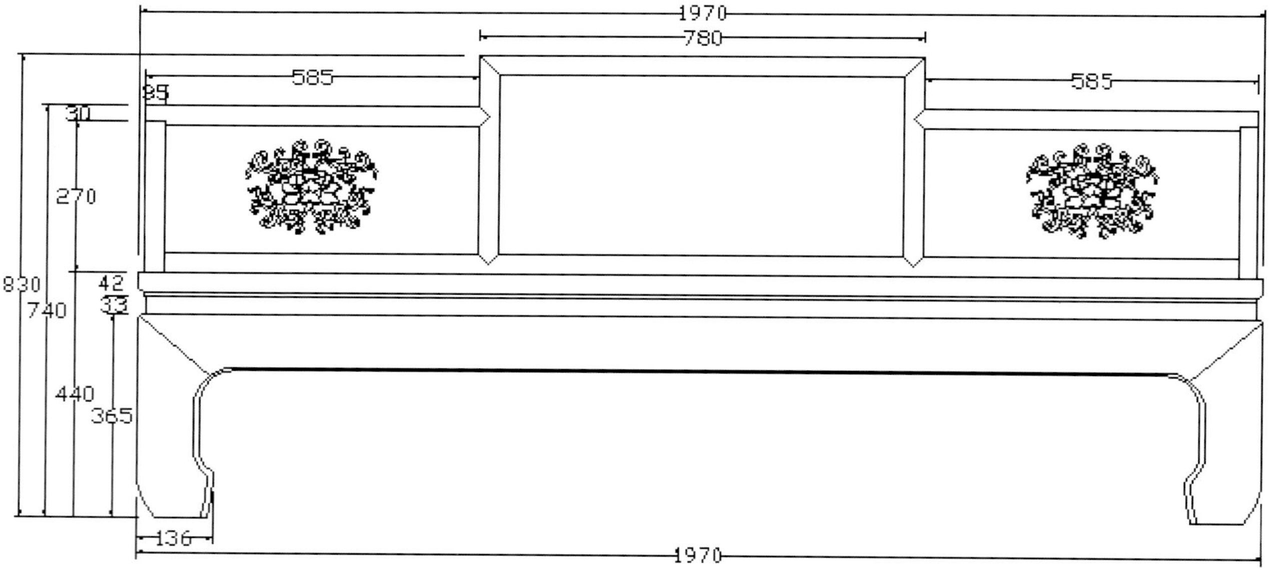

CAD 结构图

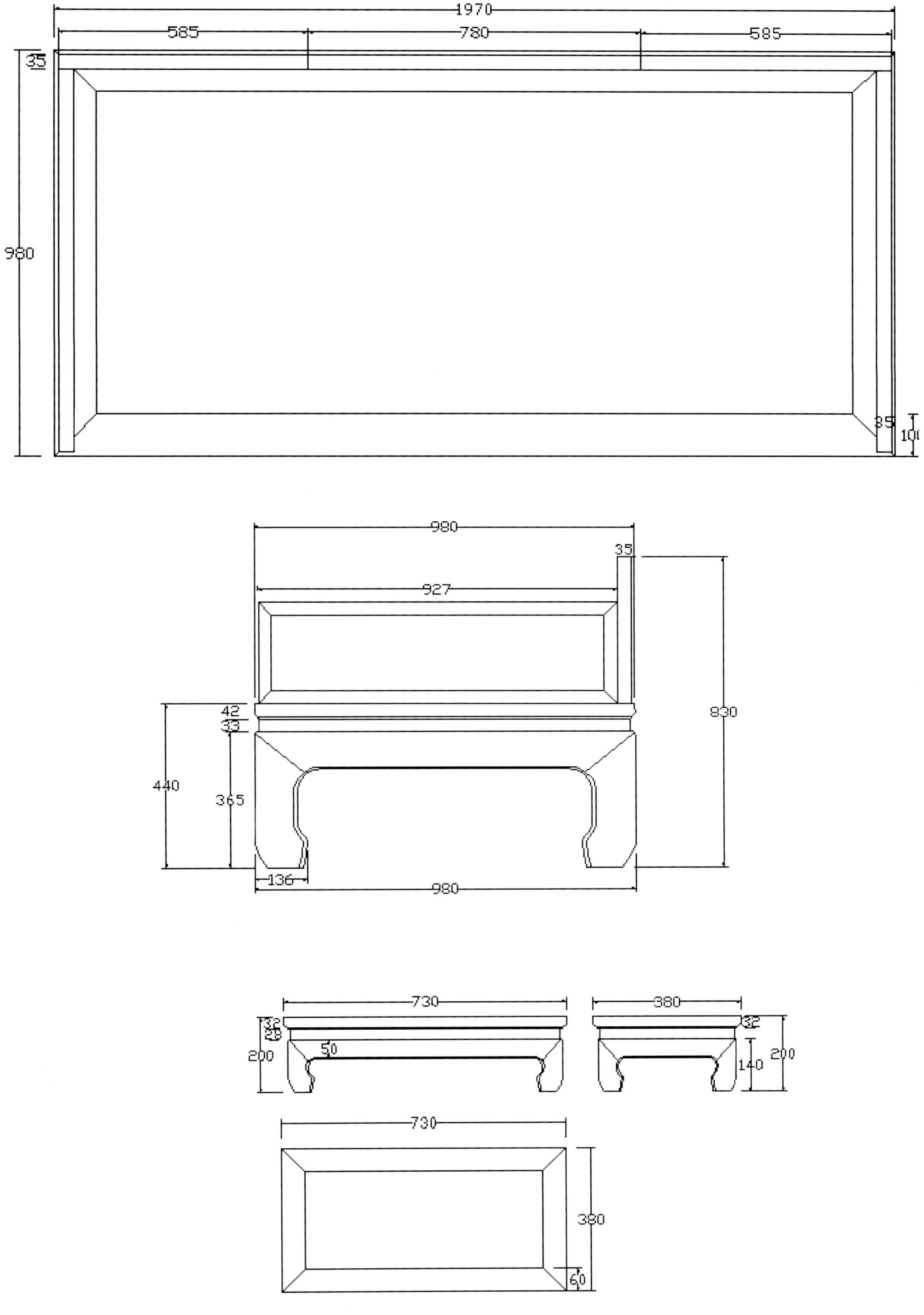
1970
585
780
585
35
980
35
980
927
35
830
42
33
440
365
136
980
730
32
28
200
50
380
32
140
200
730
380
60

CAD 结构图

三屏素面罗汉床

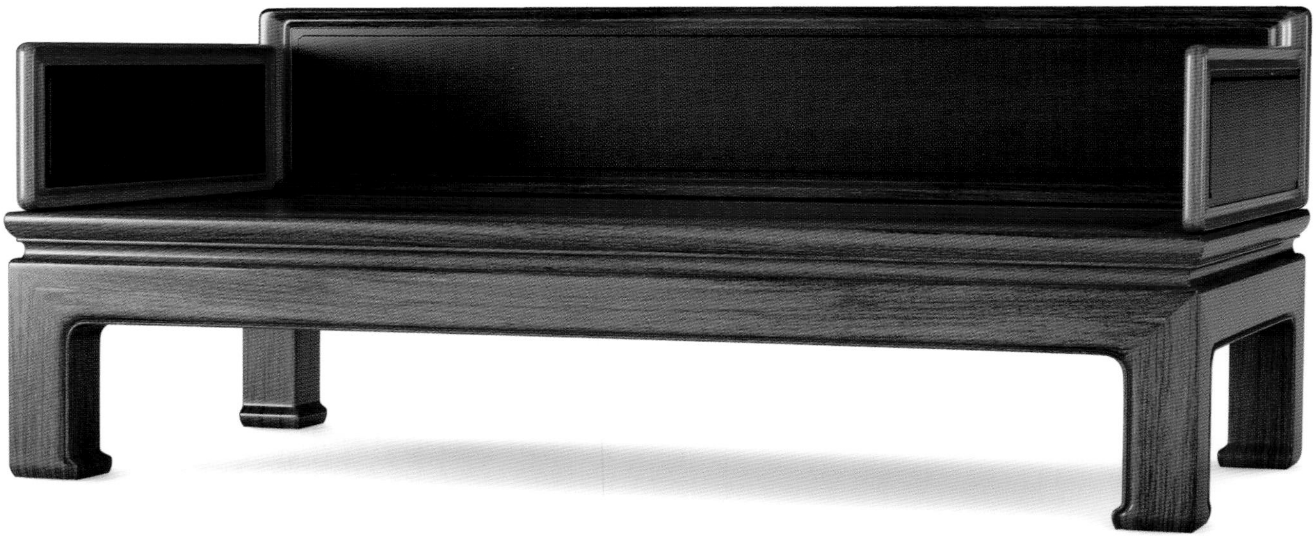

透视图

款式点评：

此床采用三屏状床帏，围板光素无雕饰，面板下无束腰，方腿直足内弯马蹄。整床装饰通体光素，造型古朴优美，给人一种自然优雅、清丽脱俗之感。

主视图

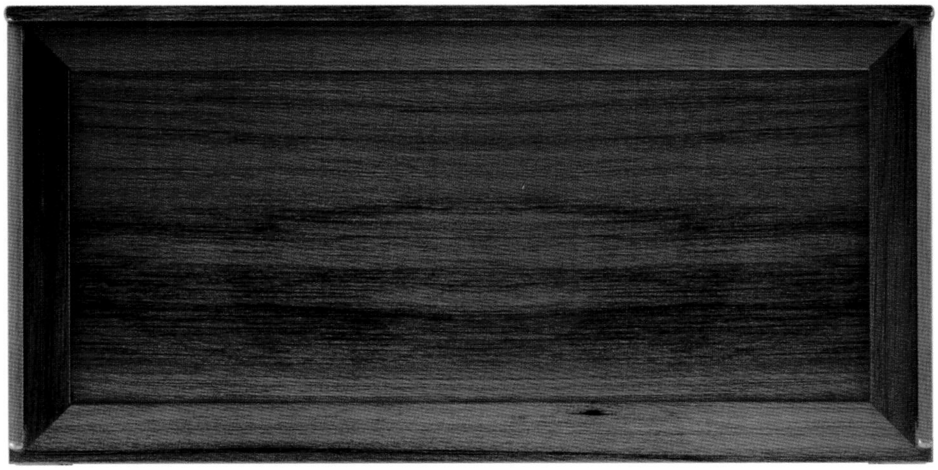

侧视图

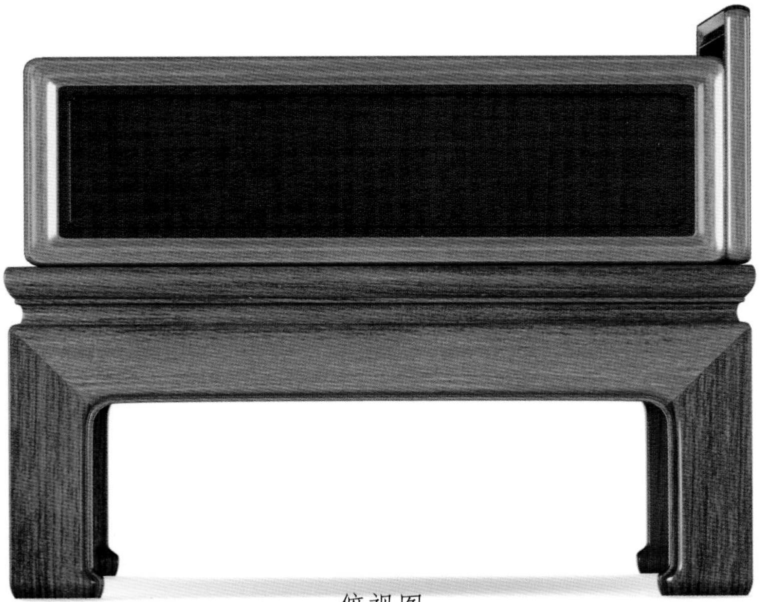

俯视图

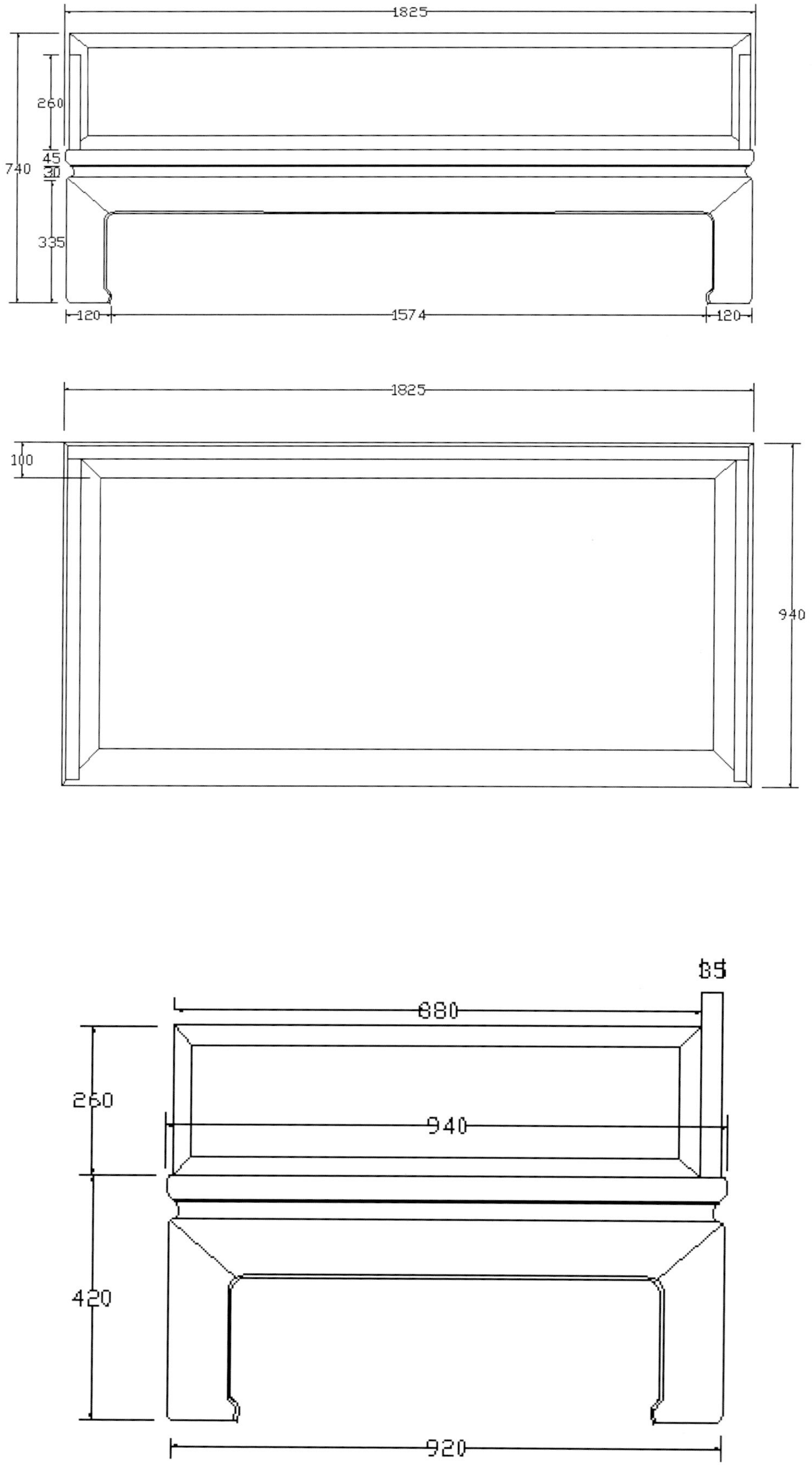

CAD 结构图

明式罗汉床

透视图

款式点评：

背板和扶手处皆以棂格状镂空，中间留有圆形空白，下方雕有卷草纹样；面板光素，内翻式马蹄，安有罗锅枨，牙板处雕有回纹。脚榻面板素净，有束腰，鼓腿彭牙，整体雕饰精巧美观大气。

主视图

侧视图

俯视图

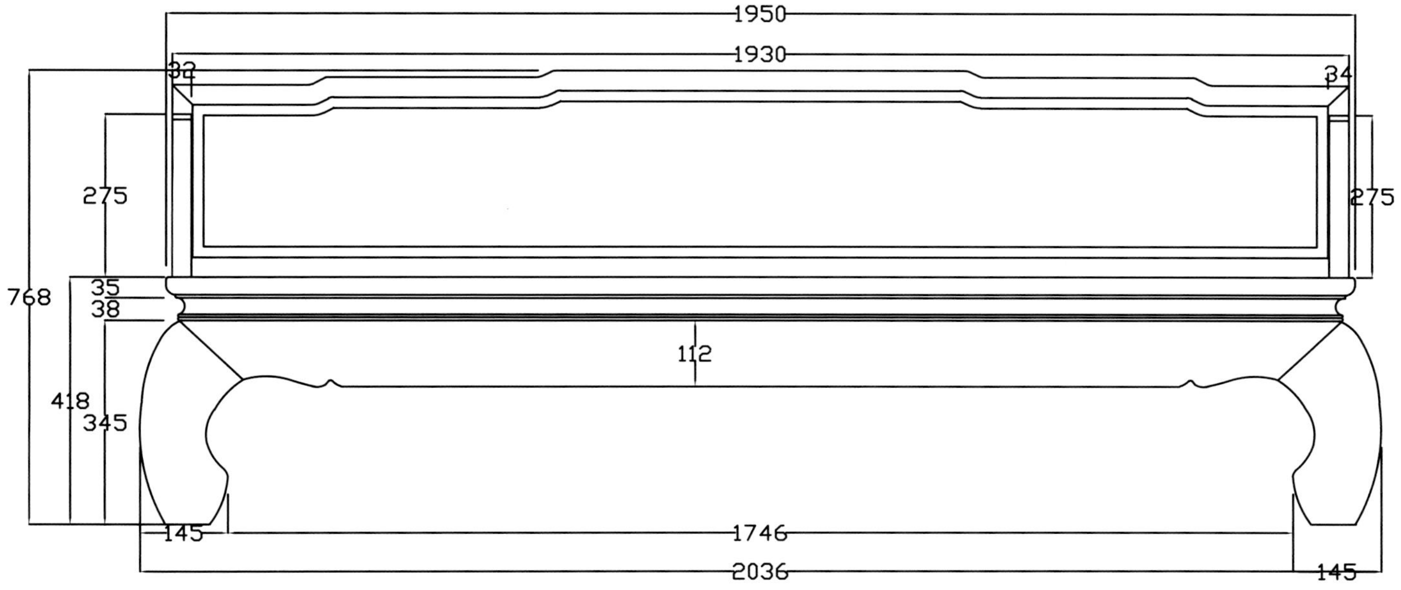
1950
1930
32
34
275
275
768
35
38
418
345
112
145
1746
2036
145

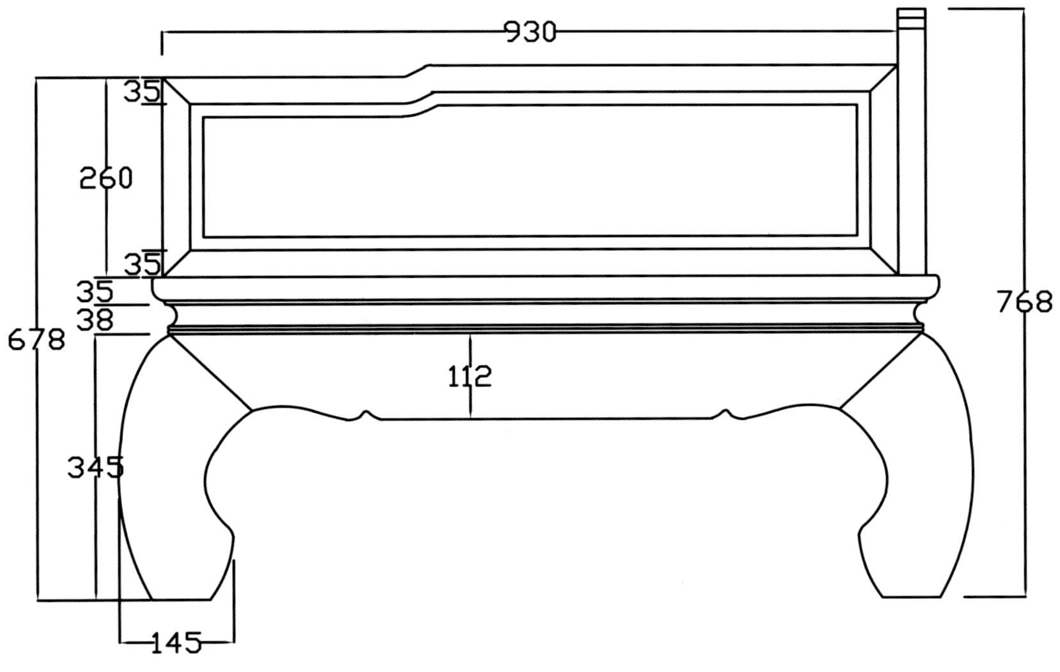
930
35
260
35
35
38
678
768
112
345
145

CAD 结构图

窗棂攒边罗汉床

款式点评：

此罗汉床分三面围板。床面上三面围板做窗棂状攒接，围子为圆环形攒接，床面下有罗锅枨，圆形矮老，床顶板下有围挡，中间圆环装饰。整体空灵大气，美观实用。

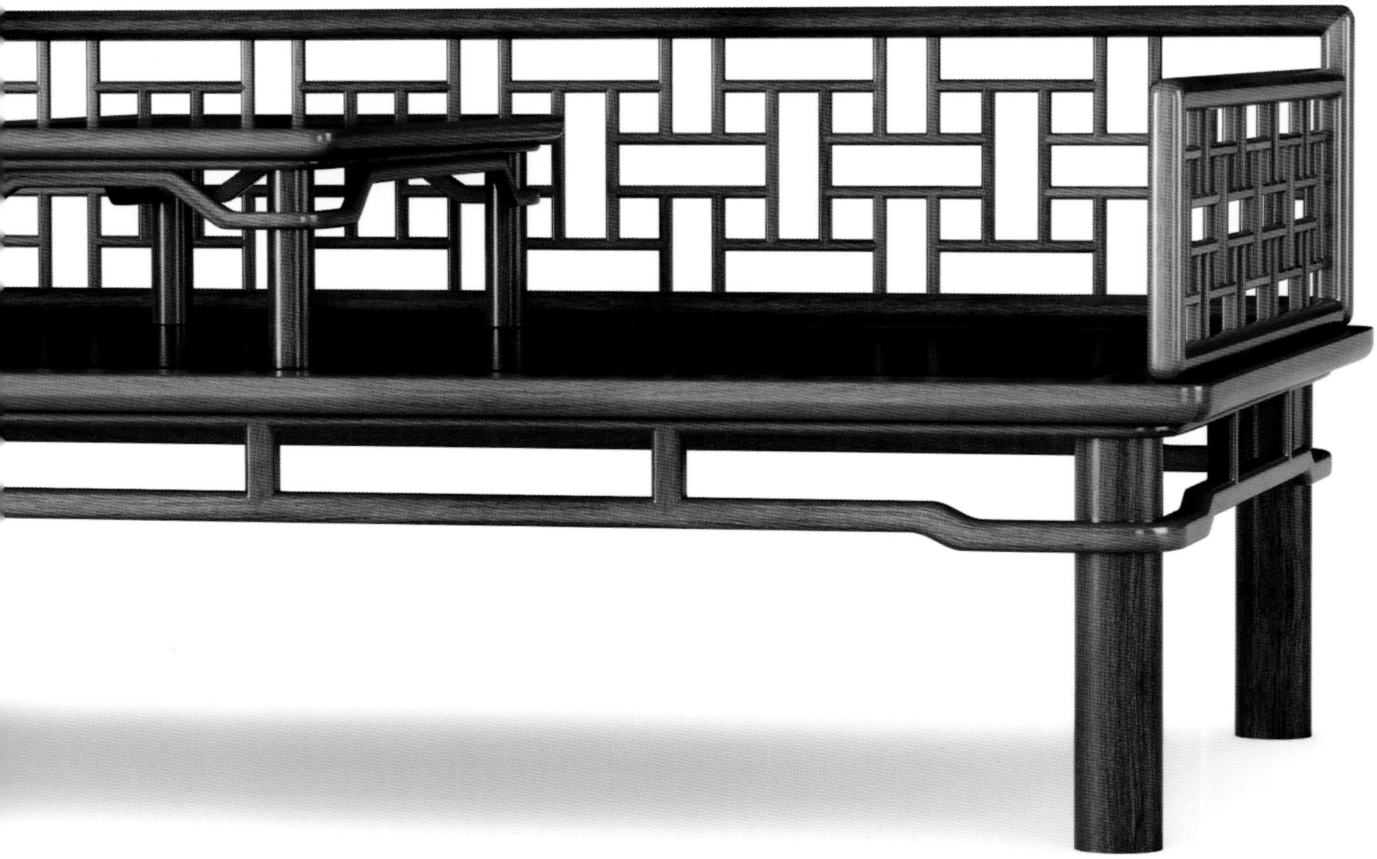

透视图

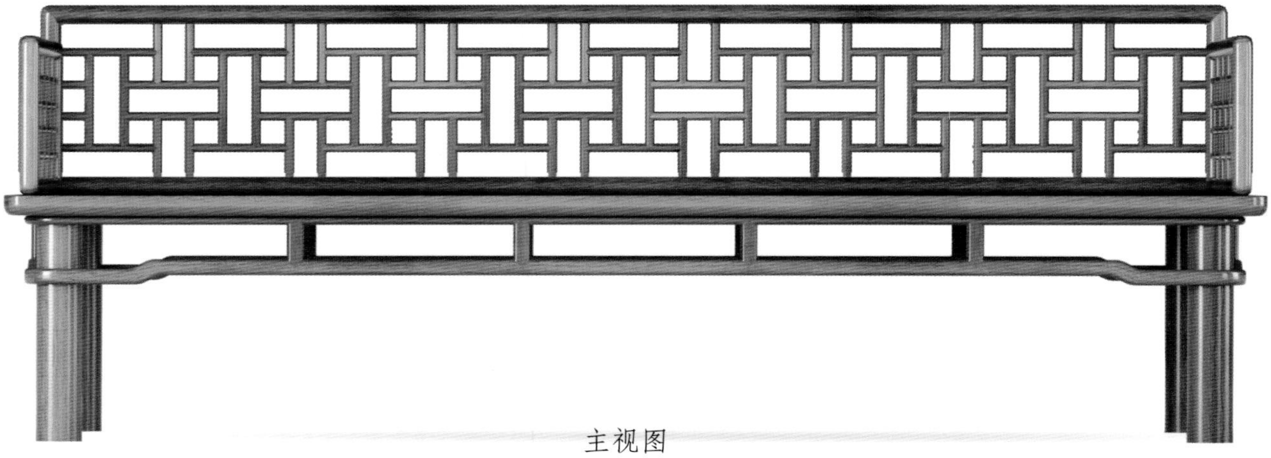

主视图

侧视图

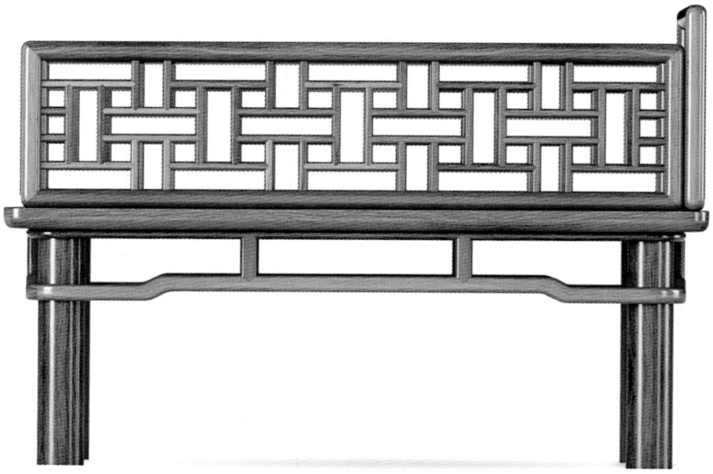

俯视图

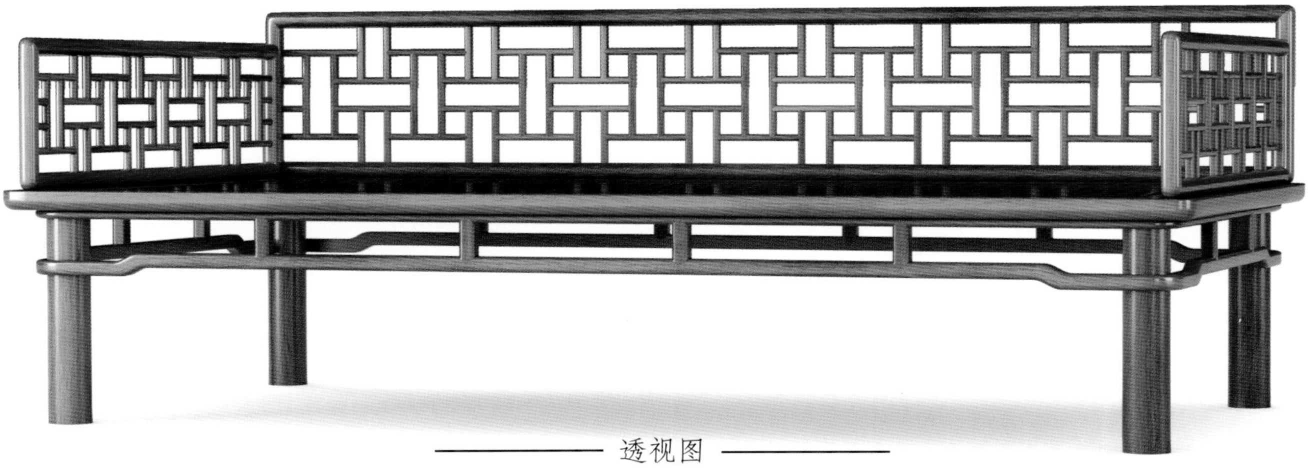

透视图

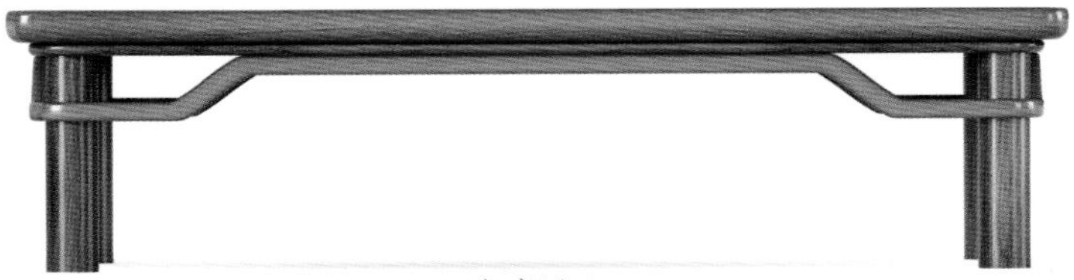

主视图

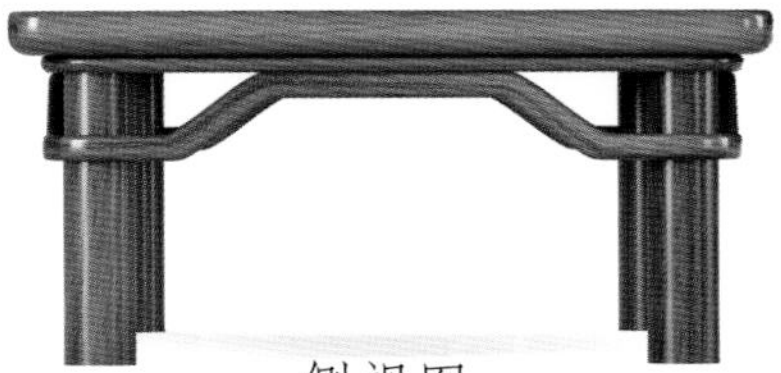

侧视图

俯视图

透视图

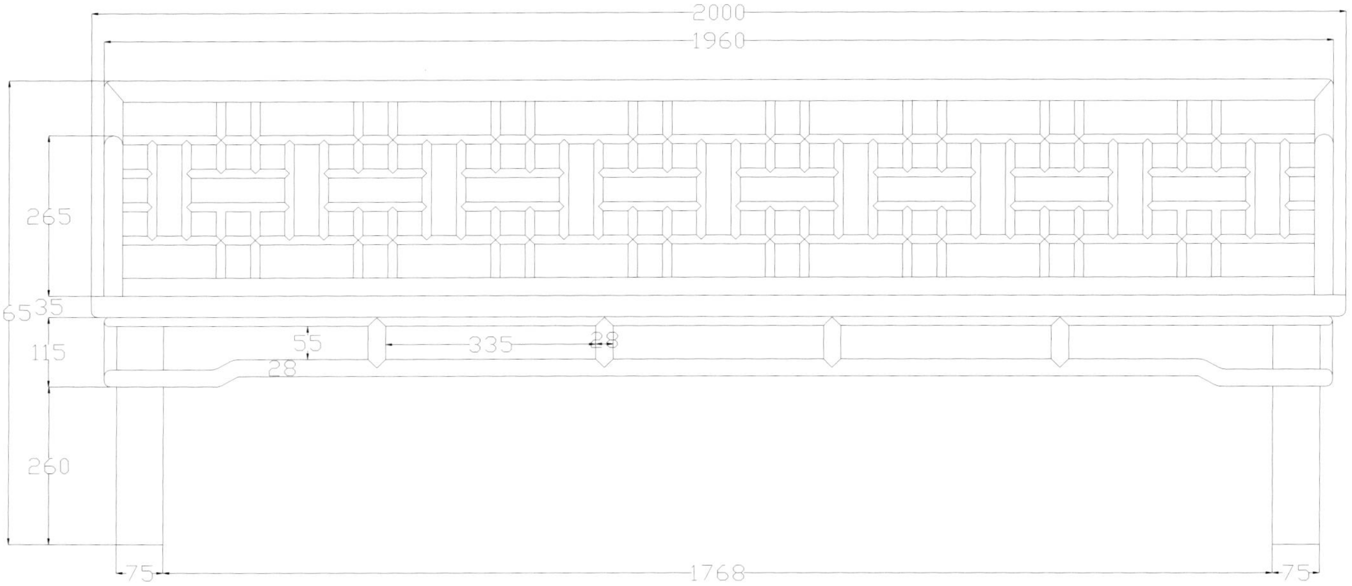
2000
1960
265
765
35
115
55
335
28
28
260
75
1768
75

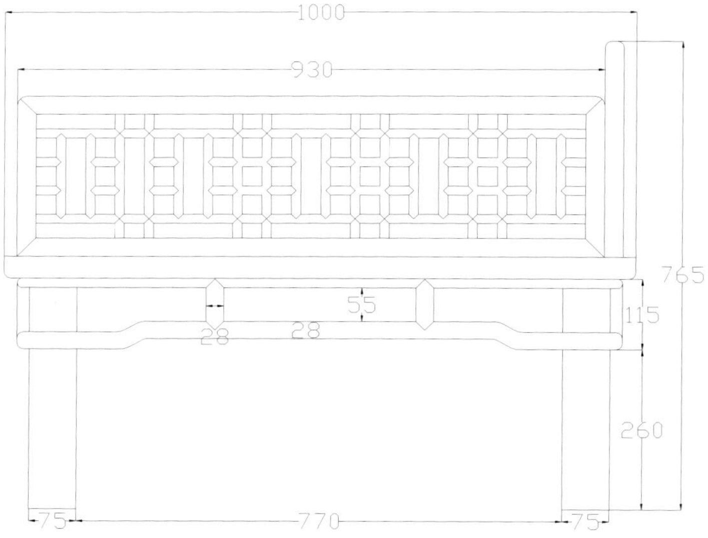
1000
930
765
55
115
28
28
260
75
770
75

CAD 结构图

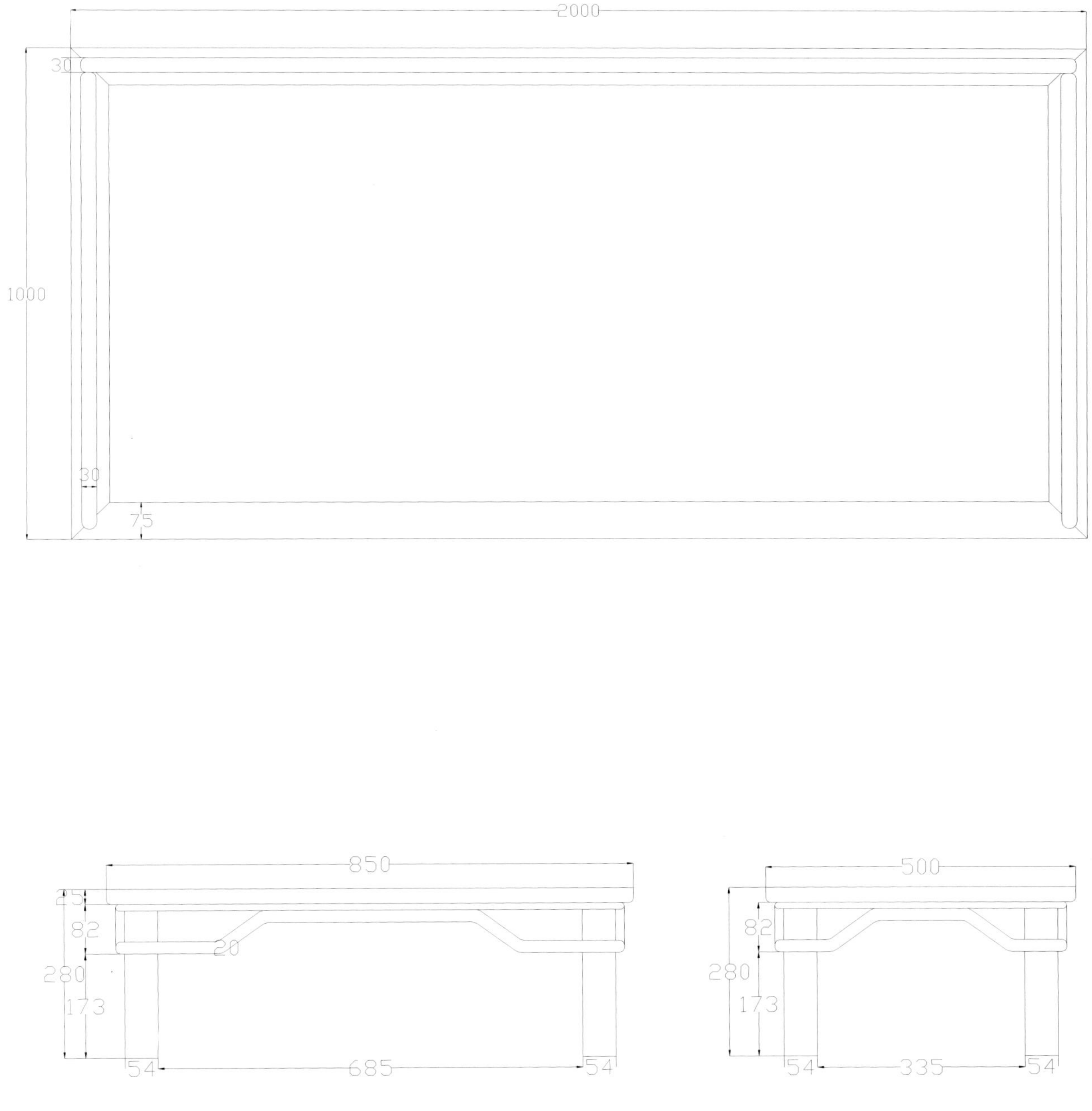
2000
30
1000
30
75
850
25
82
20
280
173
54
685
54
500
82
280
173
54
335
54

CAD 结构图

雕龙罗汉床

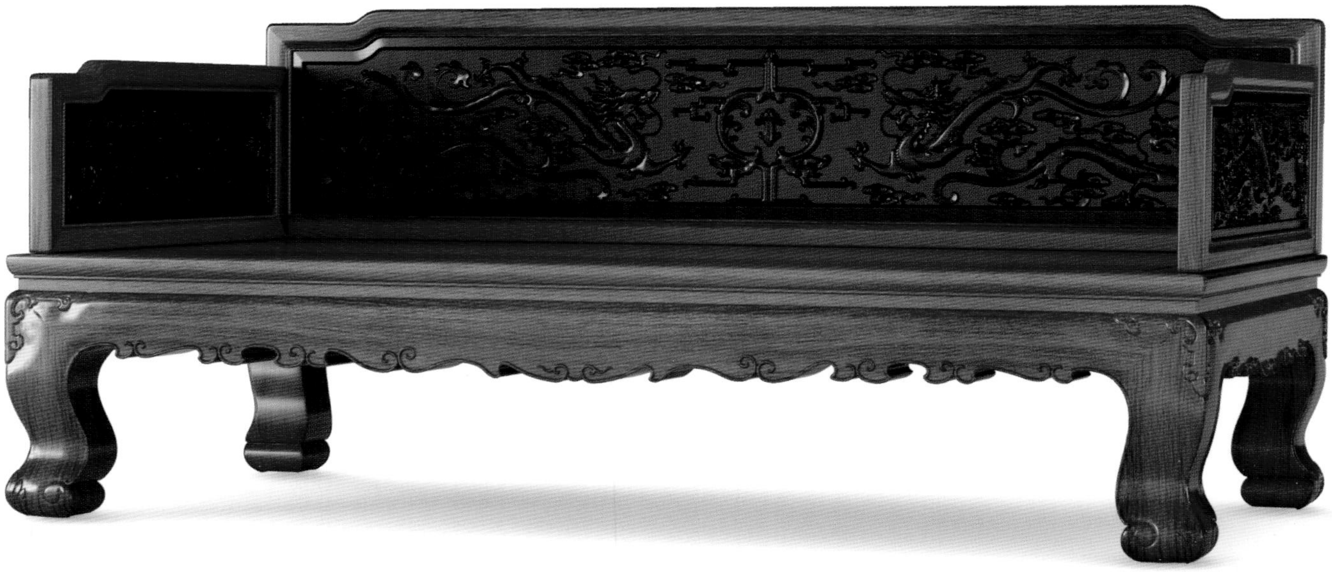

透视图

款式点评：

此罗汉床分三面围板。床面上三面围板，围板浮雕龙纹，床面下短束腰，三弯腿，床下牙板沿为云纹花牙，整体美观大气实用。

主视图

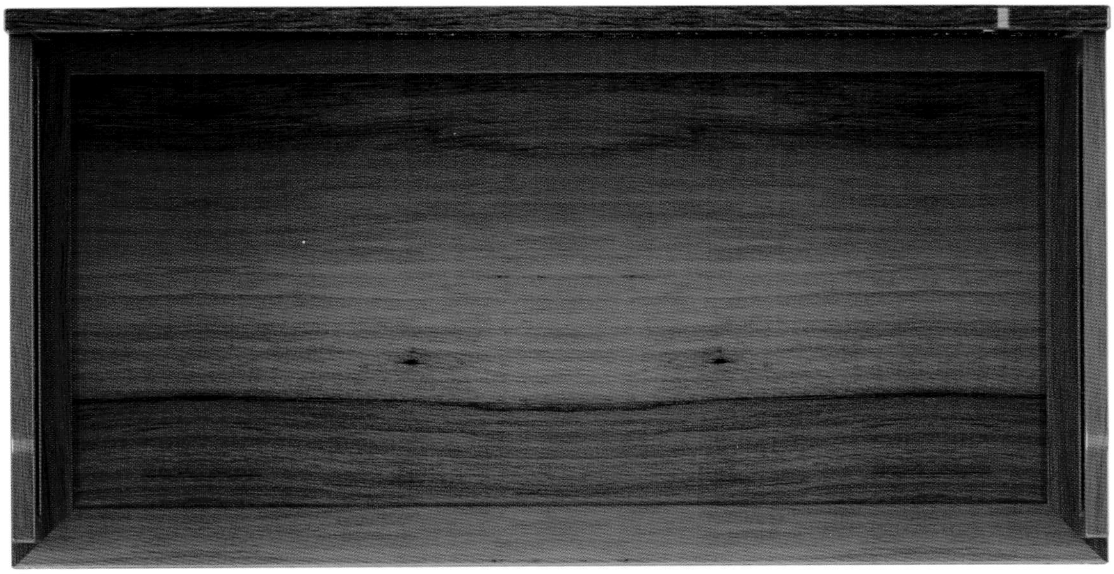

侧视图

俯视图

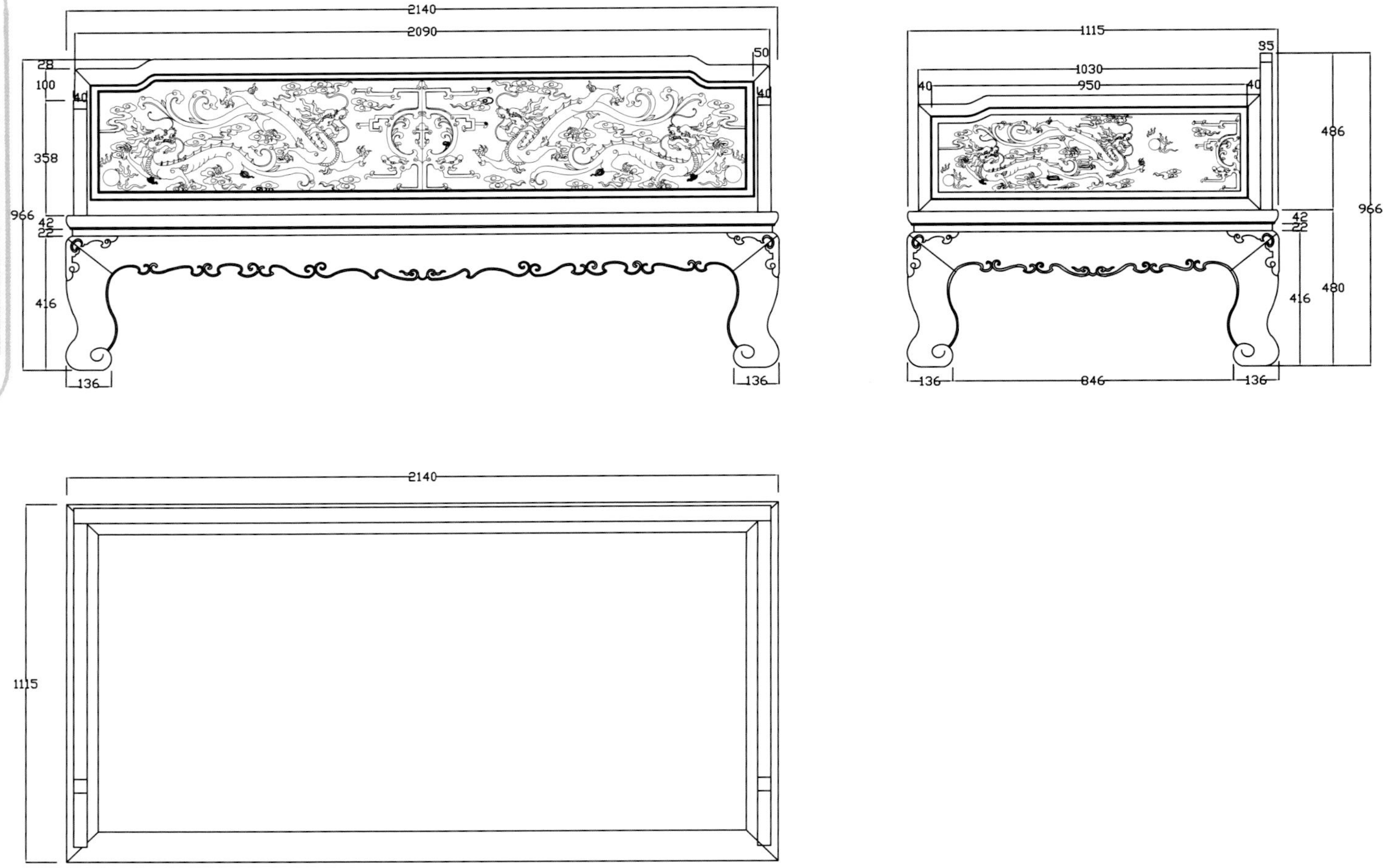
2140
2090
28
100
50
40
40
358
966
42
22
416
136
136
1115
95
1030
40
950
40
486
966
42
22
416
480
136
846
136
2140
1115

CAD 结构图

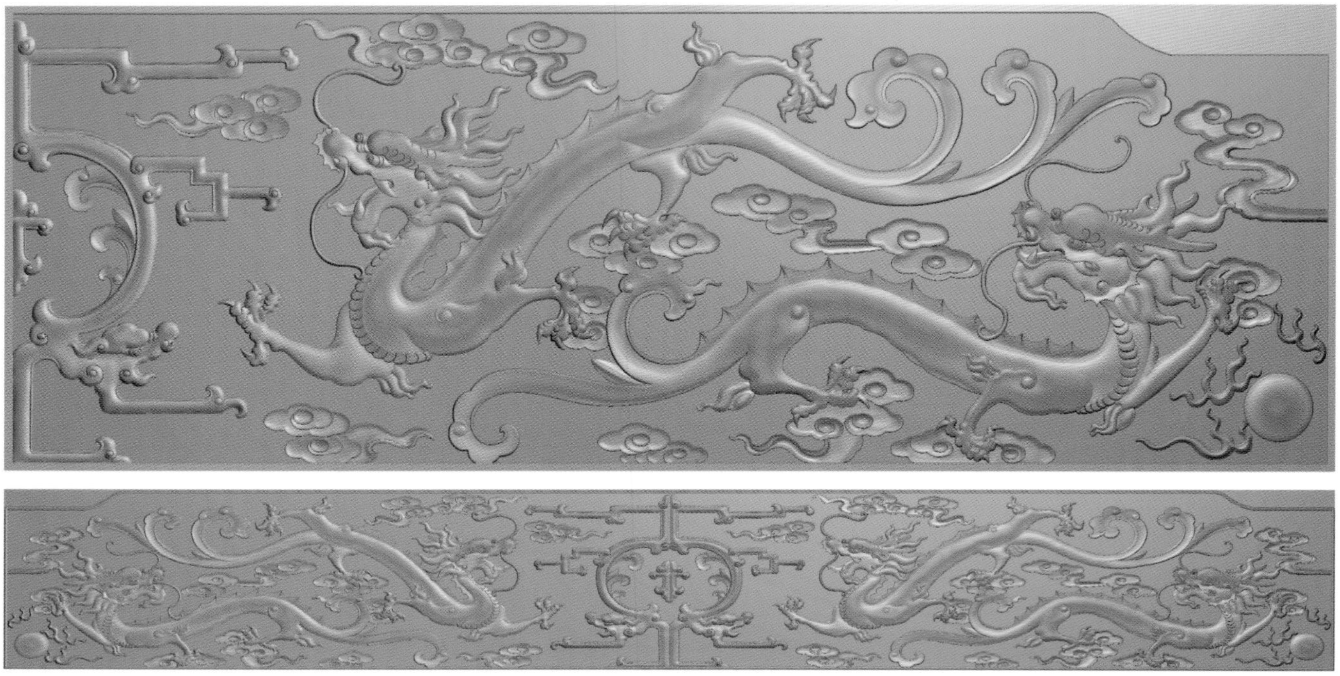

精雕图

山水罗汉床

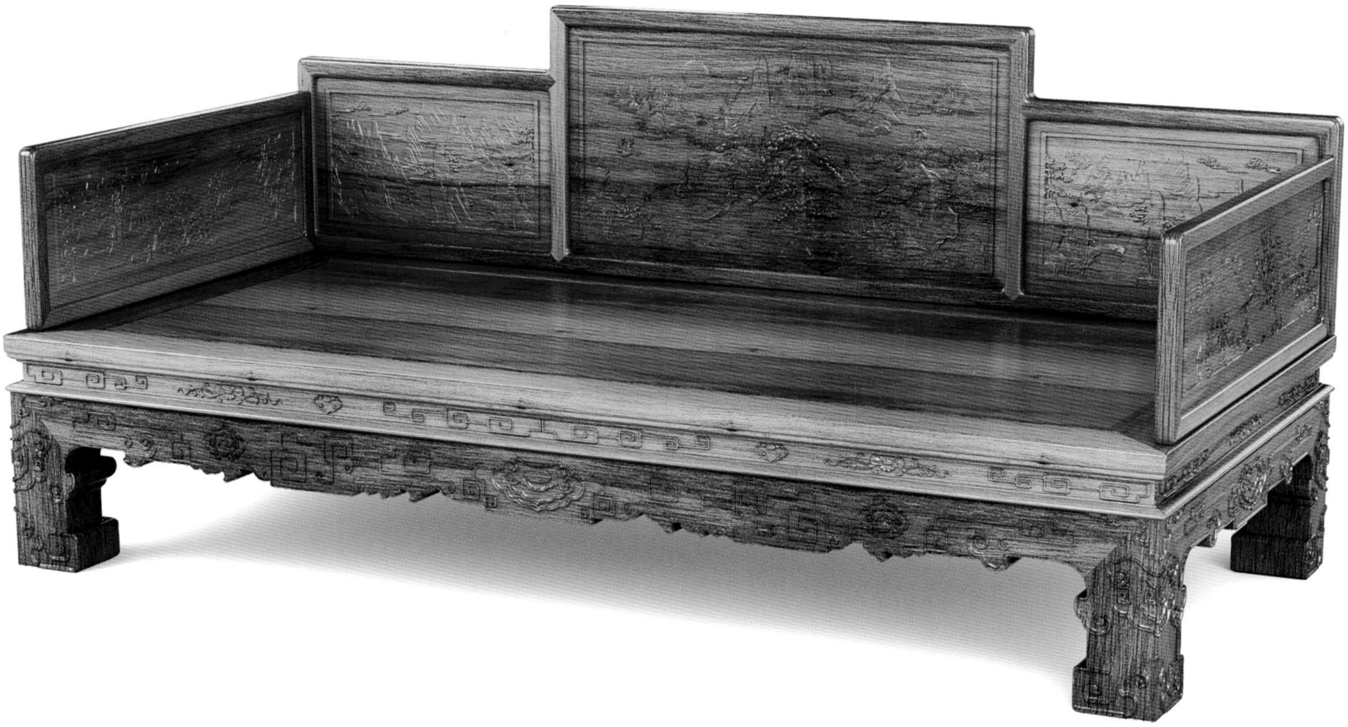

透视图

款式点评：

此罗汉床三面床帏，围板雕饰山水纹式，床板下有束腰，束腰浮雕回纹，牙板面、腿面均浮雕纹式，方腿直足，造型古朴优美，雕饰精致，给人一种自然优雅、清丽脱俗之感。

主视图

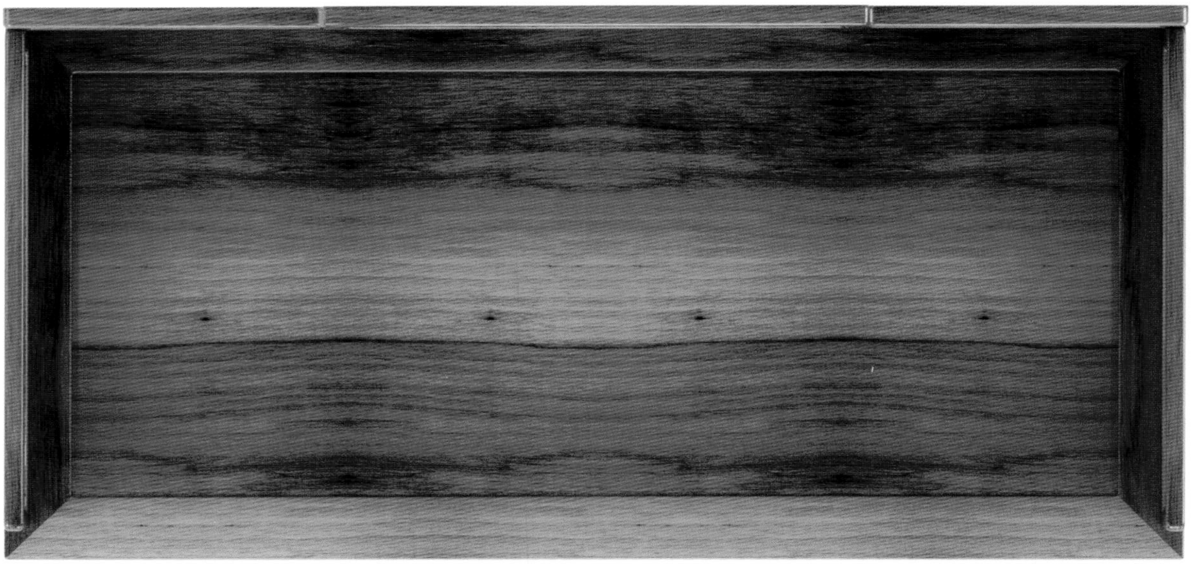
侧视图

俯视图

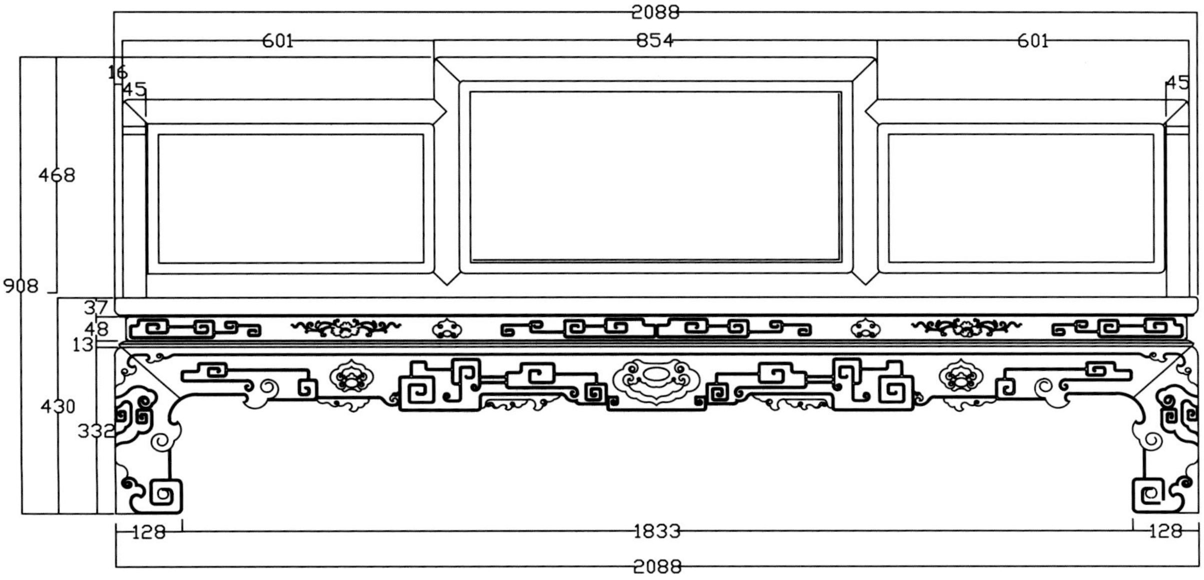
2088
601
854
601
16
45
45
468
908
37
48
13
430
332
128
1833
128
2088

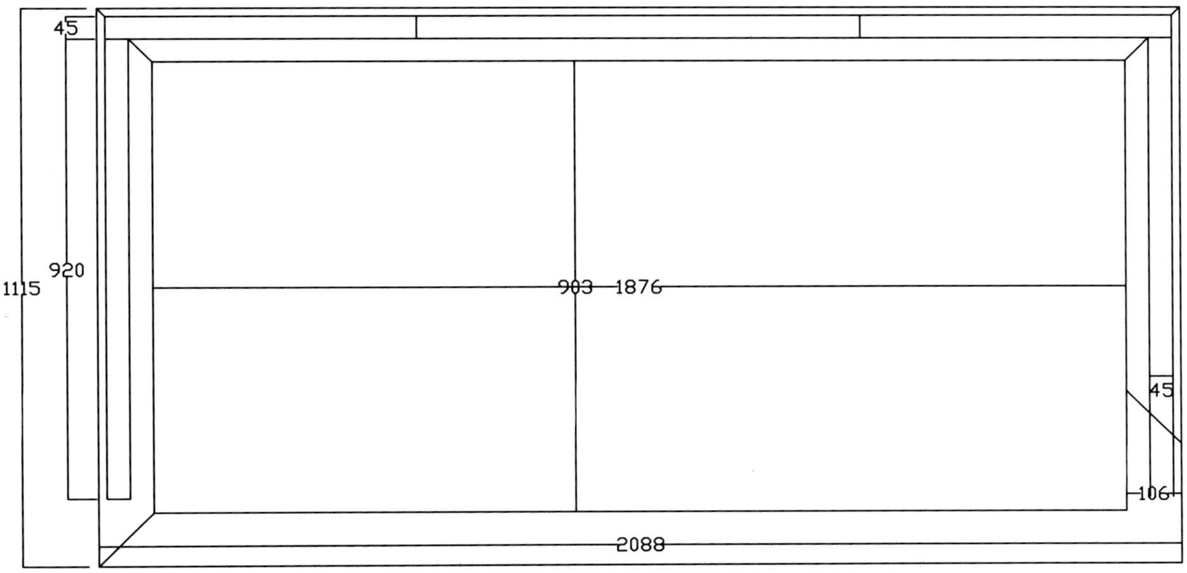
45
1115
920
903
1876
45
106
2088

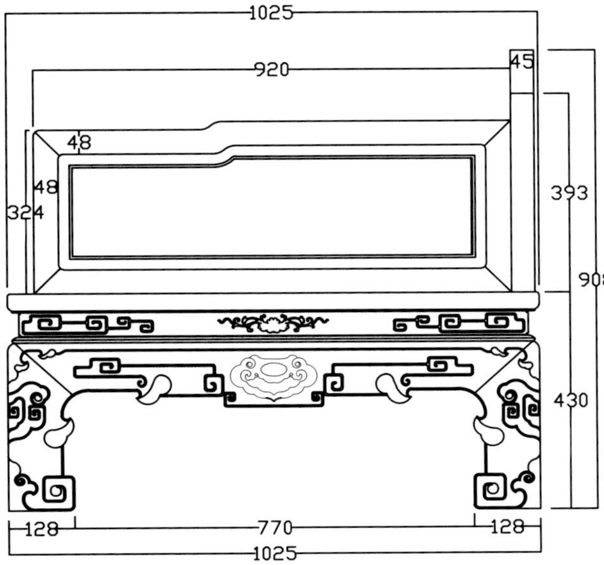
1025
920
45
48
48
324
393
908
430
128
770
128
1025

CAD 结构图

床榻類

福禄寿罗汉床

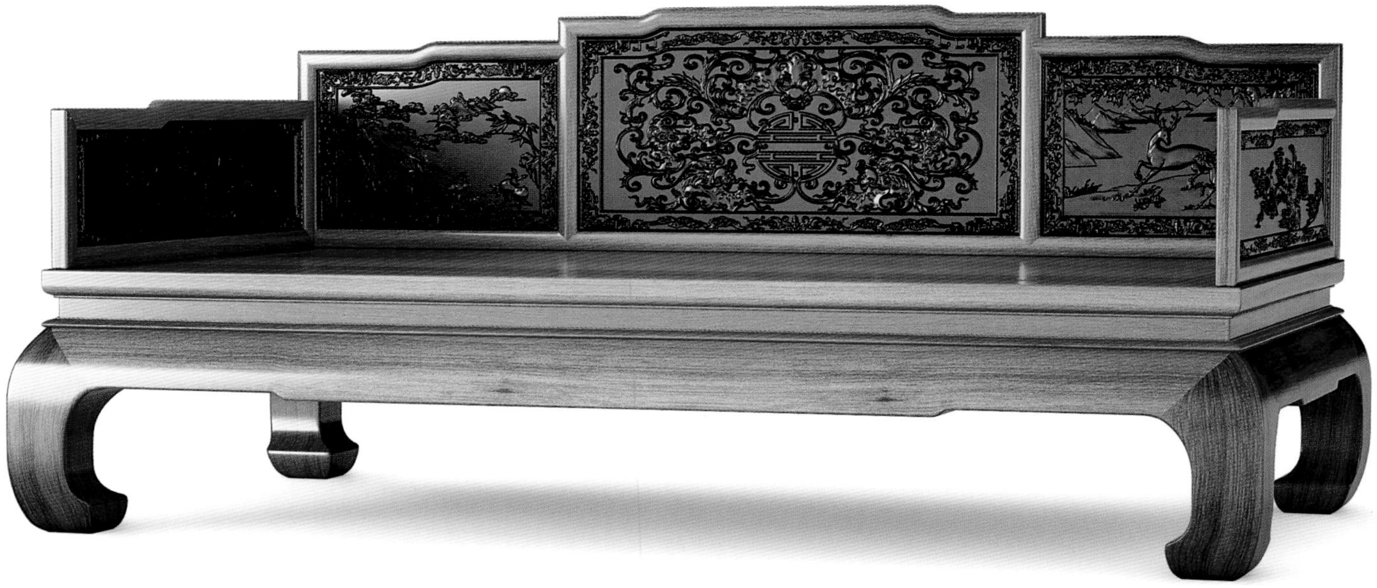

透视图

款式点评：

此罗汉床后背板围屏分三块，正中浮雕五福捧寿纹，两侧板浮雕仙鹤、鹿等纹式，侧边围板交后背板低，双面雕饰纹样，床板下有束腰，鼓腿彭牙内翻马蹄足。整体美观大气。

主视图

侧视图

俯视图

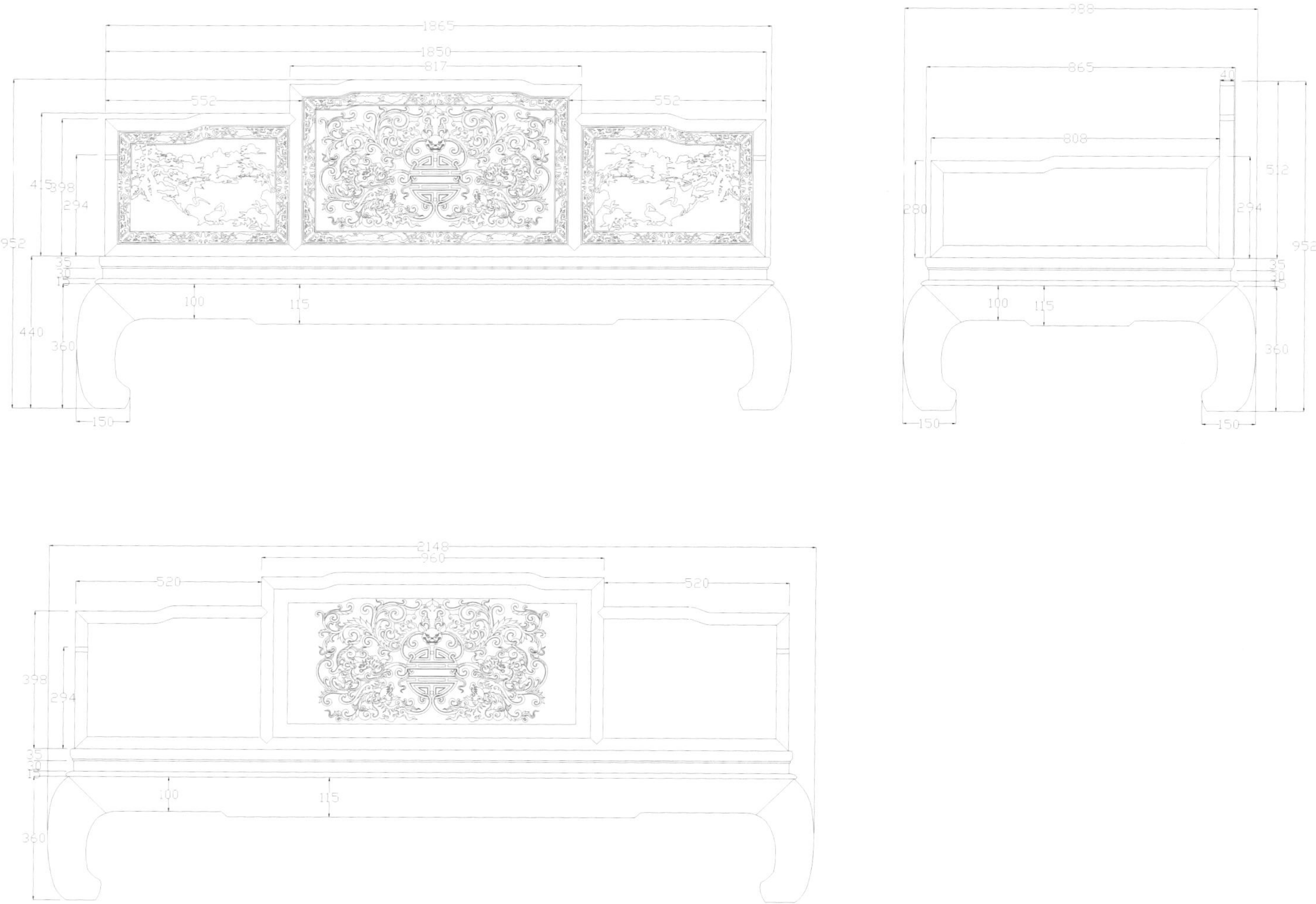
1865
1850
817
552
552
988
865
808
512
294
952
2148
960
520
520
398
294
100
115
360
440
150

CAD 结构图

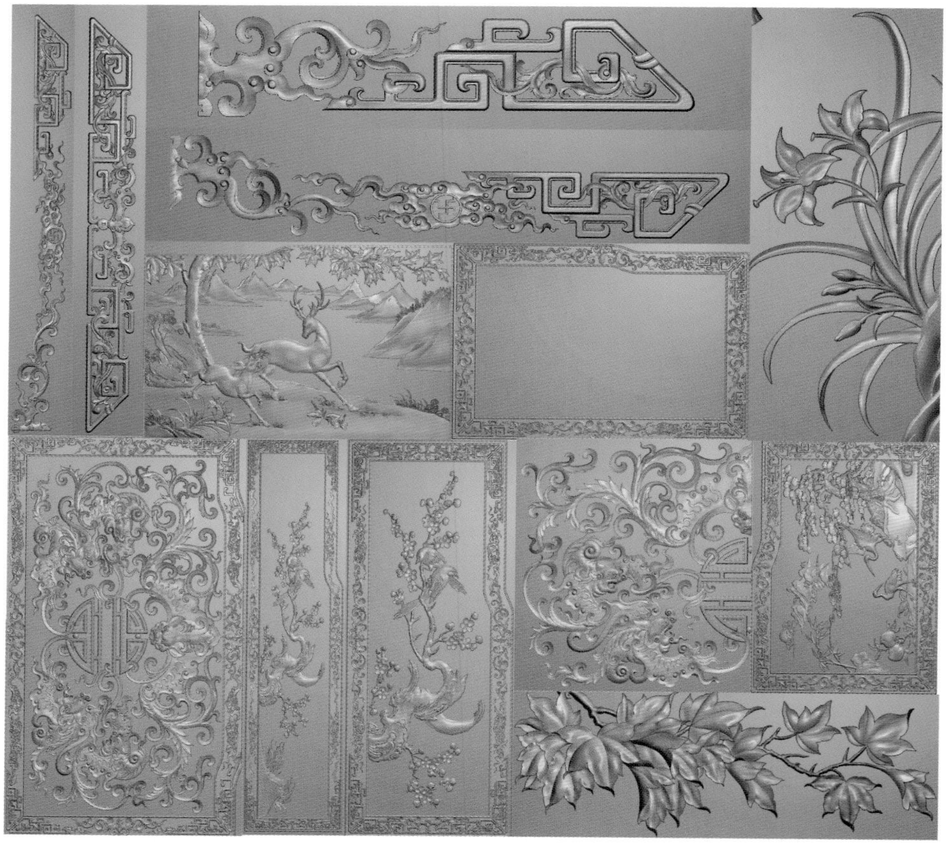

精雕图

花鸟罗汉床

透视图

款式点评：

此床采用三屏状床帏，罗汉床搭脑处正中向上突起，两侧略低一级，围板雕饰百鸟朝凤，面板下低束腰，鼓腿彭牙，雕饰精美，做工精良，美观耐用。

主视图

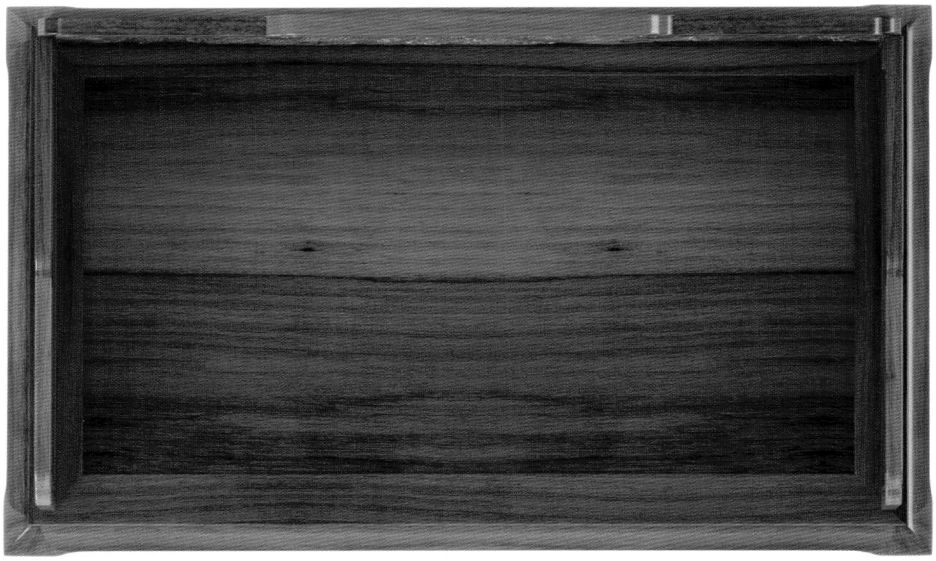

侧视图

俯视图

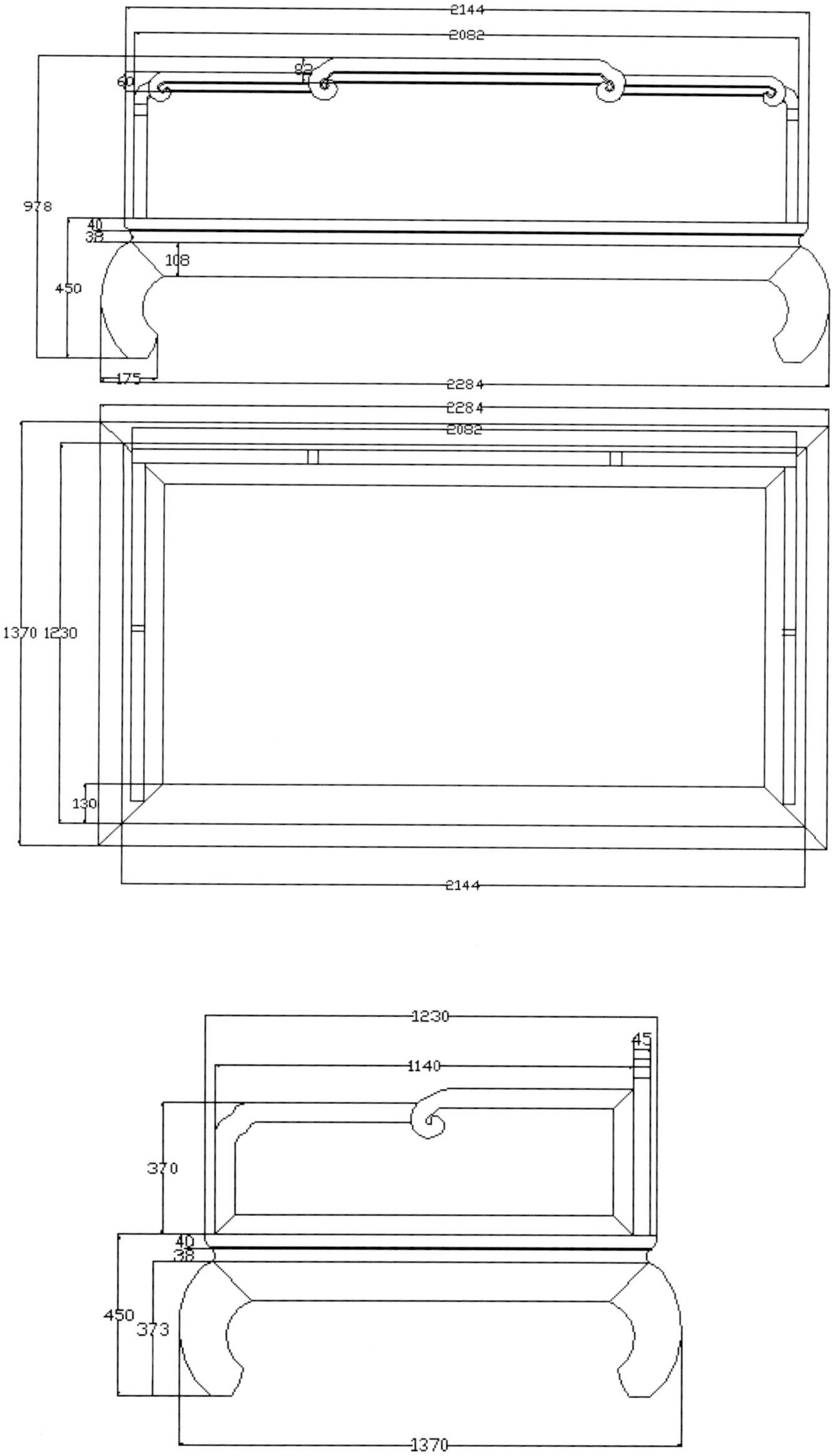

CAD 结构图

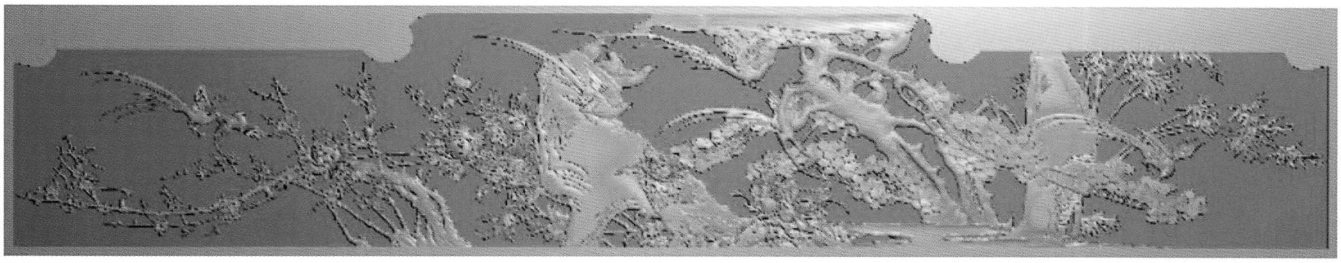

精雕图

床榻類

富　贵　大　床

款式点评：

此床造型较方正端庄，床头后连一块板，搭脑圆雕桃形与靠背形，靠背浮雕花纹。床头呈弧形，方便依靠；床头板雕有花开富贵纹式。床尾床侧面板上均雕刻花纹。床头柜圆角喷出，面下有三屉，屉脸雕有卷草纹。整体大气美观。

透视图

主视图

侧视图

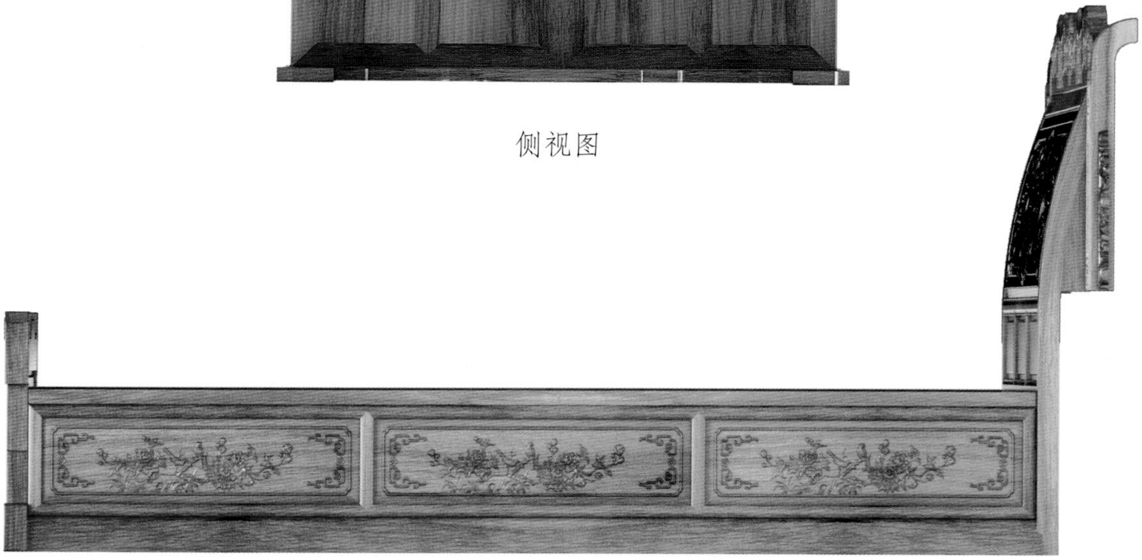

俯视图

透视图

主视图

侧视图

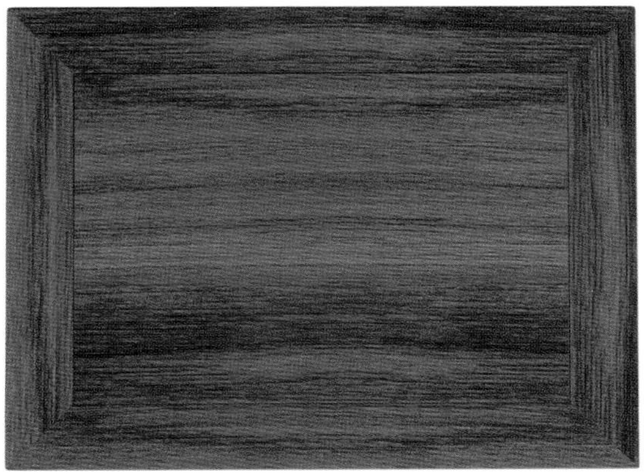

俯视图

透视图

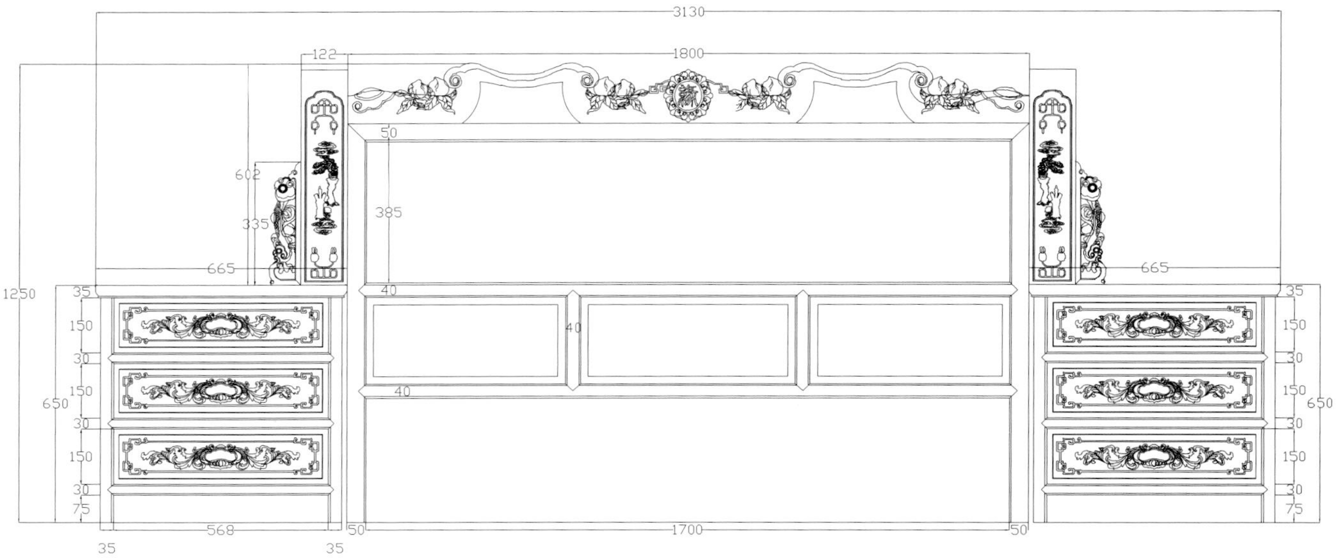
3130
122
1800
50
602
335
385
665
665
1250
35
150
30
150
30
150
30
75
650
40
40
40
568
35
35
50
1700
50

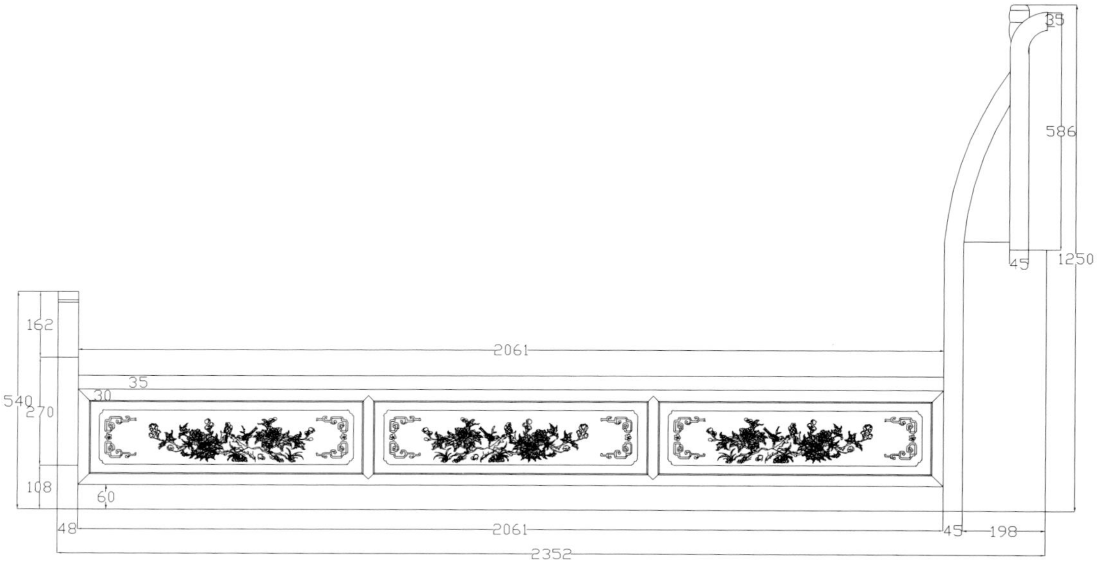
35
586
45
1250
162
2061
35
30
540
270
108
60
48
2061
45
198
2352

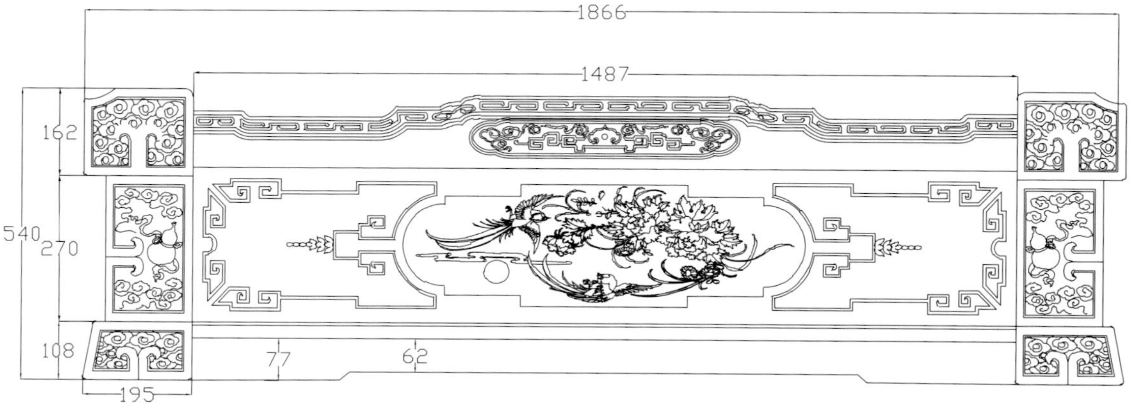
1866
1487
162
540
270
108
77
62
195

CAD 结构图

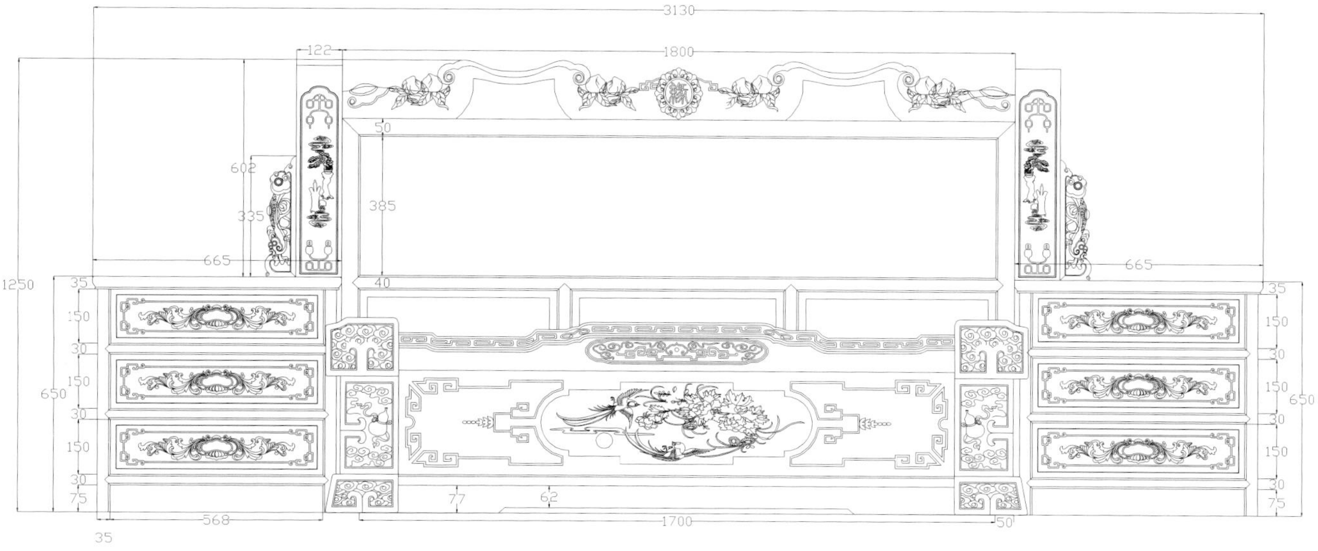

精雕图

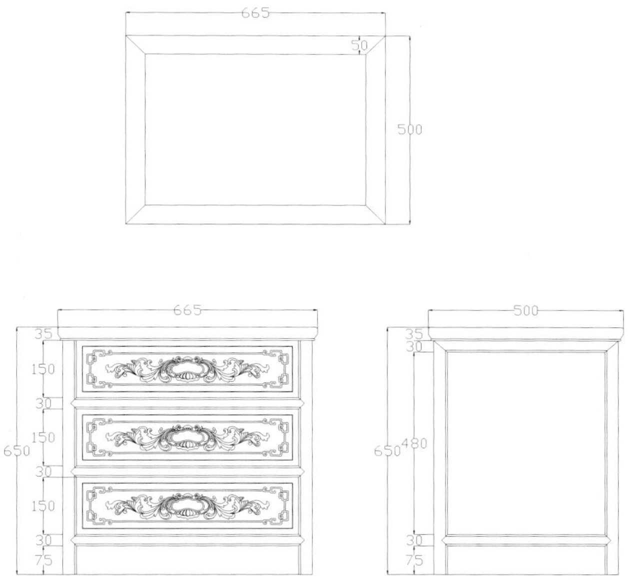

CAD 结构图

床榻類

贵　妃　床

款式点评：

此贵妃床造型精巧，床头板后倾斜，搭脑向外卷，正面靠板浮雕蝙蝠与花鸟纹式，床尾为圆形拱起，侧面浮雕纹式，面下牙板镂雕回纹与蝙蝠纹，腿面上浮雕花纹，脚下有托泥。整体雕饰精巧大气美观。

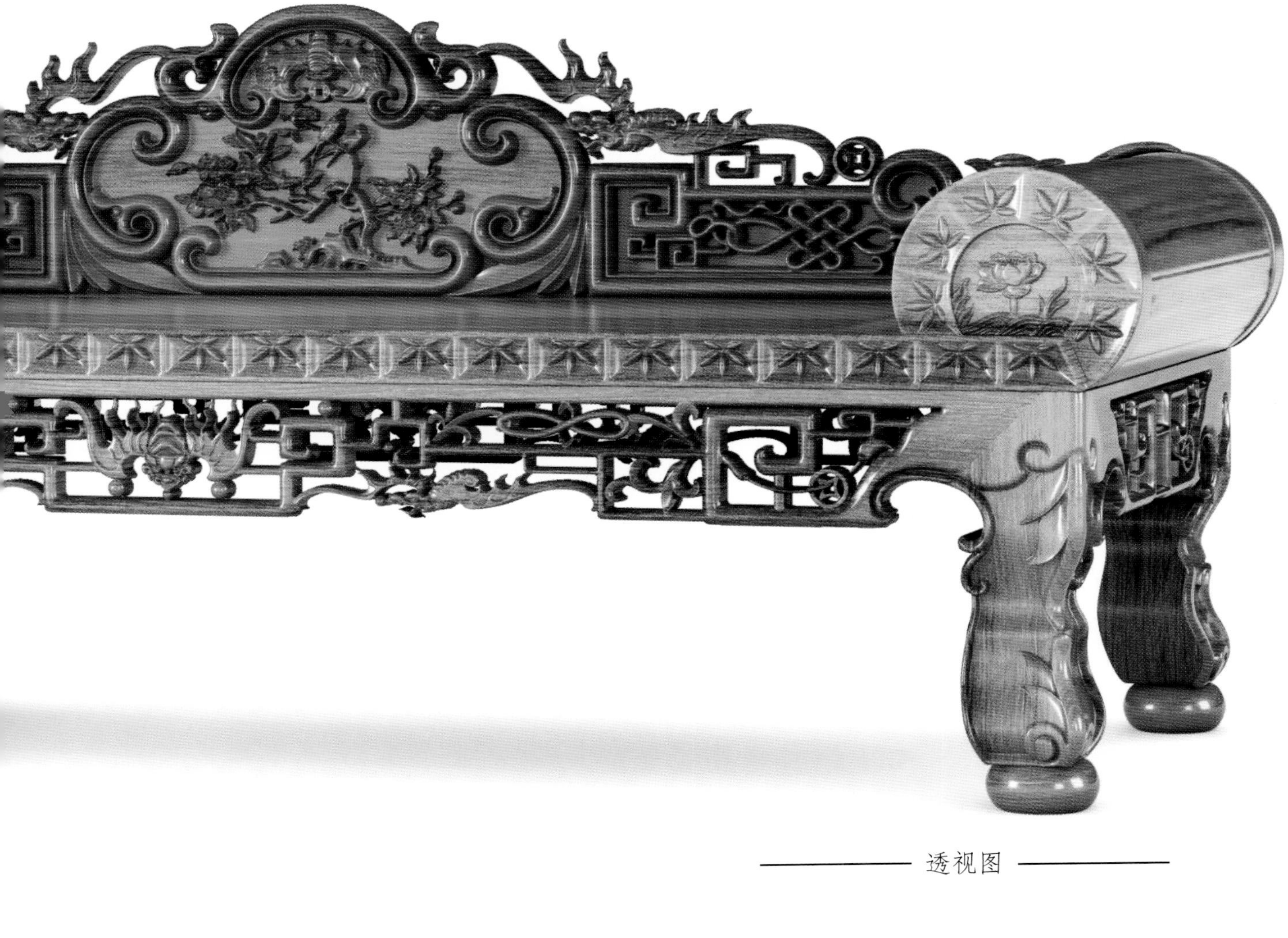

透视图

主视图

俯视图

CAD 结构图

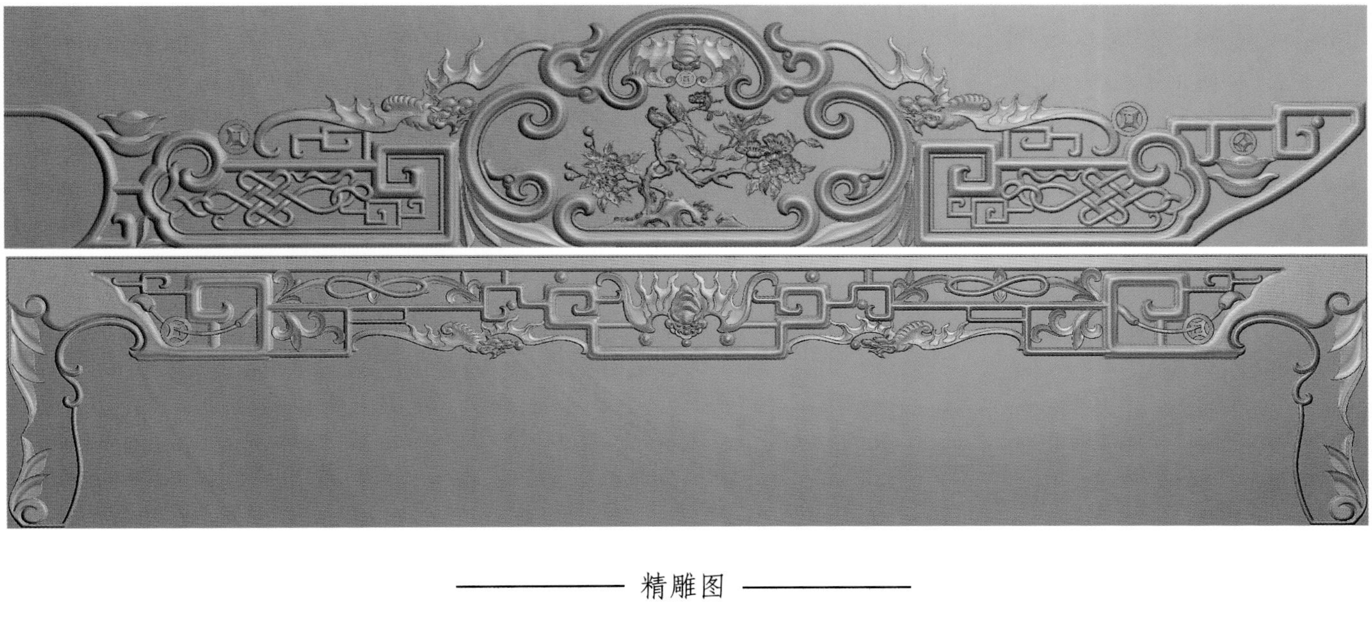

精雕图

海峡卷书罗汉床

款式点评：

罗汉床靠背板上搭脑呈卷书状，靠背板浮雕纹式，正中靠背两侧小靠板上端搭脑处做如意造型。罗汉床侧板内外浮雕纹式，床面板下有短束腰，束腰面浮雕回纹，腿上部弧形膨出，下部向内微收。腿下有脚垫。有双脚踏。整体大气美观，充满贵气。

透视图

透视图

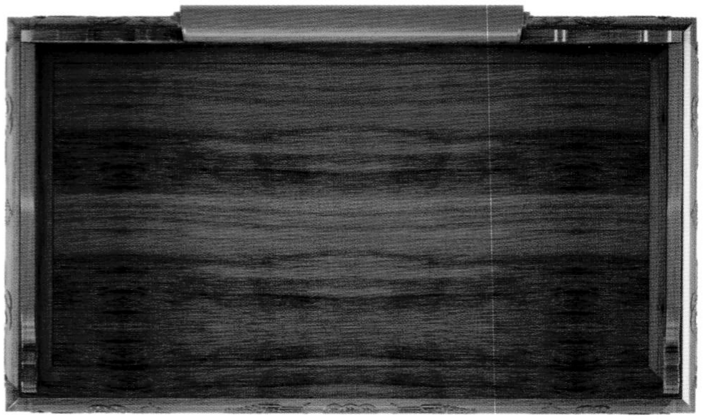

俯视图

侧视图

主视图

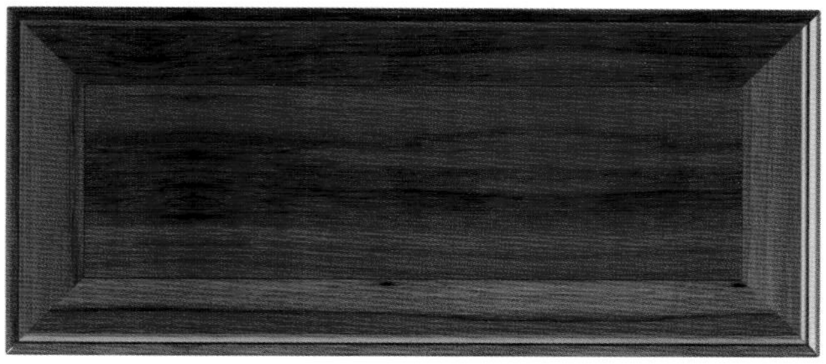

俯视图

侧视图

透视图

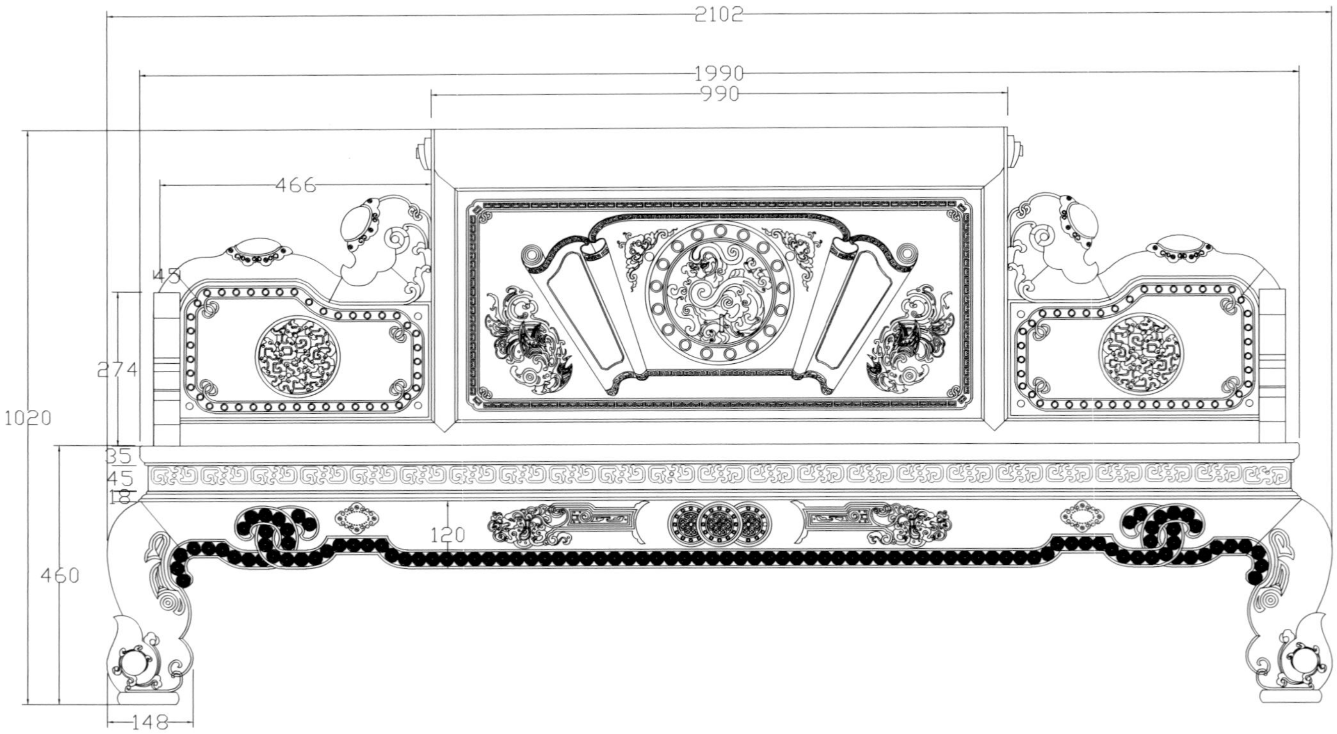
2102
1990
990
466
45
274
1020
35
45
18
120
460
148

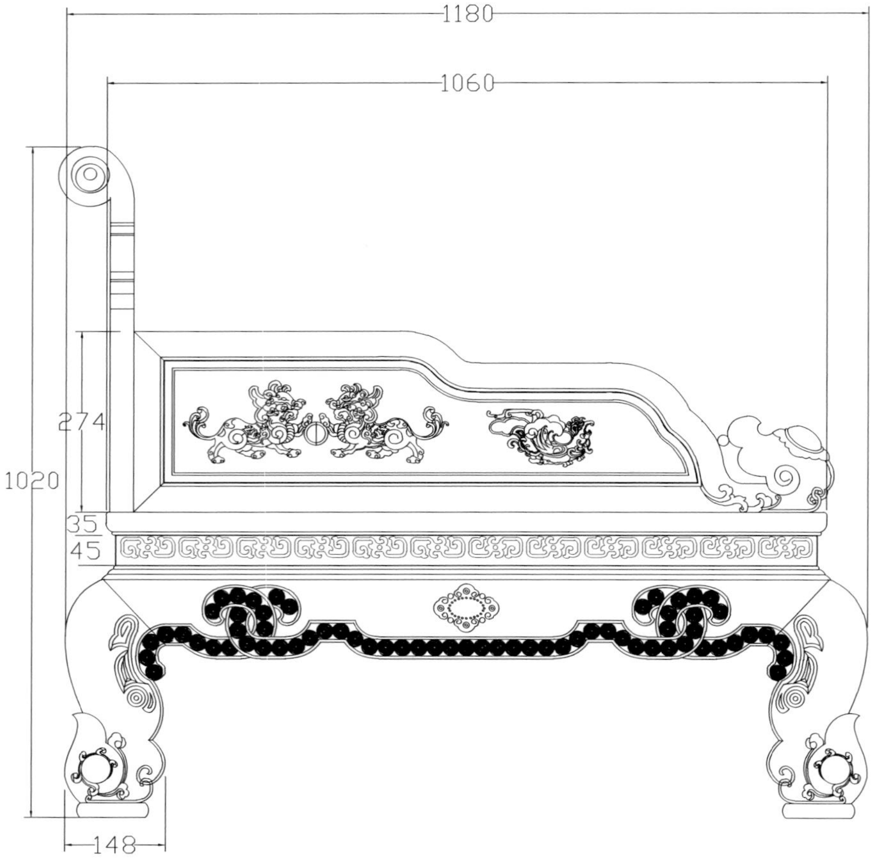
1180
1060
274
1020
35
45
148

CAD 结构图

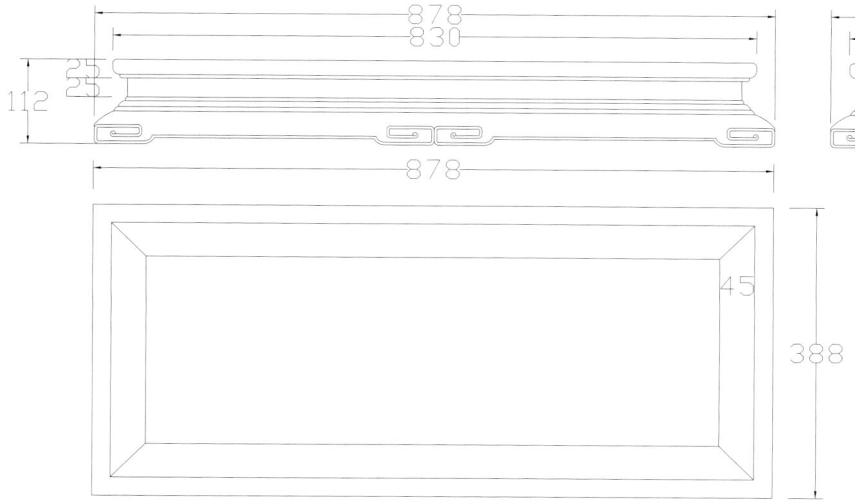

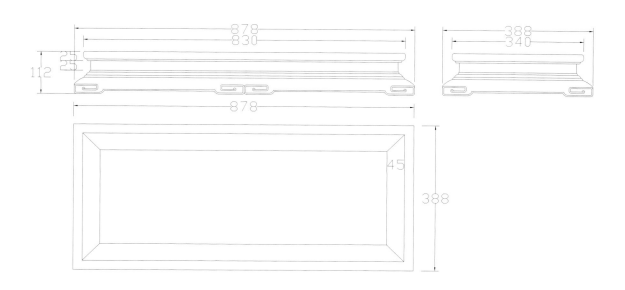

CAD 结构图

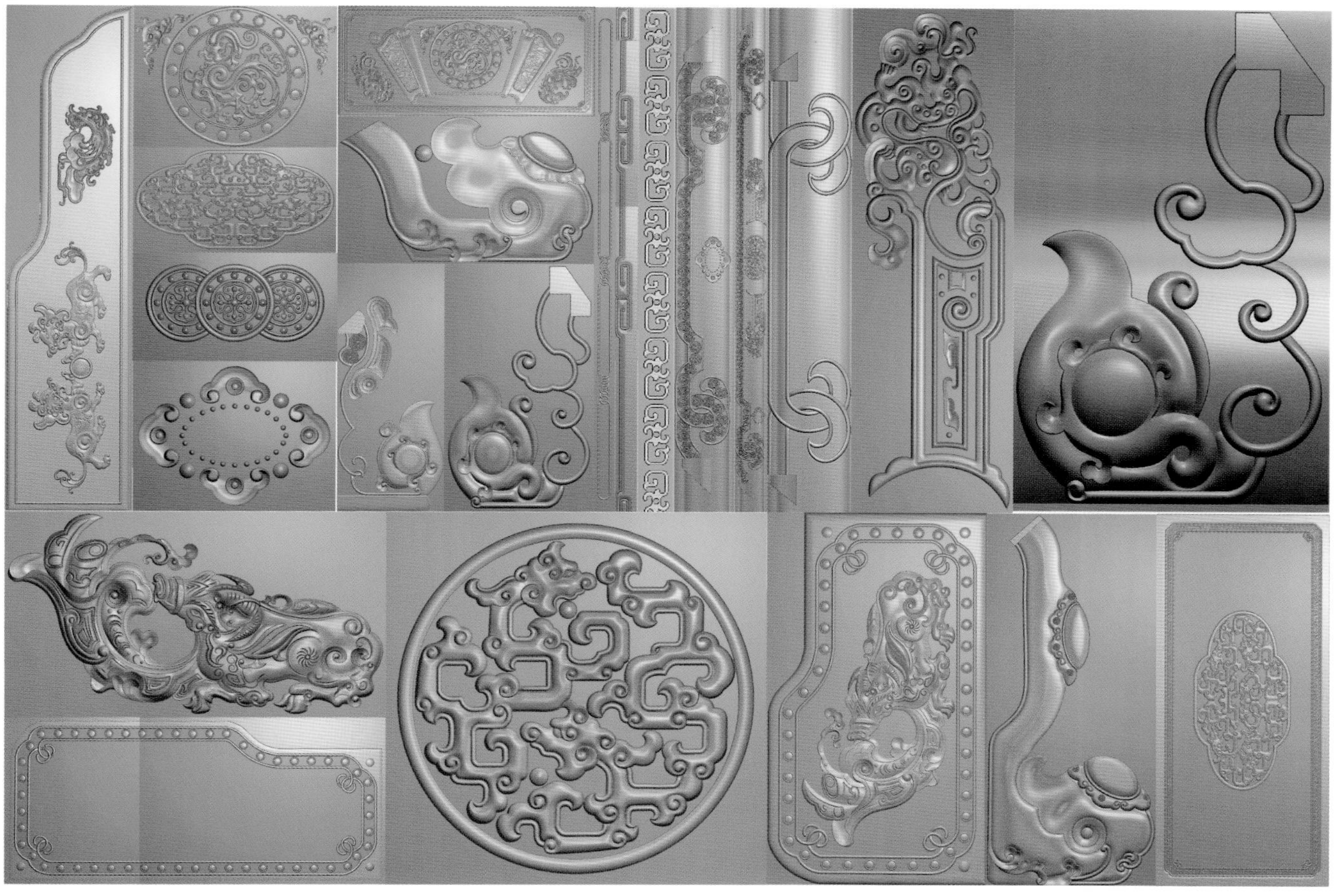

精雕图

海峡莲花高低床

款式点评：

此床整体雕饰十分丰富，床头部分圆雕莲花纹式。床头靠背分三块，分别浮雕园林风光纹式，床头柜上两小侧板外弧部分圆雕花纹，屏板浮雕园林风光纹式。床板光素，床尾无挡板，床板下束腰分块浮雕花纹。方腿直足，牙板面浮雕花纹。床头柜面下有一屉。屉下有柜，柜面浮雕花纹。整体雕饰精巧华丽美观。

透视图

主视图

俯视图

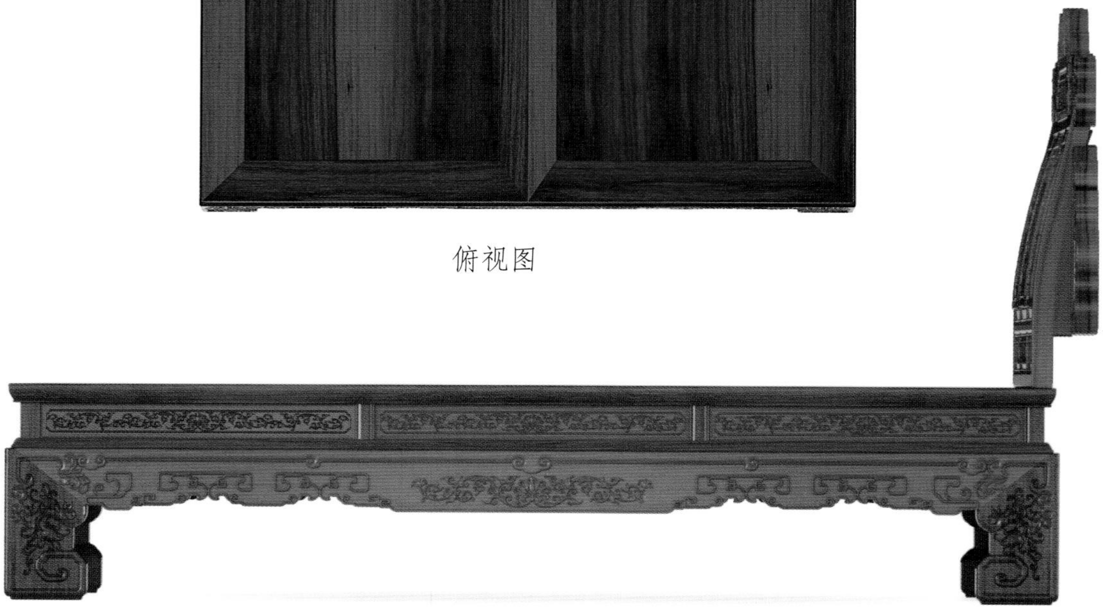

侧视图

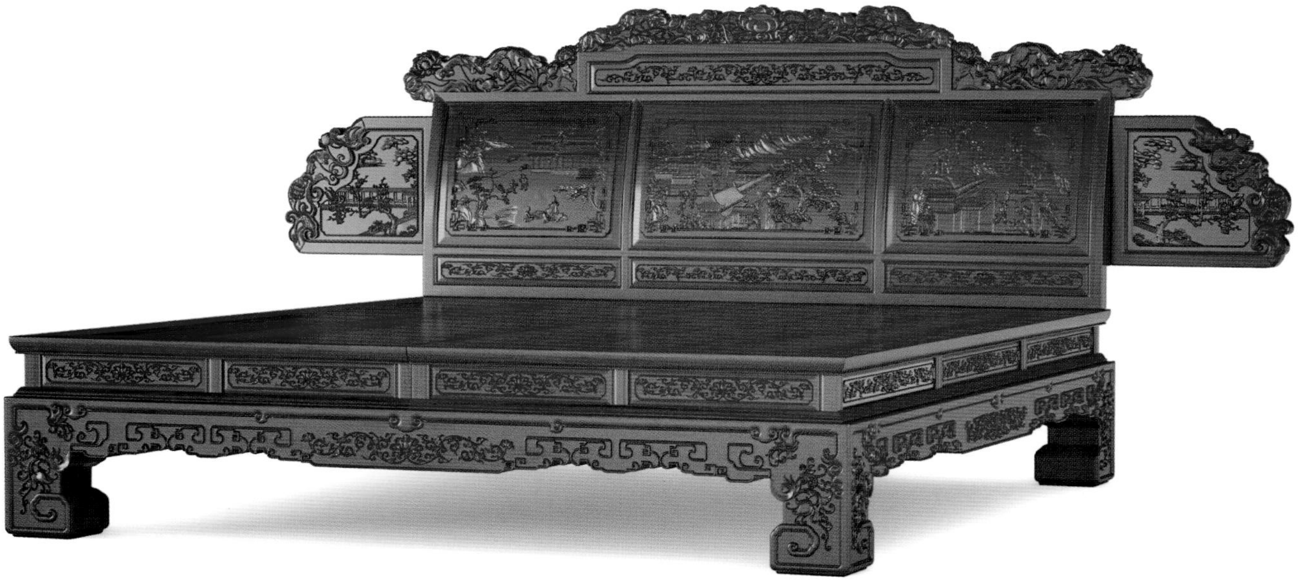

透视图

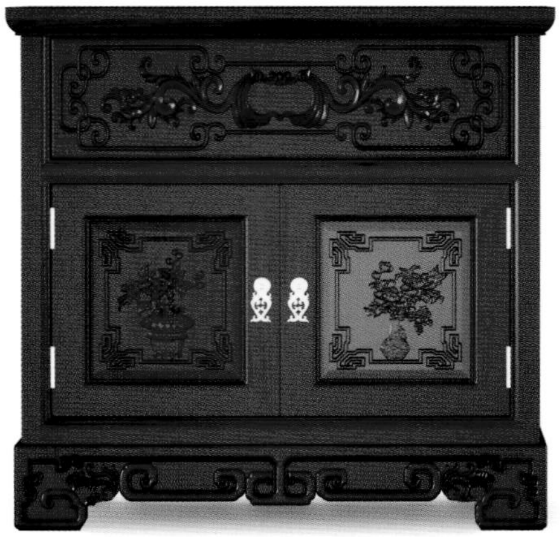

主视图

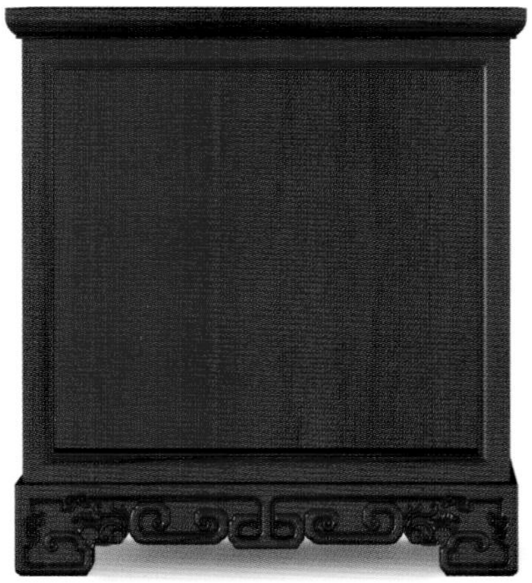

侧视图

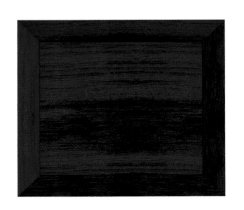

俯视图

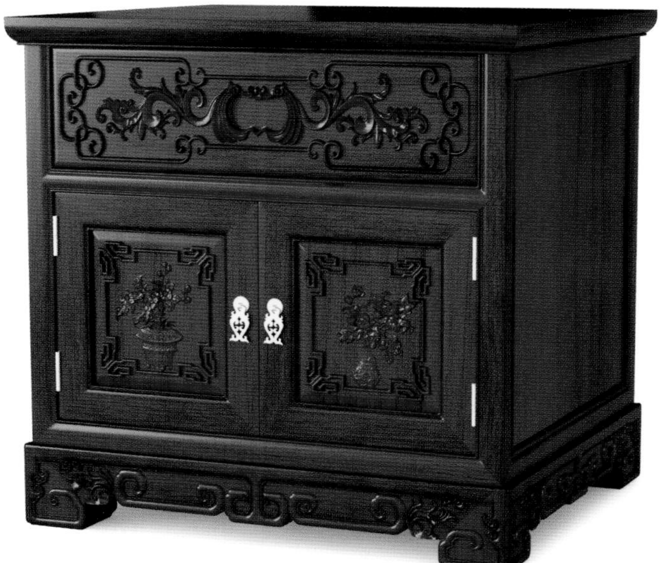

透视图

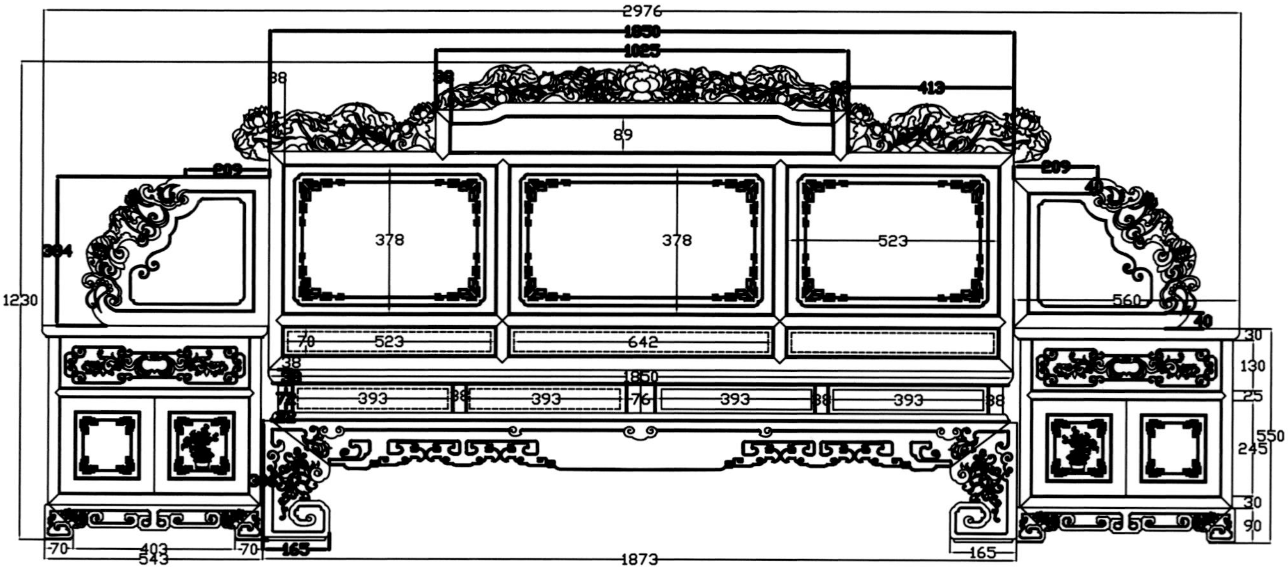
2976
1850
1025
38
413
89
209
384
378
378
523
560
40
1230
70
523
642
30
130
25
550
245
30
90
38
1850
393
393
76
393
393
38
165
403
543
70
1873
165

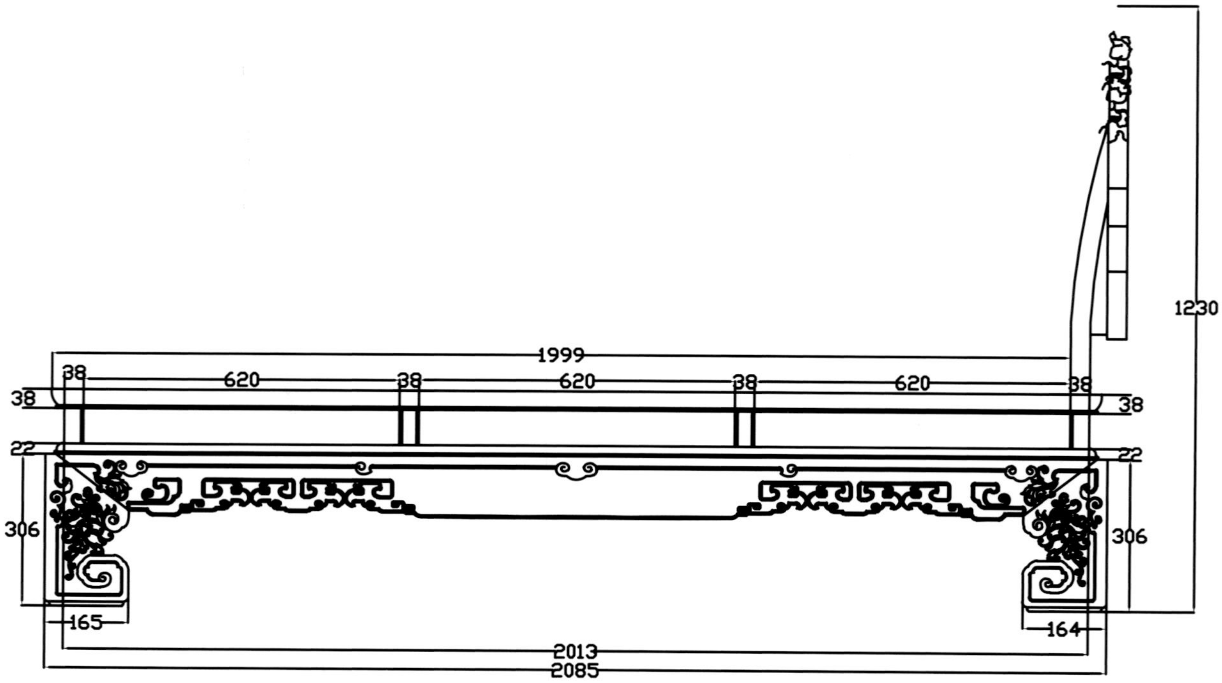
1999
38
620
38
620
38
620
38
38
38
22
22
306
306
1230
165
164
2013
2085

CAD 结构图

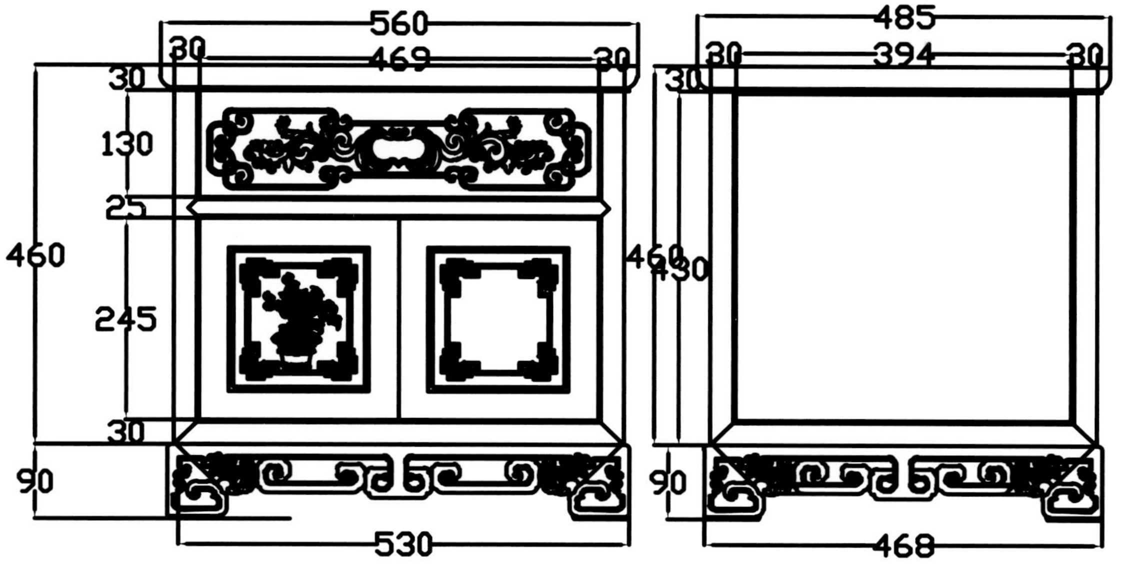
560
30
469
30
485
30
394
30
30
130
25
460
245
30
90
460
430
90
530
468

CAD 结构图

精雕图

喜 鹊 大 床

款式点评：

此床靠背板上部浮雕葡萄雀鸟纹式，靠背板边沿雕刻花纹，床头靠板向后倾斜，靠板面浮雕喜鹊纹式。床板光素，床尾挡板浮雕喜鹊登枝图。床板下挡板浮雕纹式，床头柜下有两屉，大床雕饰精巧整体美观实用。

透视图

主视图

俯视图

侧视图

透视图

主视图

侧视图

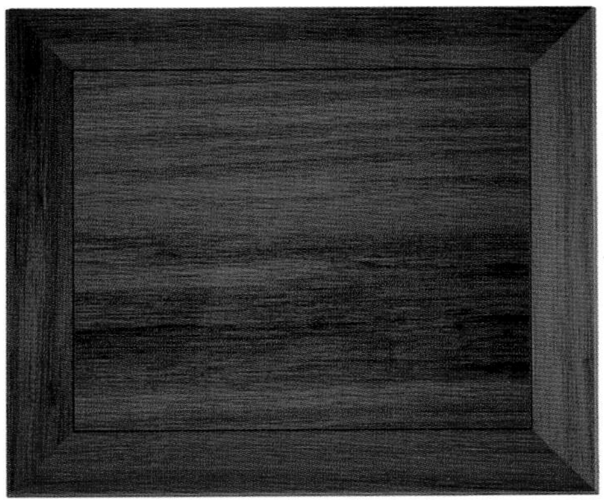

俯视图

透视图

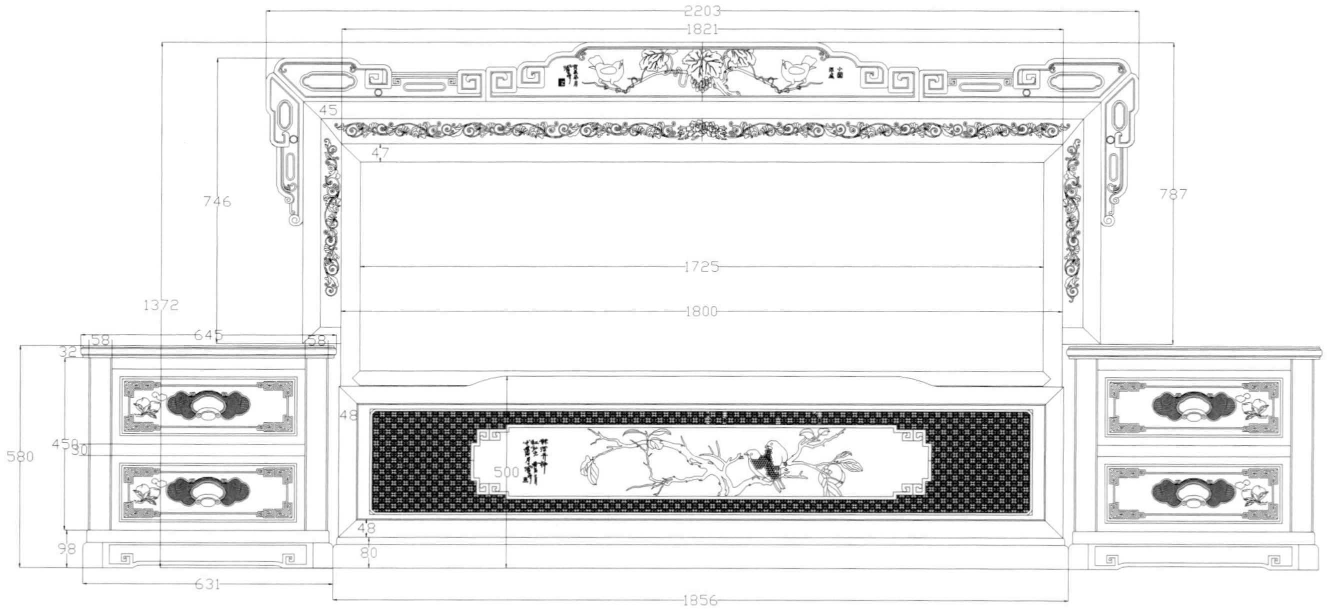
2203
1821
45
47
746
787
1725
1800
1372
645
58
58
32
48
580
458
30
500
48
98
80
631
1856

585

CAD 结构图

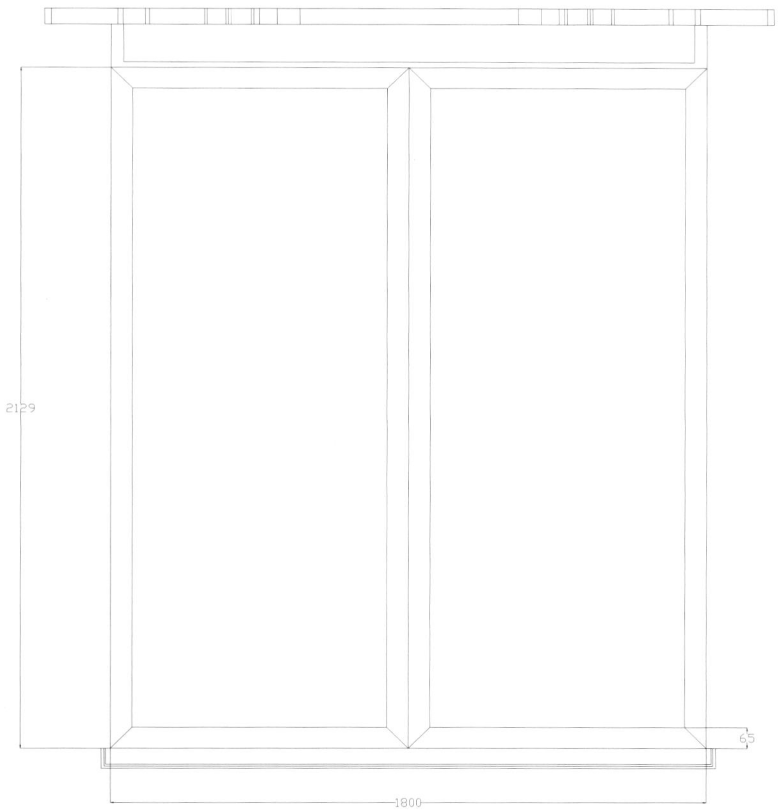

CAD 结构图

精雕图

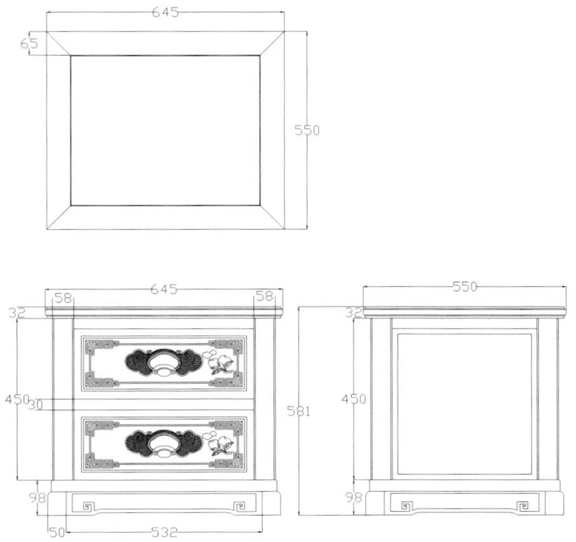

CAD 结构图

花鸟罗汉床

透视图

款式点评：

此罗汉床搭脑正中向上突起，靠背板浮雕花鸟纹式，两个侧板做双面浮雕，均雕饰花鸟纹。床面下短束腰，鼓腿彭牙，整体美观精致。

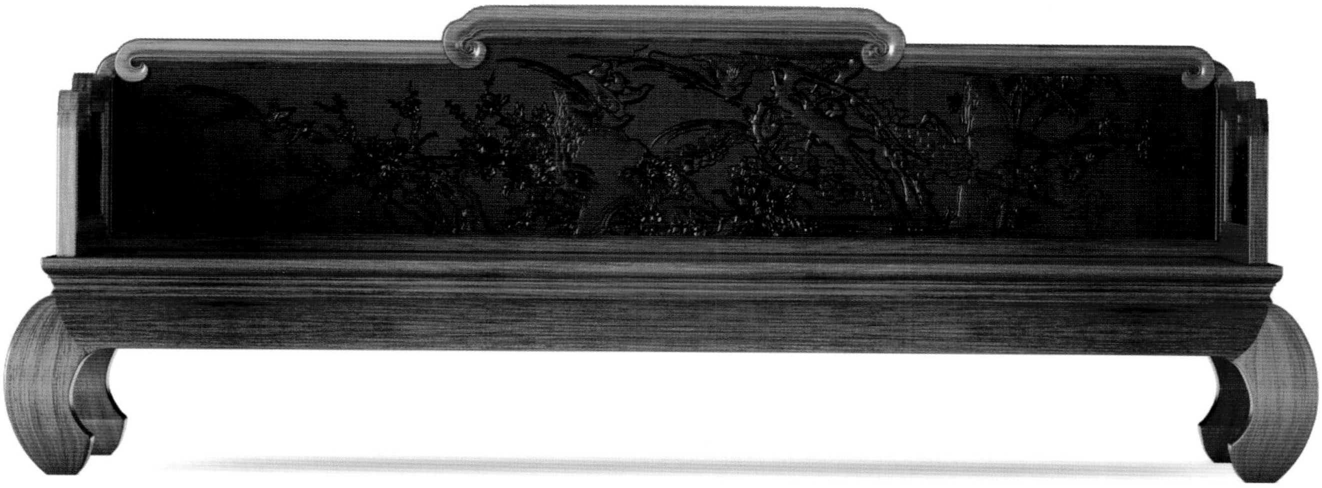

主视图

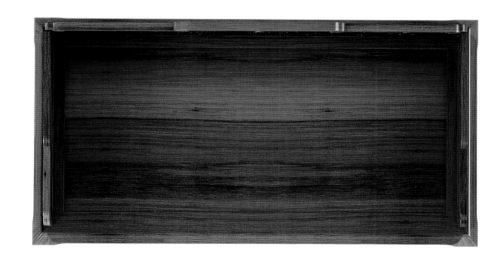

俯视图

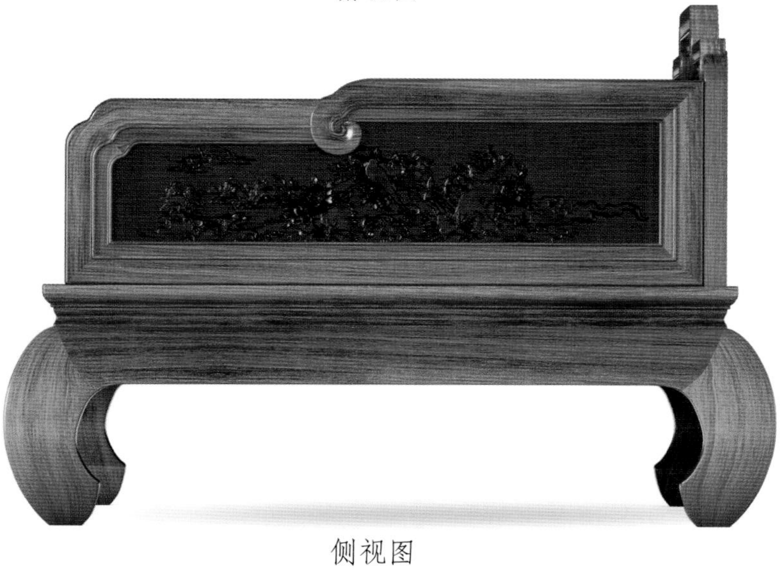

侧视图

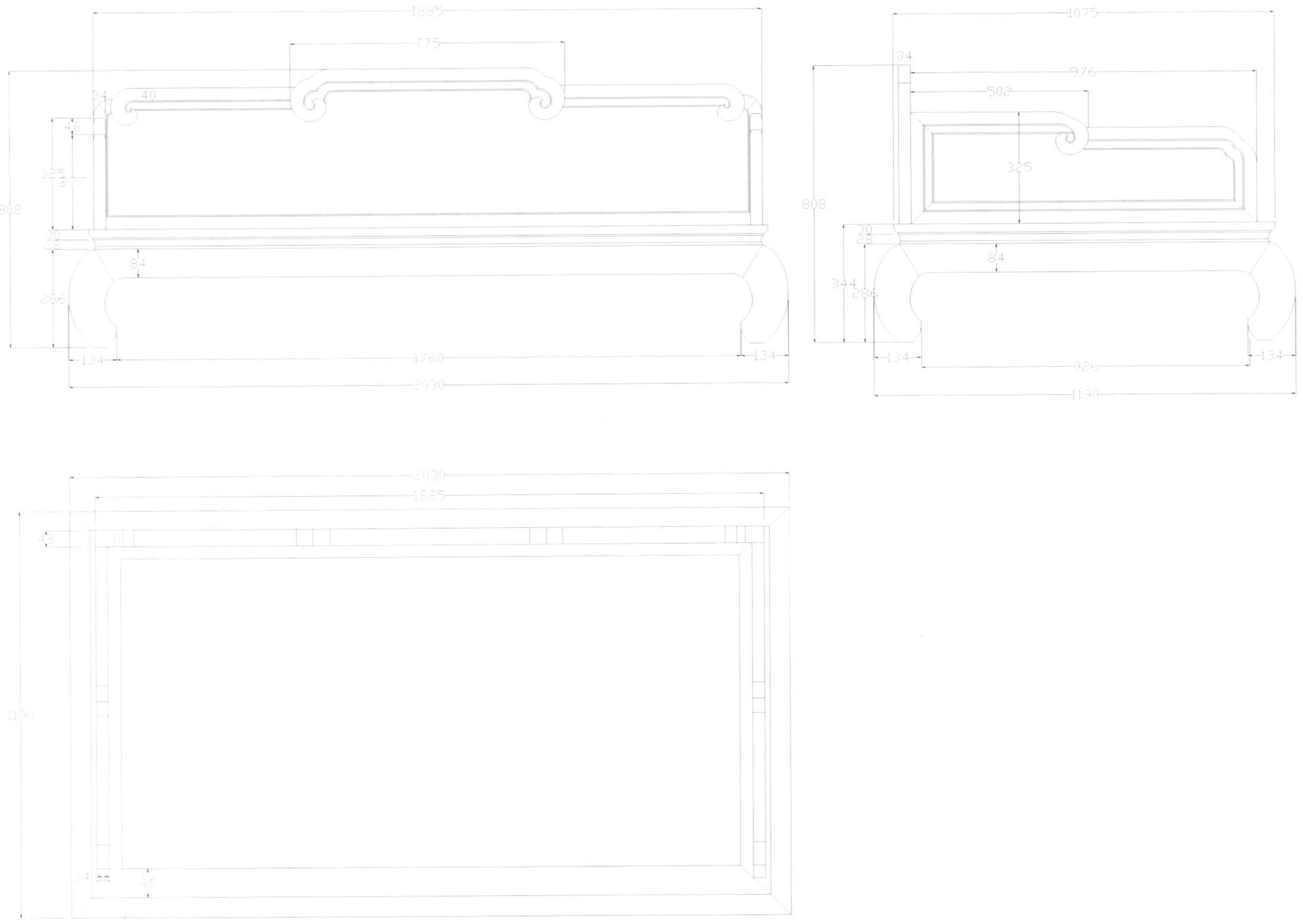
1885
775
34
40
48
325
377
808
30
35
84
286
134
1760
2030
1075
976
502
325
808
30
28
84
344
286
134
926
1190

CAD 结构图

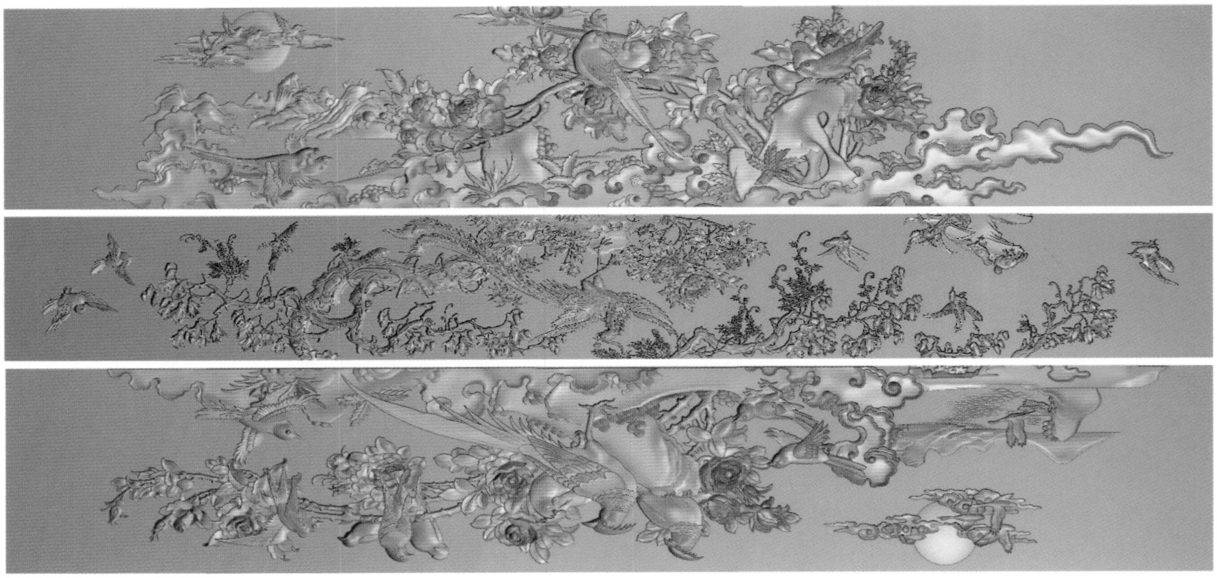

精雕图

葡萄罗汉床

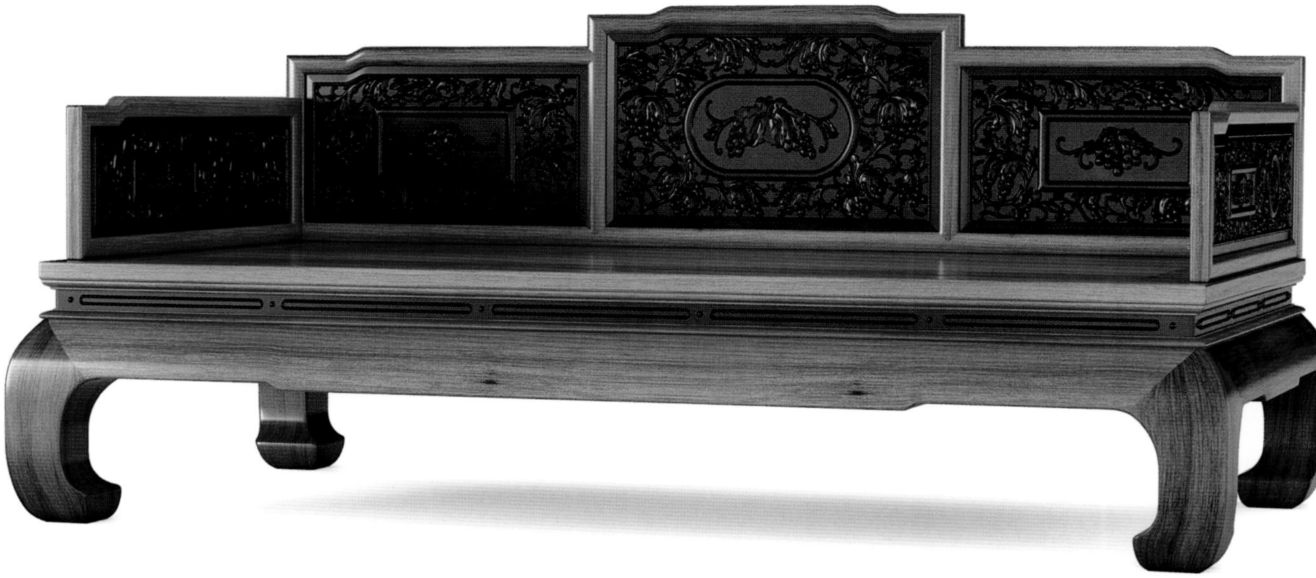

透视图

款式点评：

此罗汉床靠背板分成三块，靠背板上浮雕葡萄纹式，两侧板均雕饰葡萄藤纹样，面下束腰，束腰上有圆环雕饰，牙板向外膨出，腿足内卷。显得华丽而清新脱俗，款式形态更耐人寻味。

主视图

俯视图

侧视图

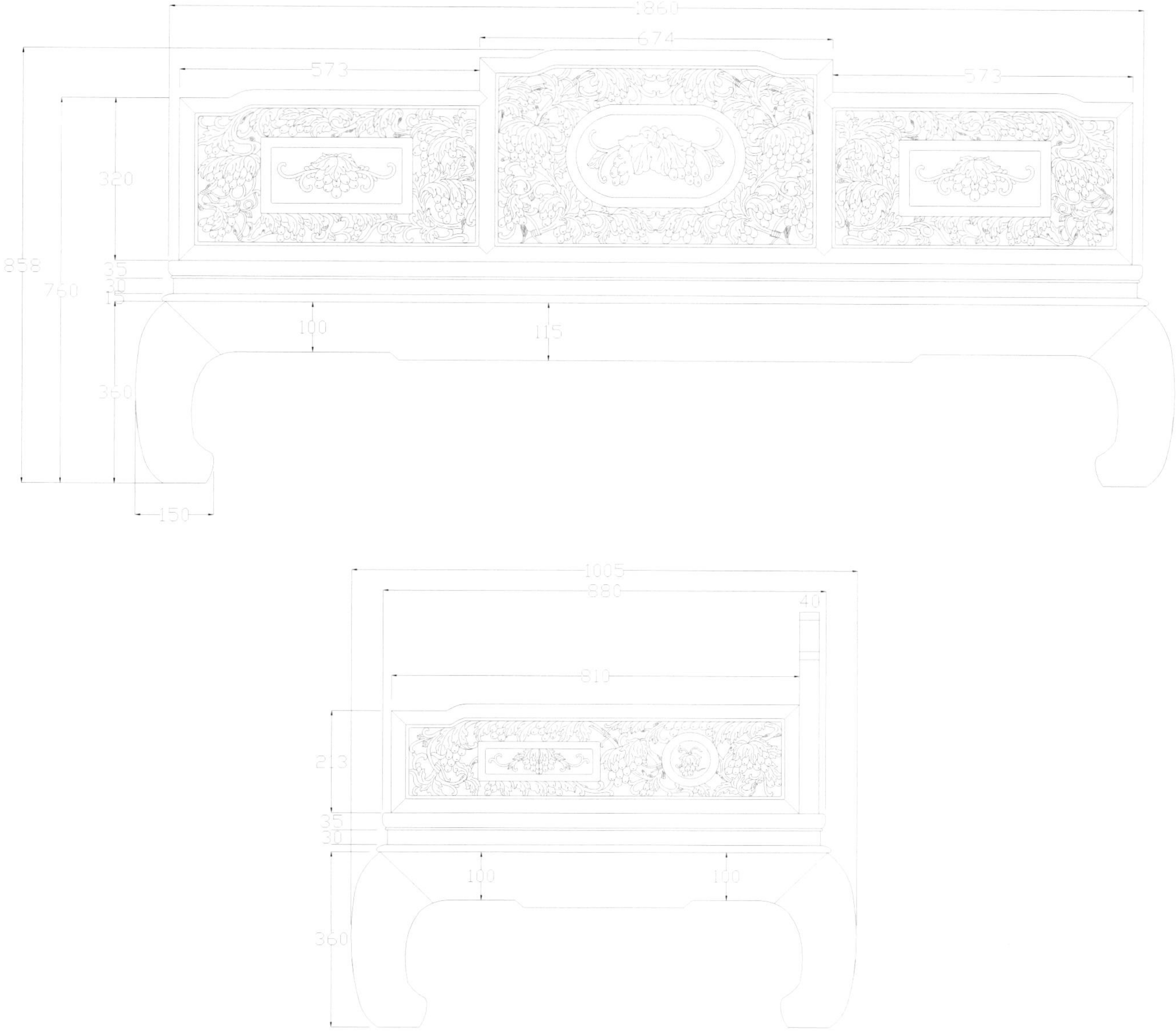
1860
674
573
573
320
858
760
35
30
100
115
360
150
1005
880
40
810
213
35
30
100
100
360

CAD 结构图

精雕图

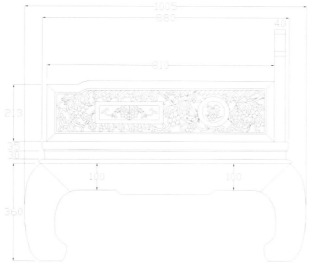

回形山水罗汉床

款式点评：

此罗汉床整体雕饰十分丰富，靠背板由回形框和雕饰山水纹式的背板组成。床板下短束腰，牙板与腿面浮雕花纹，牙板正中垂洼堂肚，腿内卷，腿下有托泥，托泥下有托泥脚。整体雕饰精巧华丽美观。

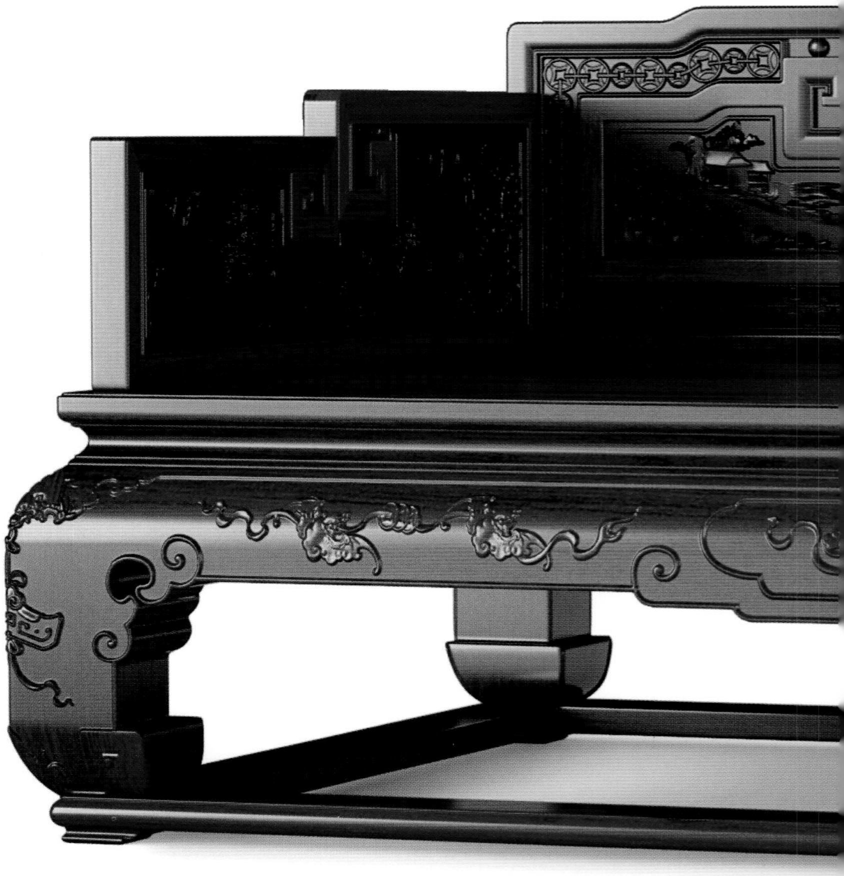

透视图

主视图

俯视图

侧视图

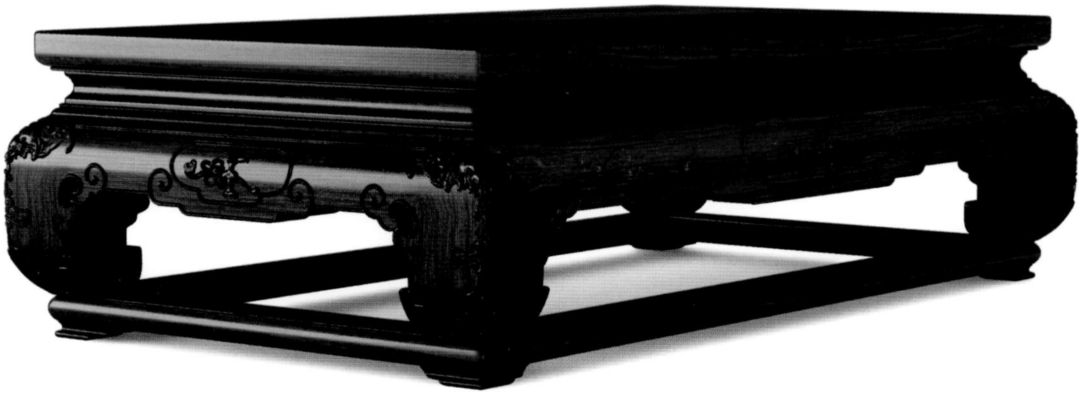

炕桌透视图

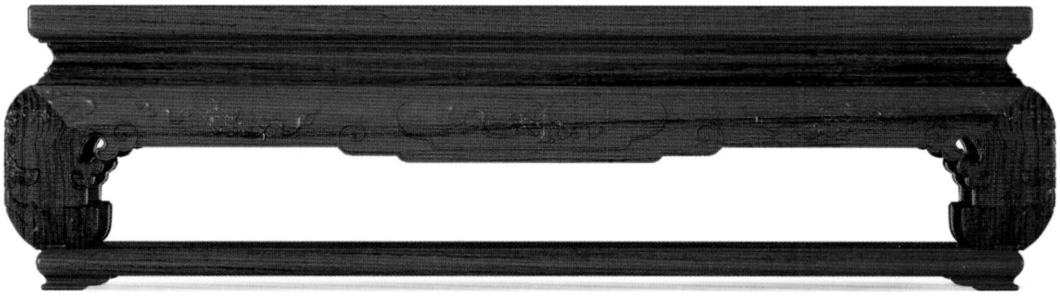

主视图

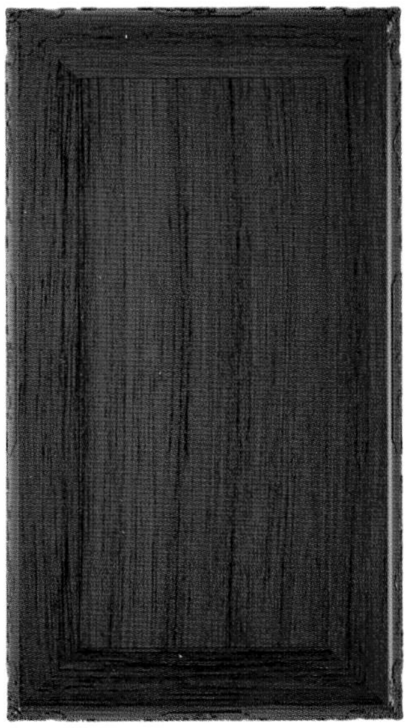

俯视图

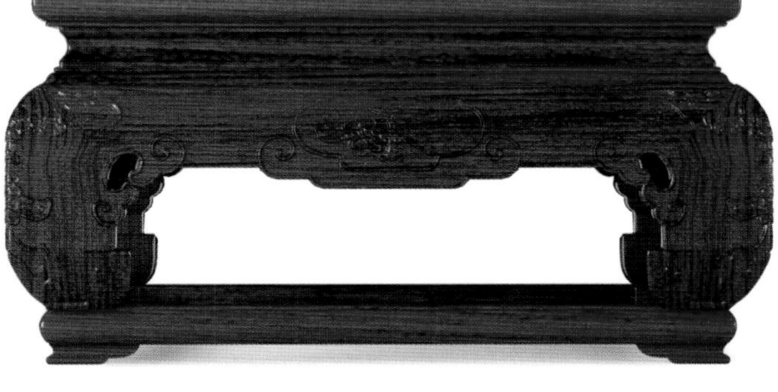

侧视图

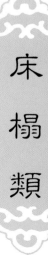

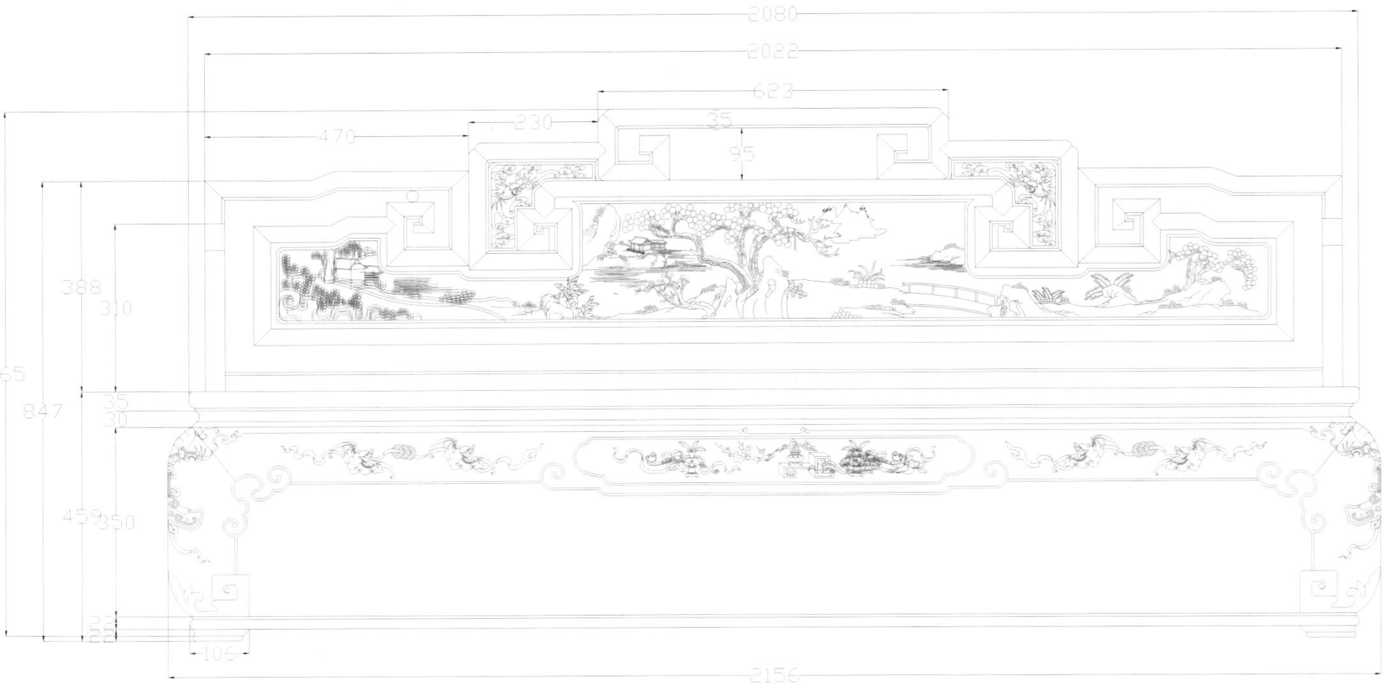
2080
2022
623
230
35
470
95
388
310
965
847
35
30
459
350
22
22
106
2156

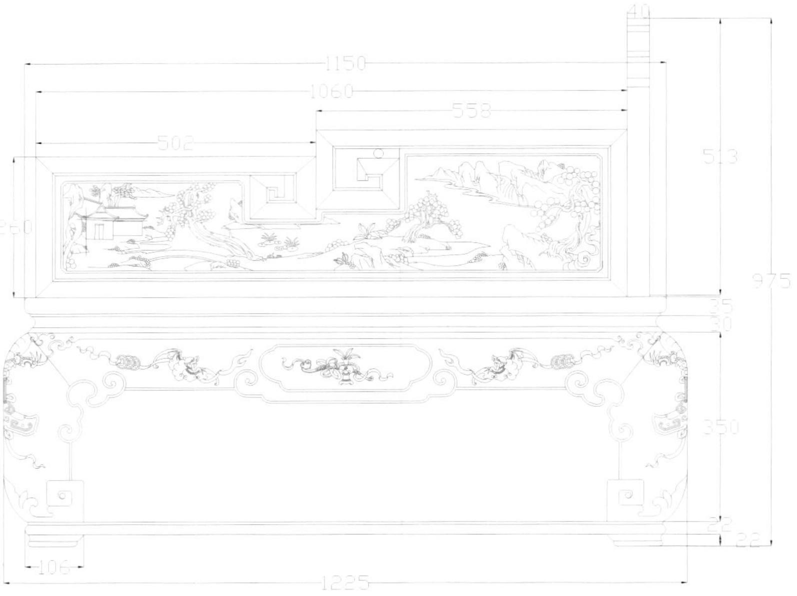
40
1150
1060
558
502
513
260
975
35
30
350
22
22
106
1225

CAD 结构图

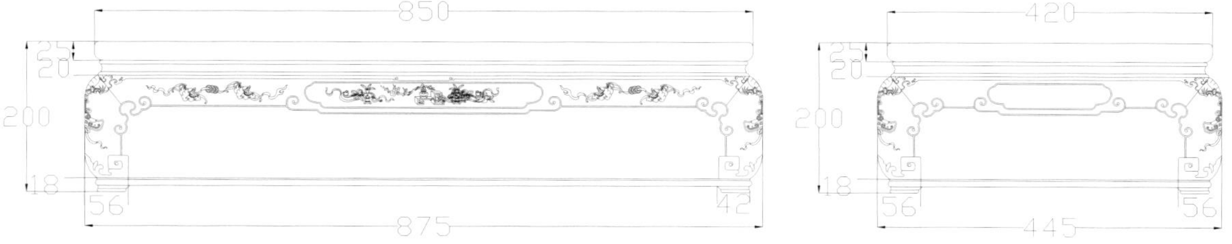

CAD 结构图

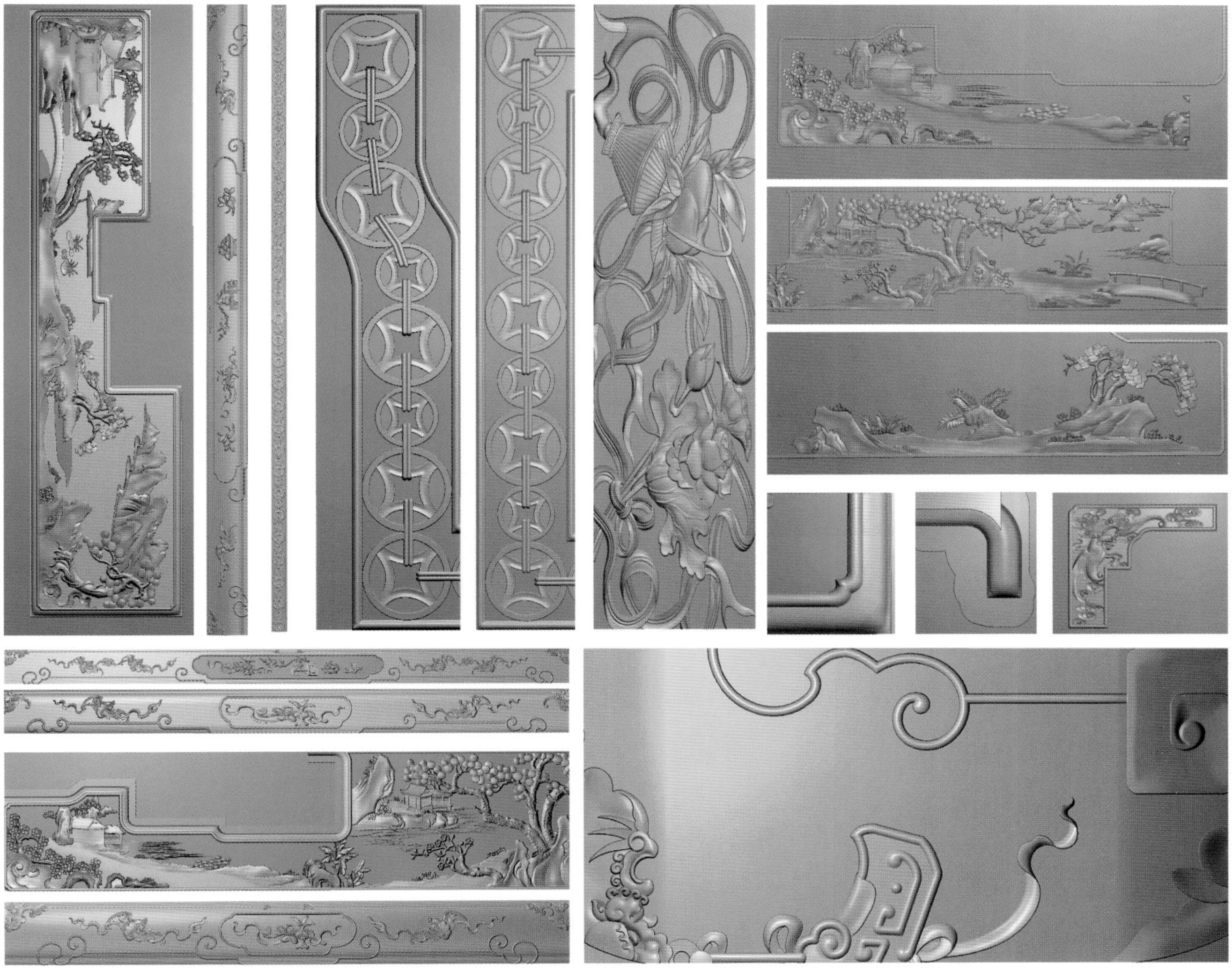

精雕图

檀雕床

款式点评：

此床床头靠背板浮雕莲花纹式，床头搭脑向上凸起，边框做回纹状卷曲。床板光素，床尾板较短，浮雕花鸟纹式，方腿直足，牙板腿面浮雕纹式，床头柜方正，面下有一屉，屉下有柜。整体简洁大方。美观实用。

透视图

主视图

俯视图

侧视图

透视图

主视图

侧视图

俯视图

透视图

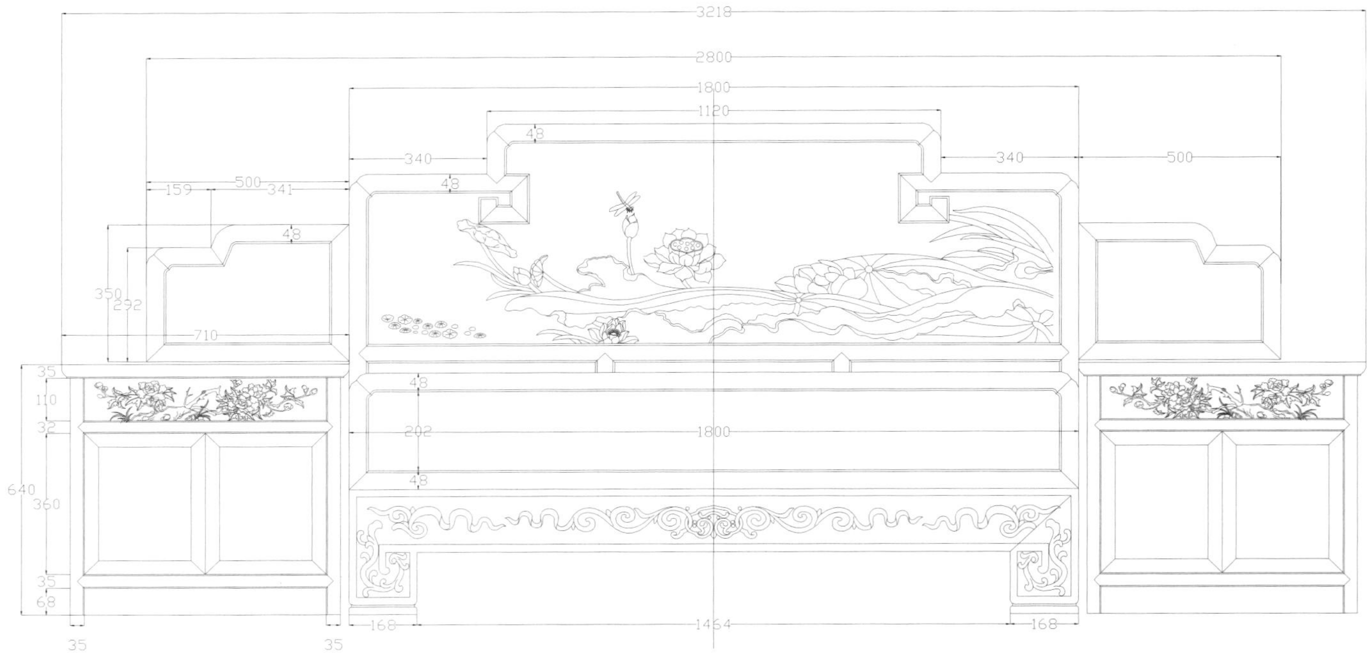

3218
2800
1800
1120
48
340
340
500
159
500
341
48
48
350
292
710
35
110
32
640
360
35
68
48
202
1800
48
35
35
168
1464
168

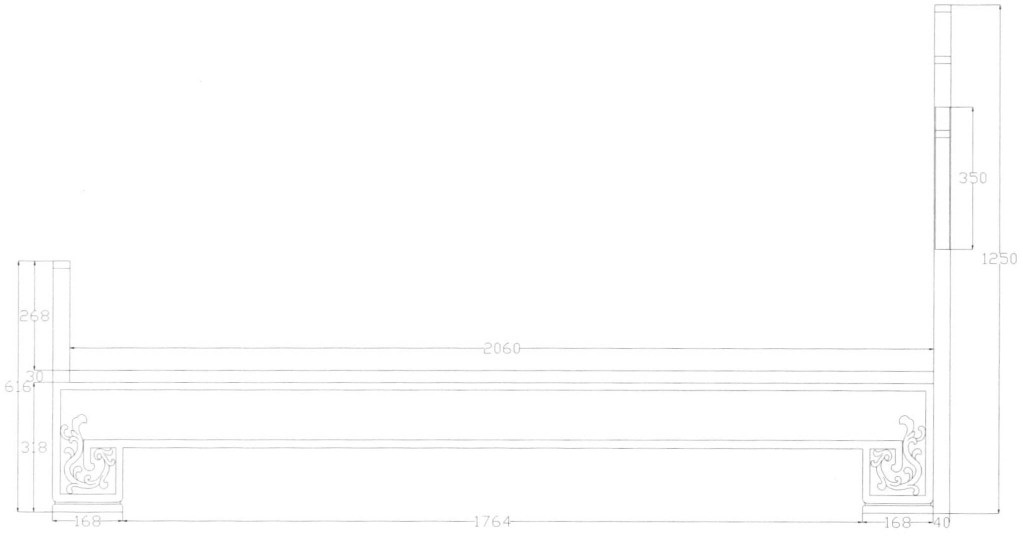

350
1250
268
2060
30
616
318
168
1764
168
40

CAD 结构图

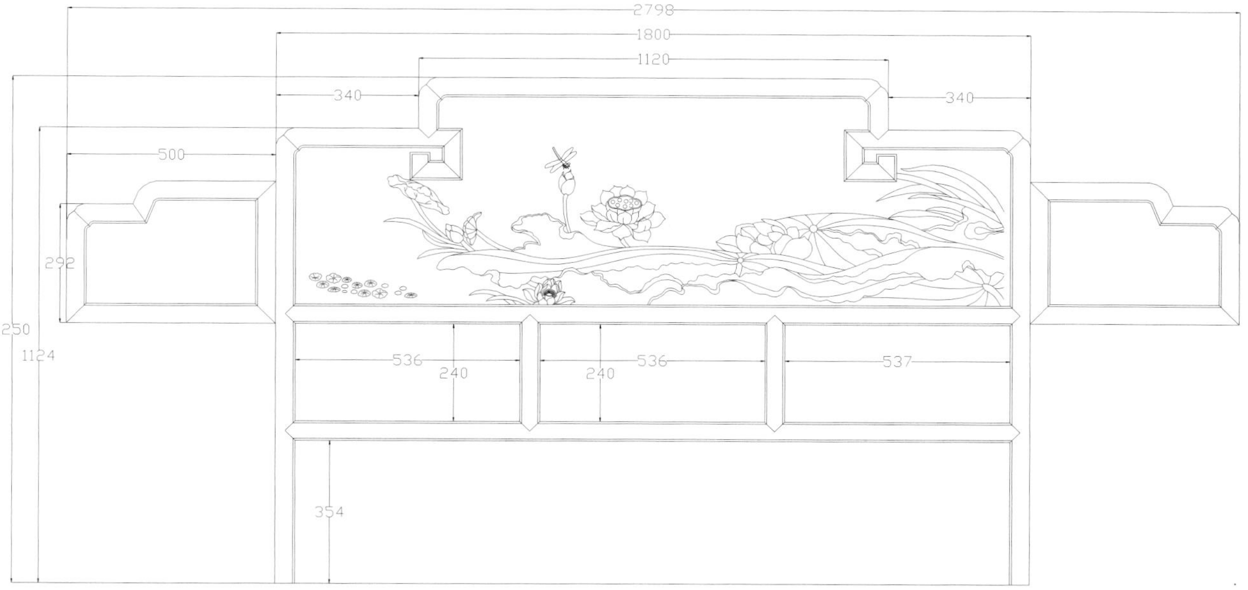
2798
1800
1120
340
340
500
292
1250
1124
536
240
240
536
537
354

精雕图

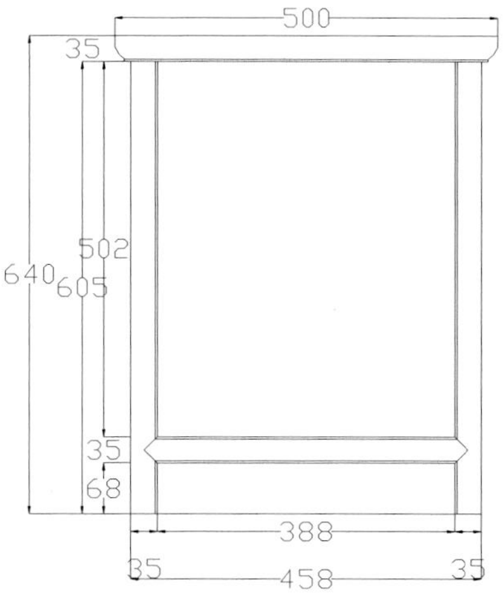
500
35
640
605
502
35
68
388
35
458
35

CAD 结构图

万紫千红大床

款式点评：

此床床头搭脑正中向上凸起，床靠背板两侧有立柱，立柱上端有圆雕装饰，靠背板分成若干块，每块浮雕花鸟人物等纹式。床尾有挡板，挡板浮雕莲花仙鹤纹式。床头柜有两屉，屉面浮雕童子纹式。整体雕工精巧，华丽美观。

透视图

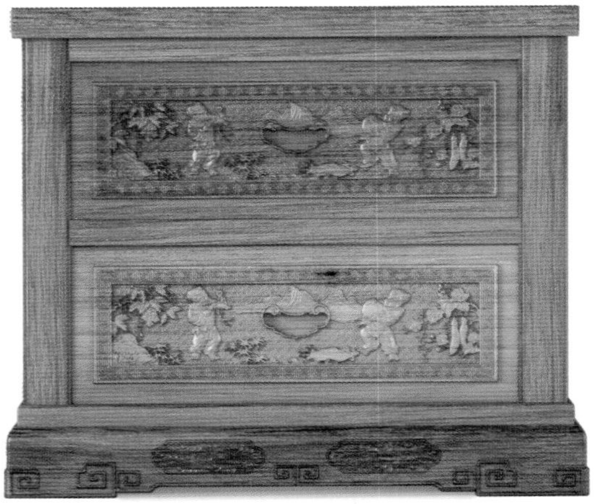
主视图

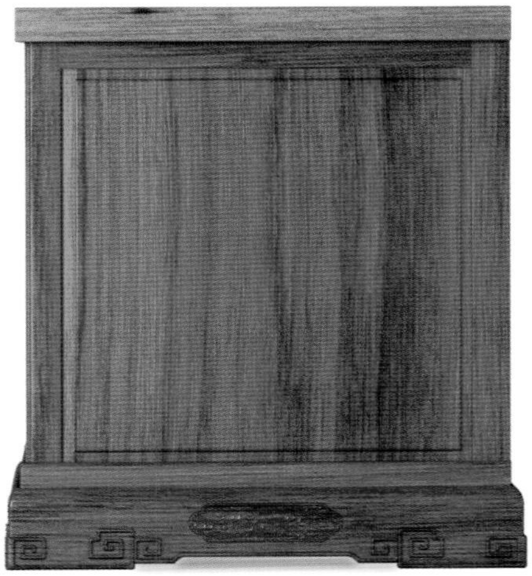
侧视图

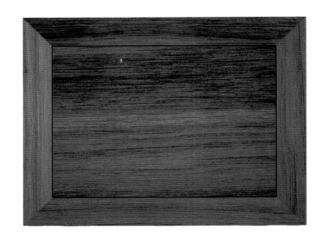

俯视图

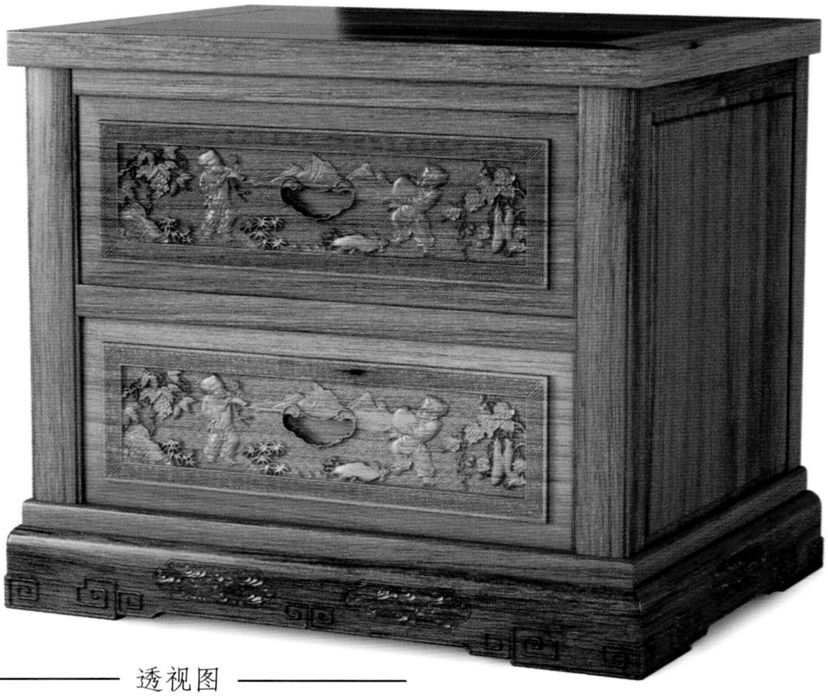
透视图

主视图

俯视图

侧视图

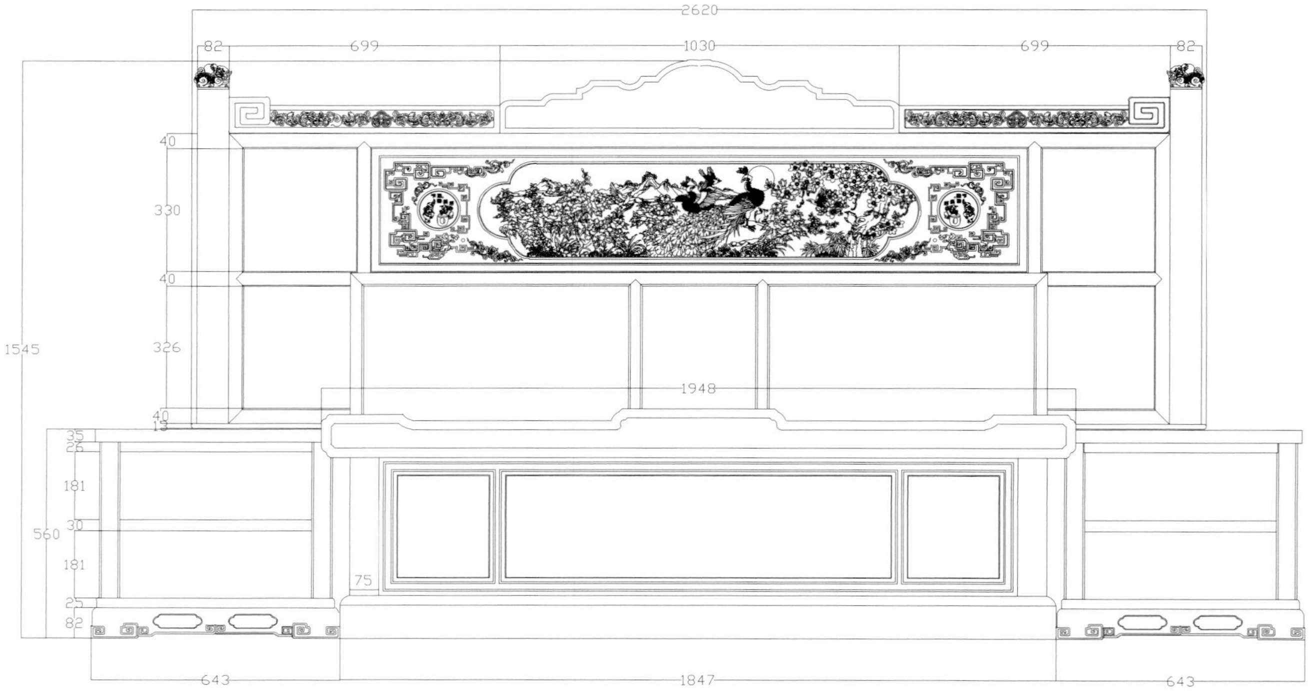
2620
82
699
1030
699
82
1545
40
330
40
326
40
15
1948
35
26
181
560
30
181
75
25
82
643
1847
643

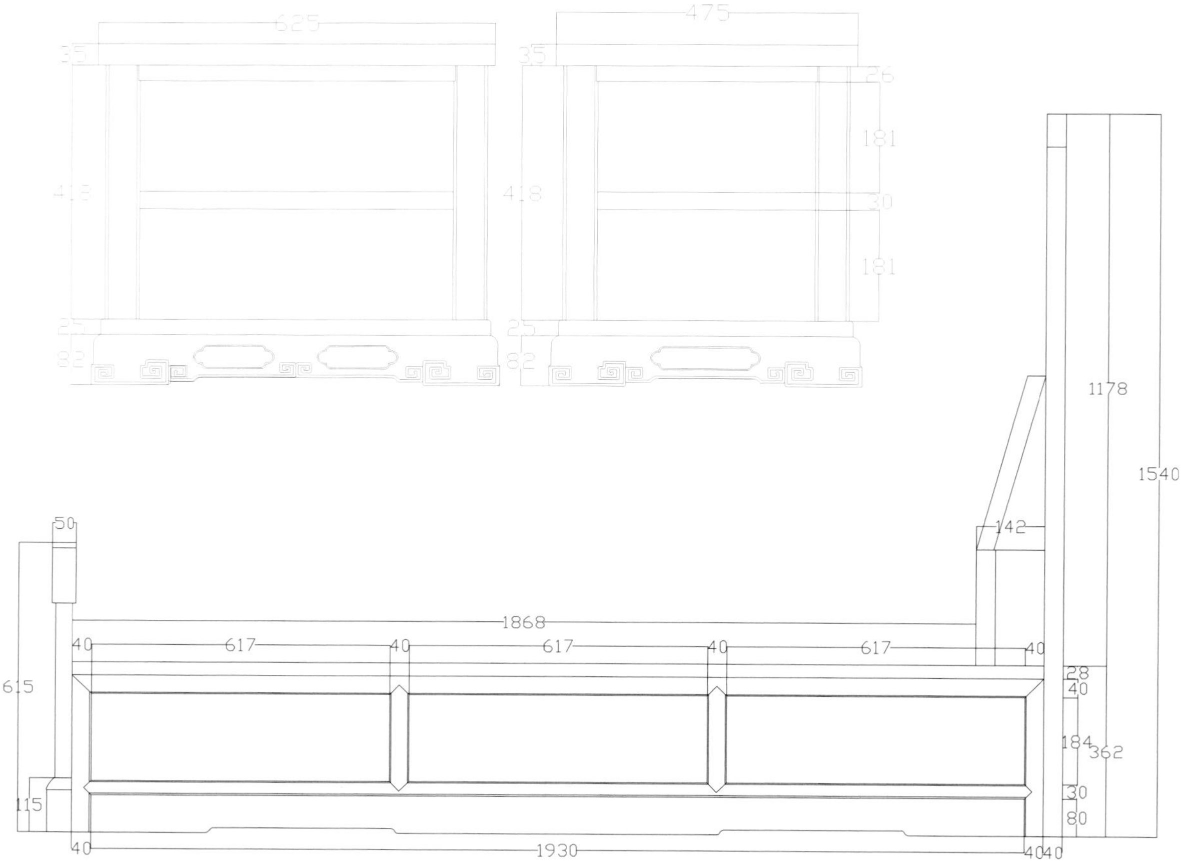
625
35
418
25
82
475
35
26
181
418
30
181
25
82
1178
1540
50
142
1868
40
617
40
617
40
617
40
615
28
40
184
362
30
80
115
40
1930
4040

CAD 结构图

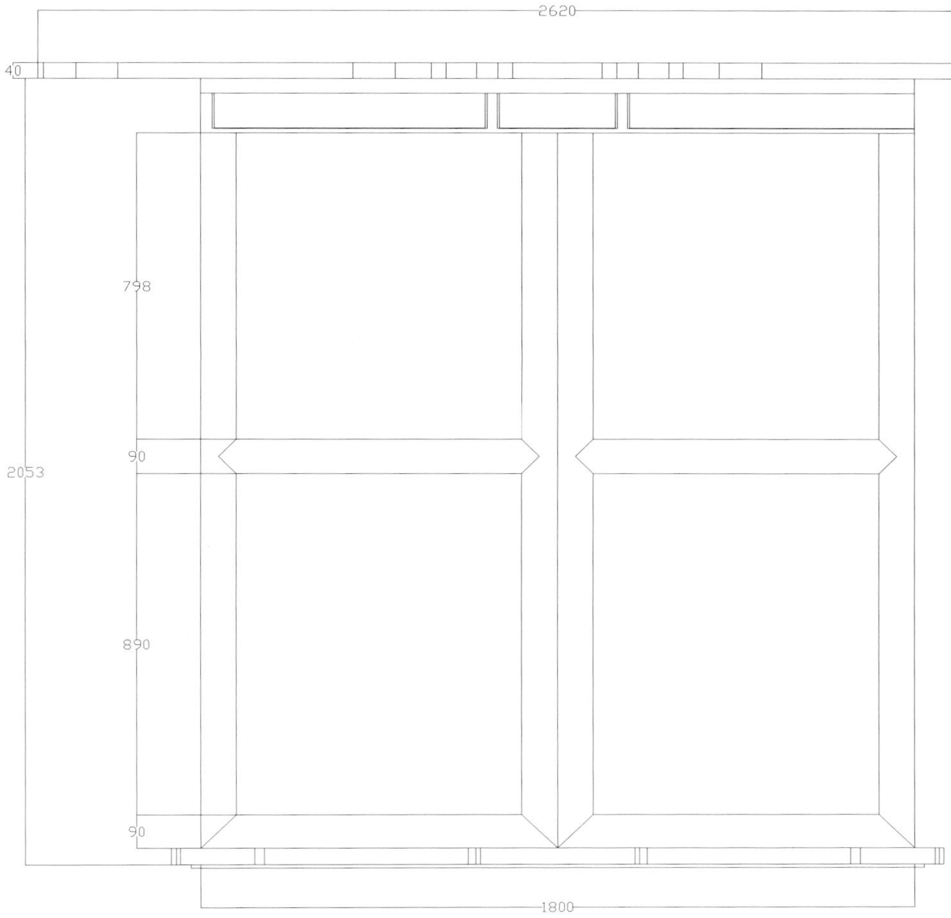

CAD 结构图

精雕图

风光大床

款式点评：

此床靠背板浮雕风光图景，靠背板由两侧向中间递次升高。床板光素，床板下有束腰造型，束腰面分若干板块，浮雕园林风景图。牙板与腿均浮雕纹式。床头柜有两屉，屉面浮雕莲花纹式。整体雕饰精美，华丽大气。

透视图

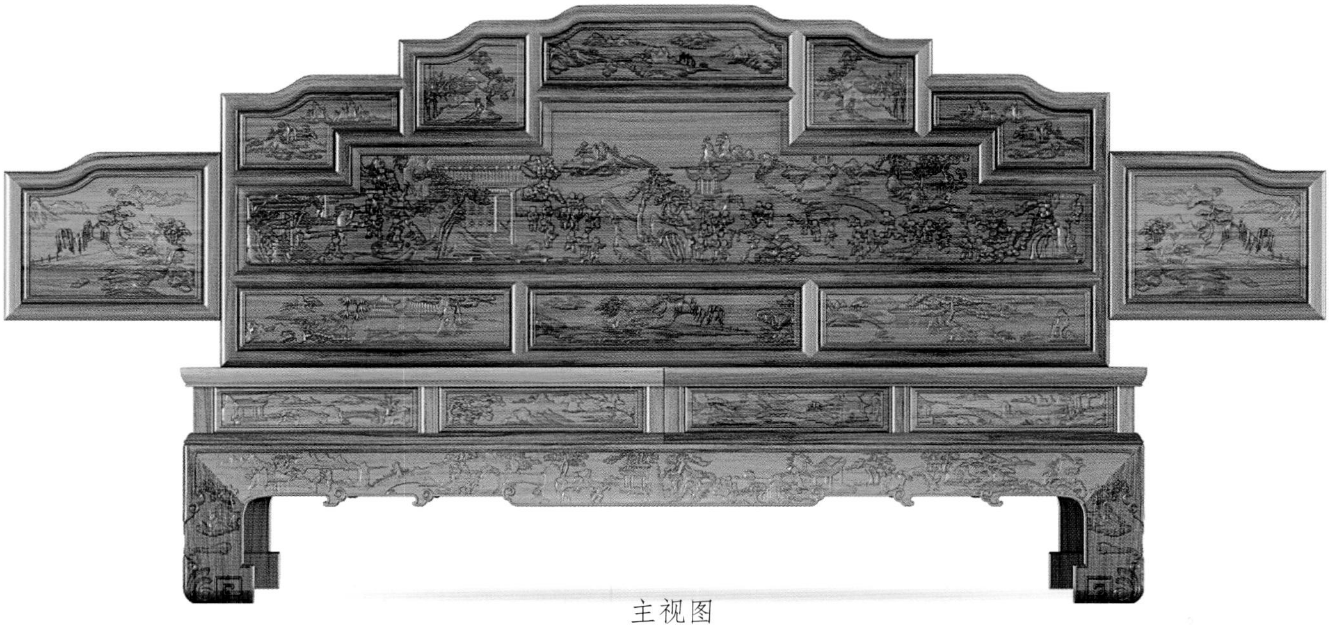

主视图

俯视图

侧视图

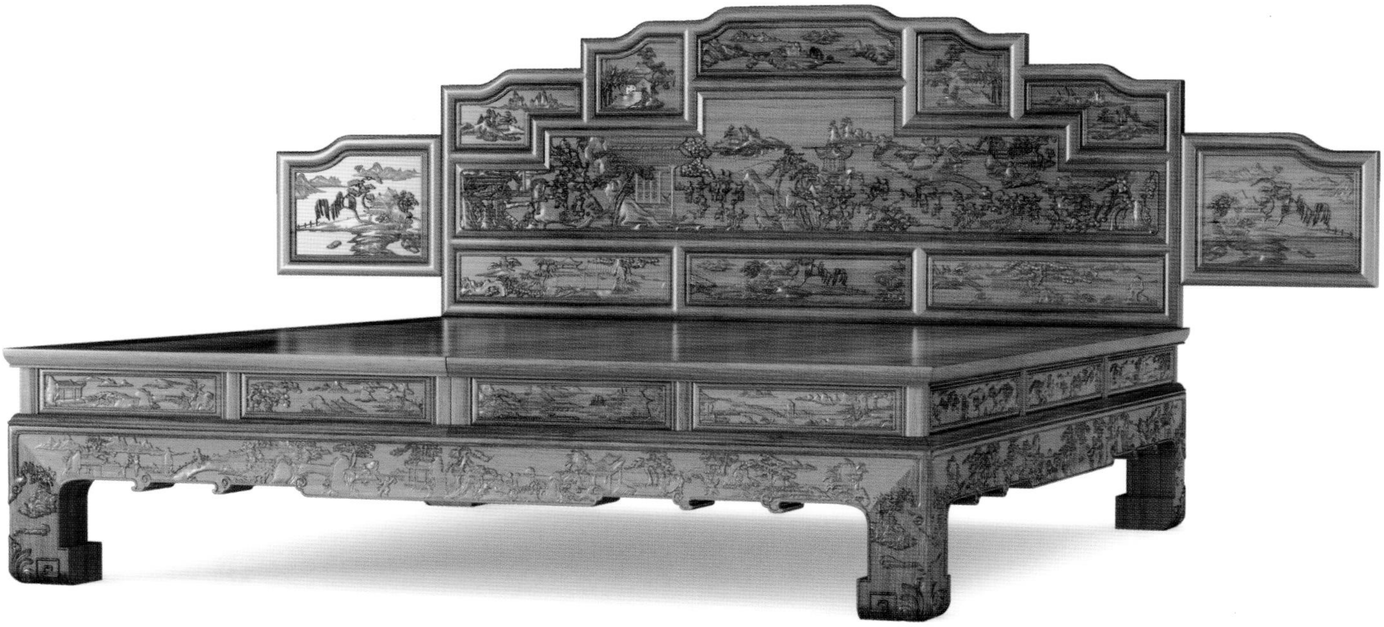

透视图

主视图

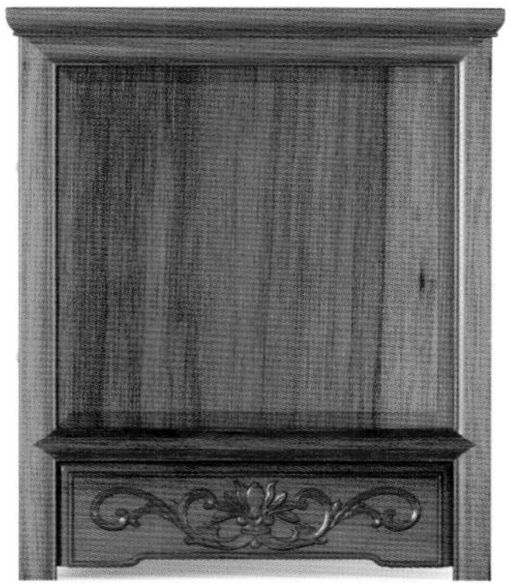

侧视图

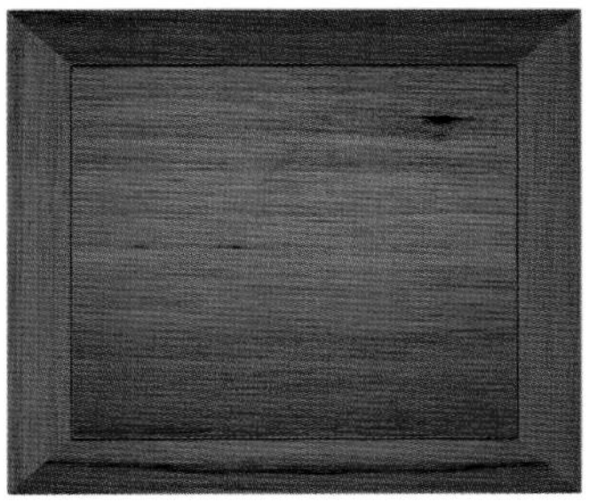

俯视图

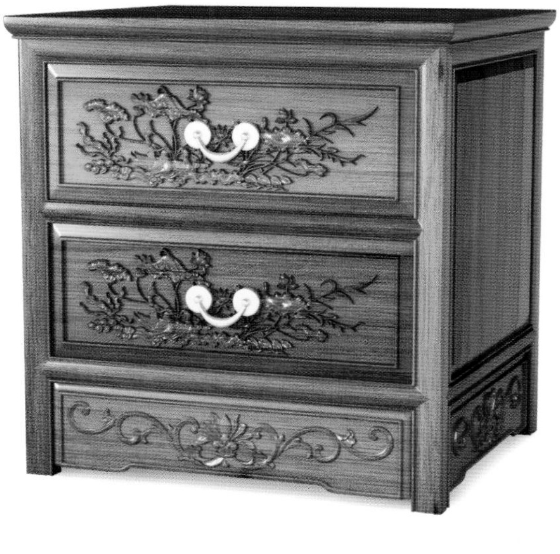

透视图

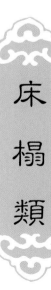

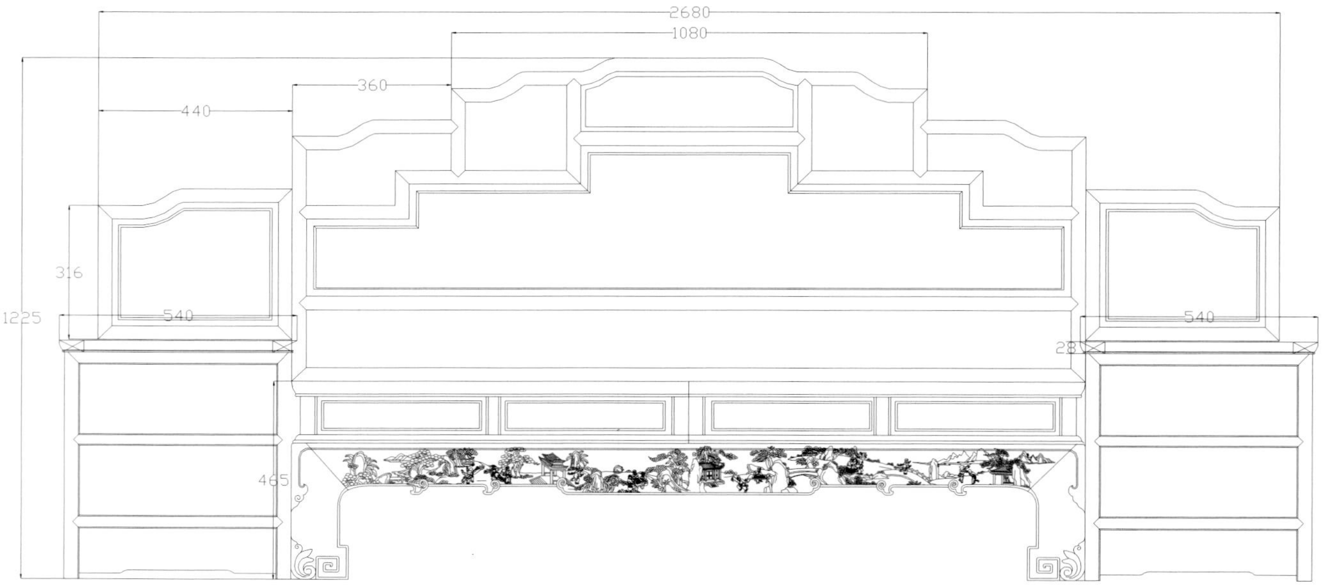

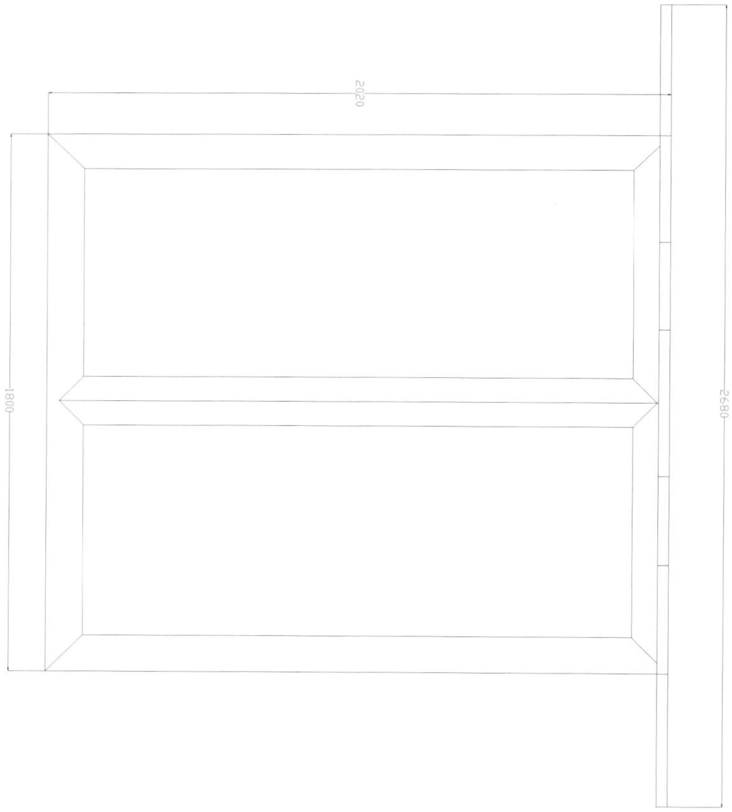

CAD 结构图

精雕图

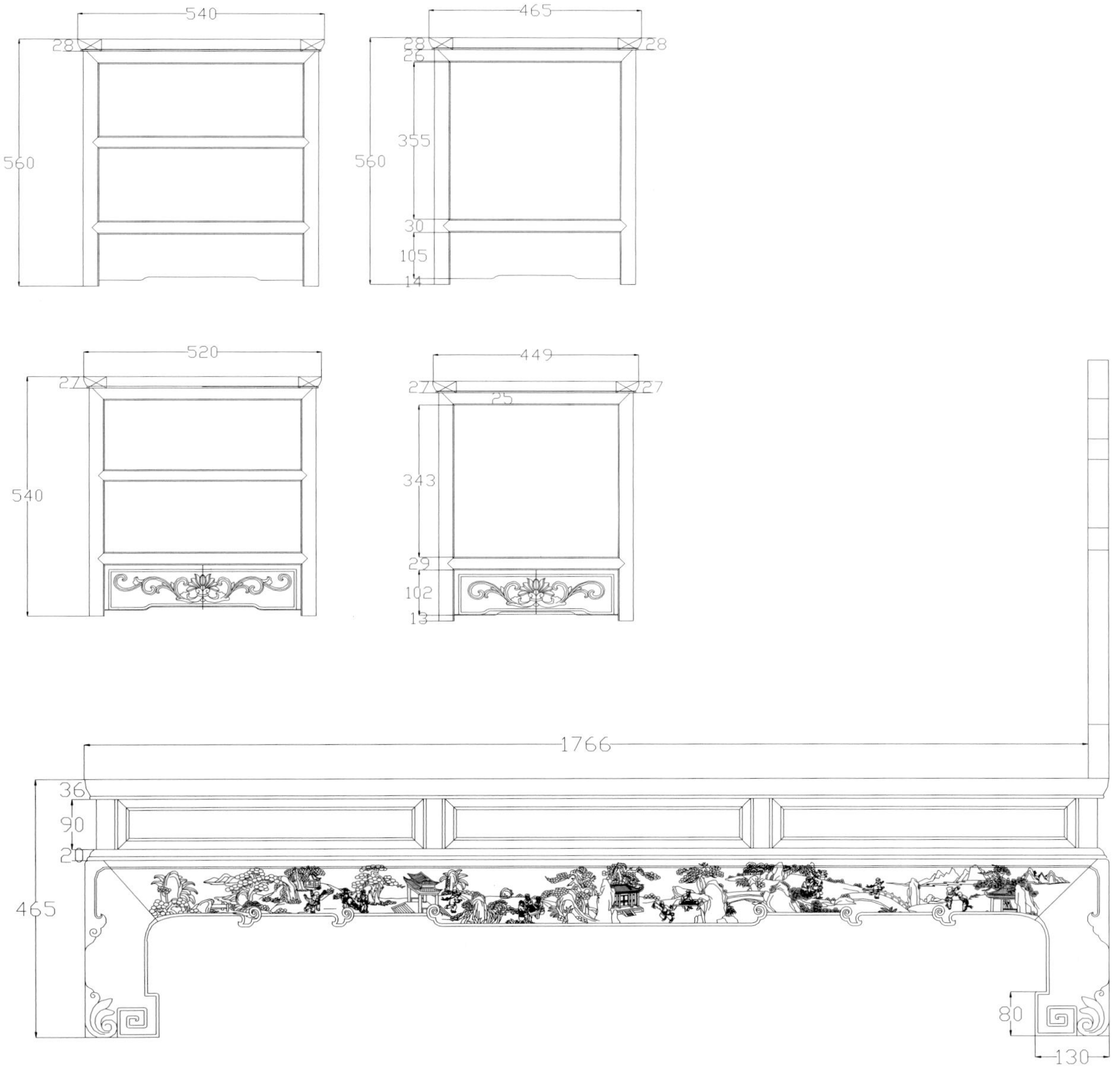
540
28
560
465
28
26
28
355
560
30
105
14
520
27
540
449
27
25
27
343
29
102
13
1766
36
90
20
465
80
130

CAD 结构图

条子大床

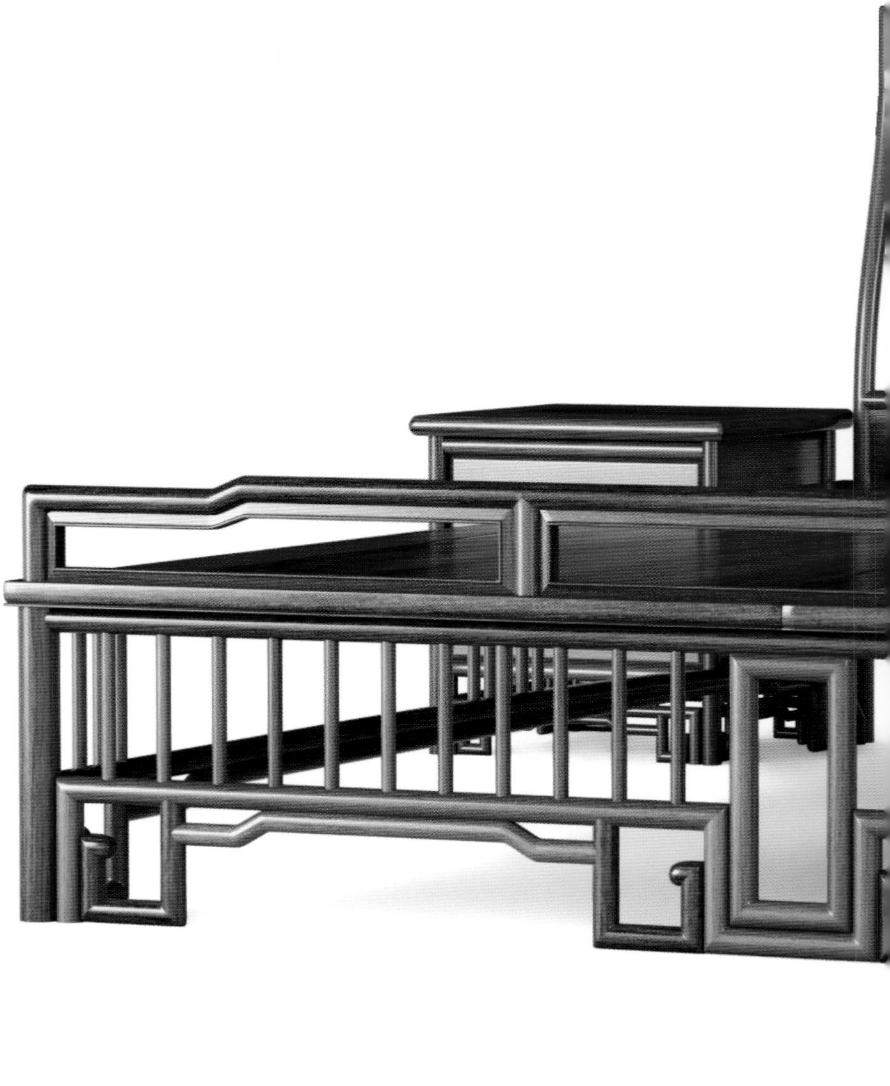

款式点评：

此床床头板为梳条状，显得空灵通透，床面宽阔，床尾设挡板，挡板透空处理。床尾正面为梳条状。床头柜面下有两屉，屉面有拉手，整体简洁通透。

透视图

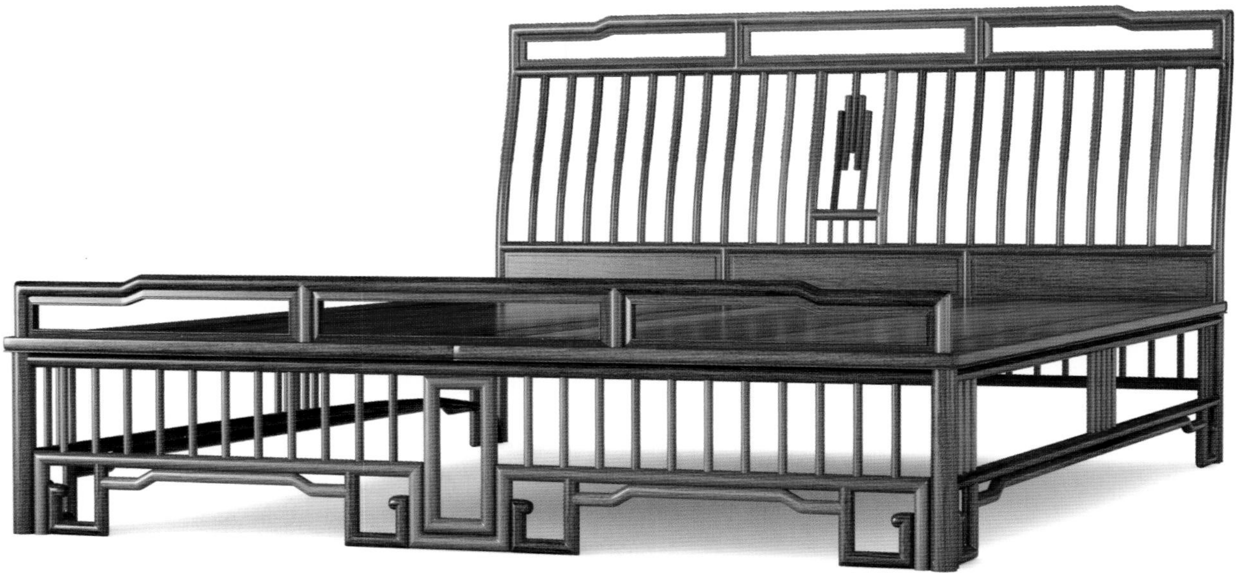

透视图

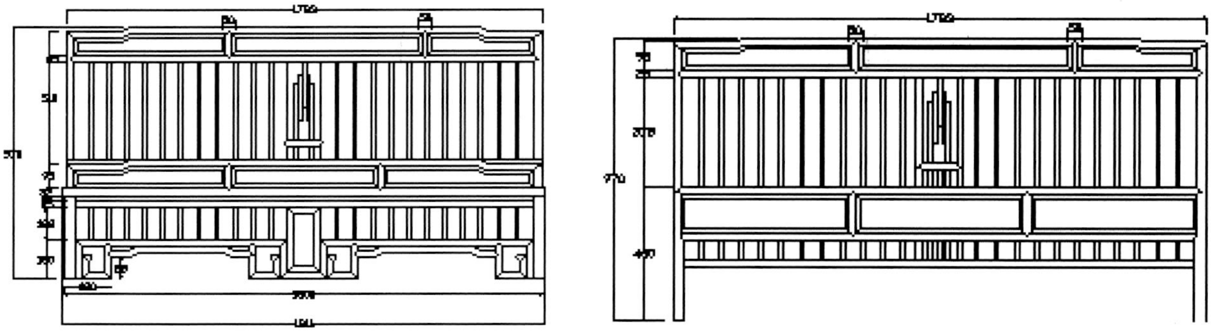

CAD 结构图

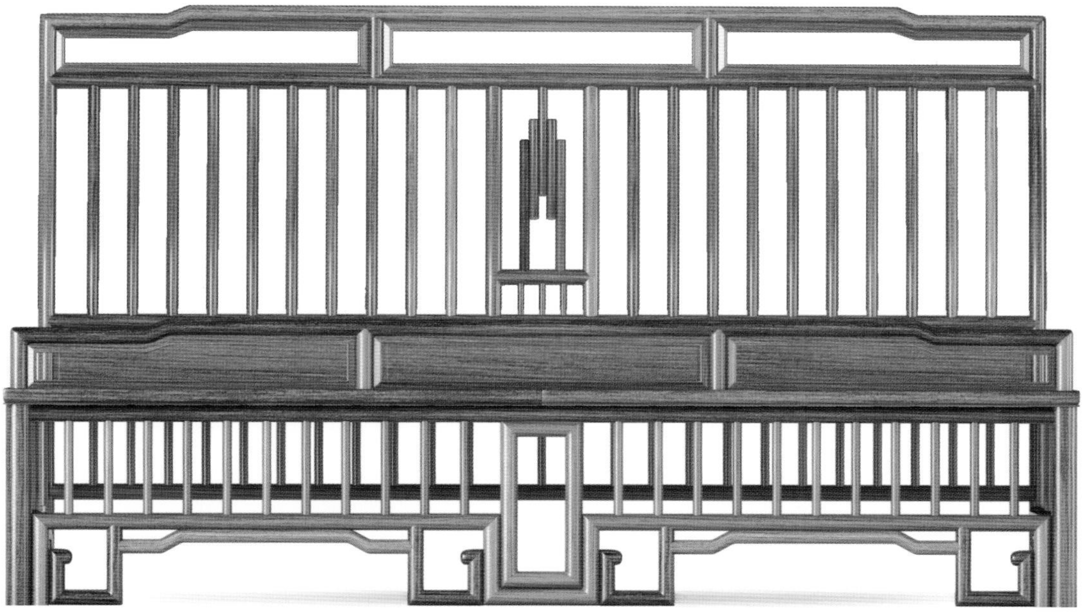

主视图

俯视图

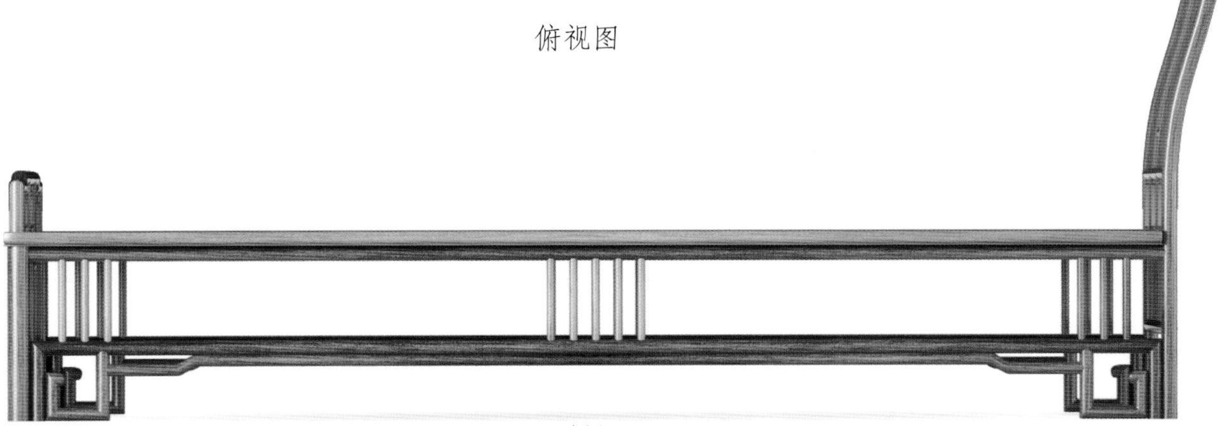

侧视图

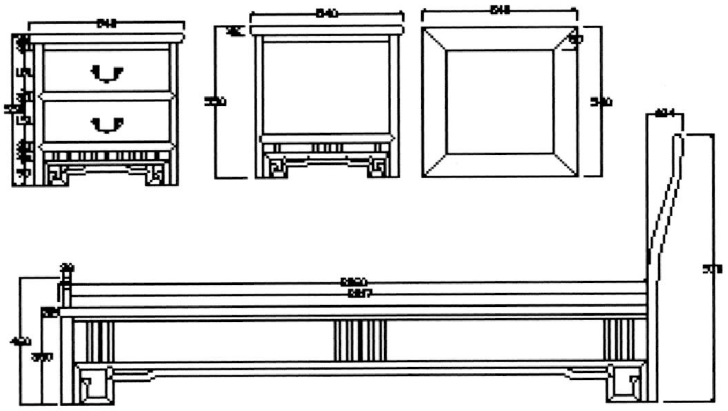

CAD 结构图

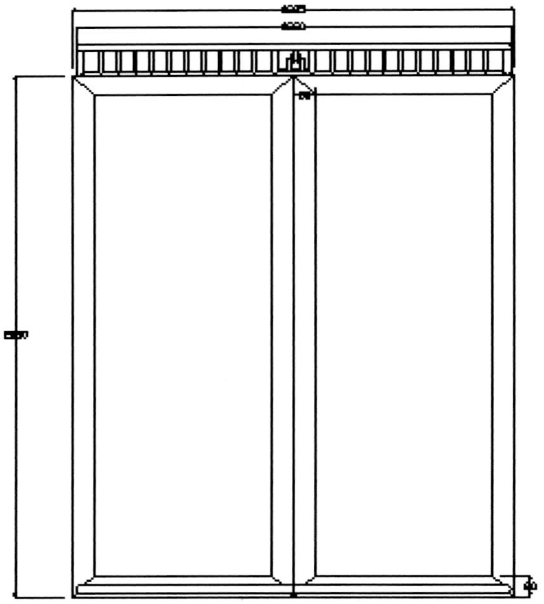

CAD 结构图

主视图

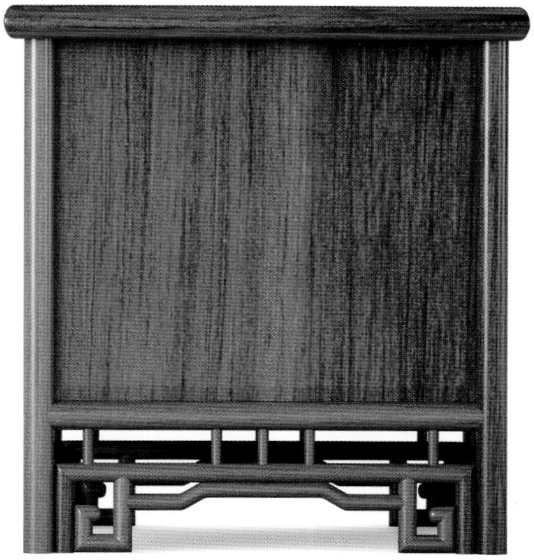

侧视图

俯视图

透视图

园林风光大床

款式点评：

此床搭脑向上突起，床头板宽阔，靠背板浮雕园林风光。靠背板两侧另有短板。板上有浮雕，床板宽阔光素，床面宽阔，床尾不设挡板。方腿足内卷。床头柜面下有两屉，屉面柜面浮雕纹式。整体豪华大气。

透视图

主视图

侧视图

俯视图

透视图

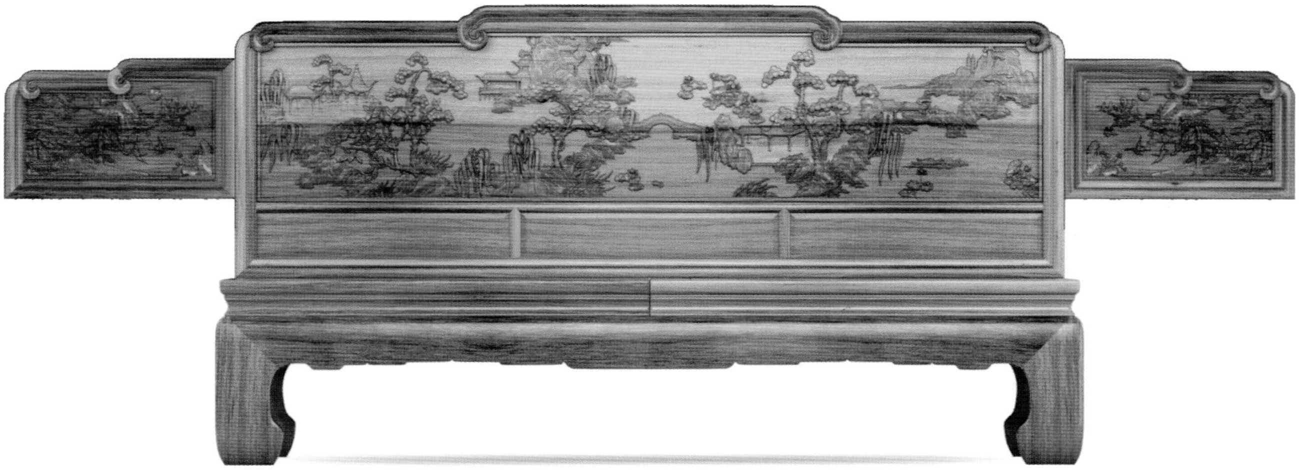

主视图

俯视图

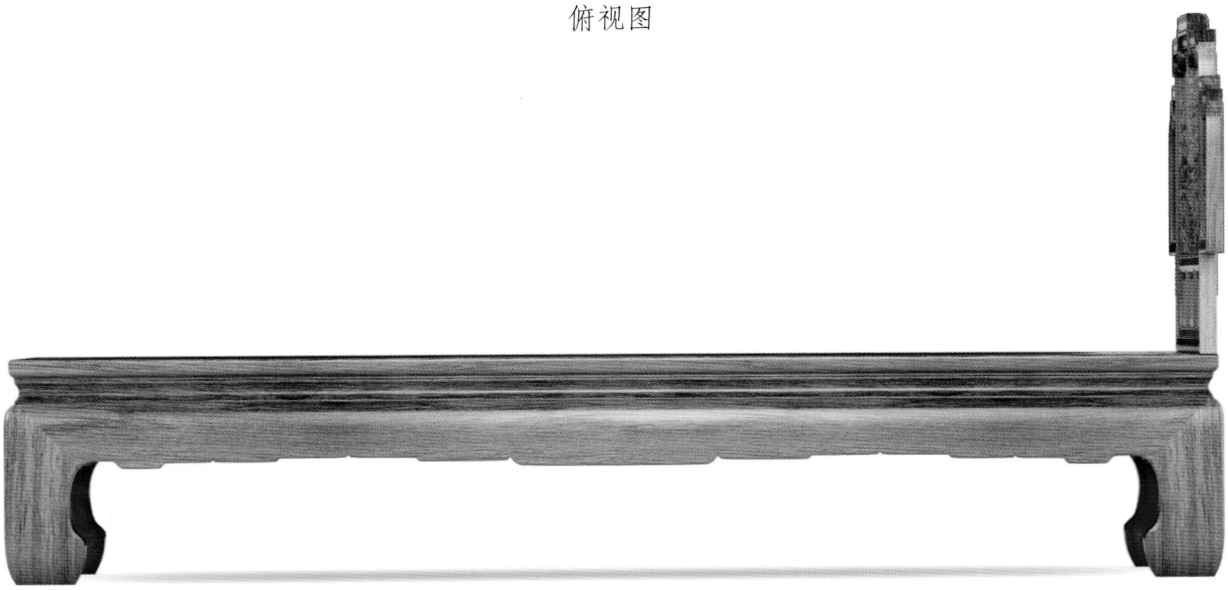

侧视图

精雕图

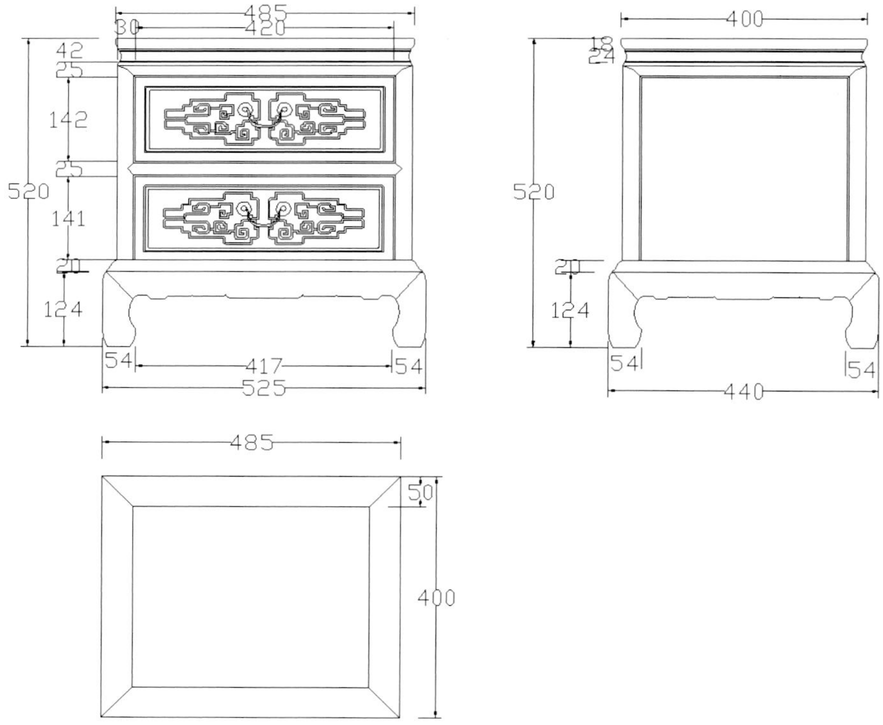
485
30
420
42
25
142
25
520
141
20
124
54
417
54
525
400
18
24
520
20
124
54
54
440
485
50
400

CAD 结构图

附：明清宫廷府邸古典家具图录（含部分新古典家具款式）

床榻类

床榻历史悠久，种类繁多，按材质大致可分为两类：一类为珍贵硬质木材所制，如黄花梨、紫檀；另一类为白木材质，此类床榻或髹漆、或贴金、或镶嵌。

历史可追溯至神农氏时代，那时还只是专供休息与待客所用的坐具，直到六朝以后才出现高足坐卧具。“床”与“榻”在席地而坐的时代，是有分工的。床体较大，可为坐具，也为卧具；榻体较小，只用于坐具。

魏晋南北朝以后，榻体增大，床与榻同样担负着坐卧两种功能，因而也就难以截然分清了。习惯上认为：床不仅长，而且宽，主要为卧具。榻身窄而长，可坐可卧。

床榻类主要有：拔步床、架子床、罗汉榻、罗汉床、贵妃榻。

名称：罗汉床

名称：群狮共舞罗汉床

名称：素面罗汉床

名称：百鸟朝凤罗汉床

名称：罗汉床

名称：素面罗汉床

名称：五福罗汉床

名称：山水如意罗汉床

名称：事事如意罗汉床

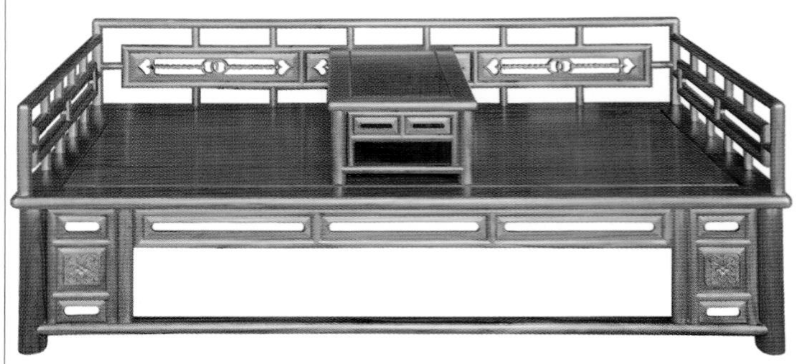

名称：明式罗汉床

名称：罗汉床

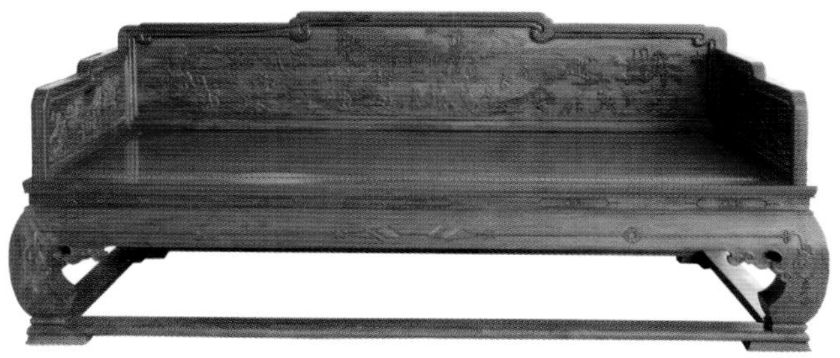
名称：罗汉床

名称：罗汉床

名称：罗汉床

名称：罗汉床

名称：罗汉床

名称：罗汉床

名称：山水罗汉床

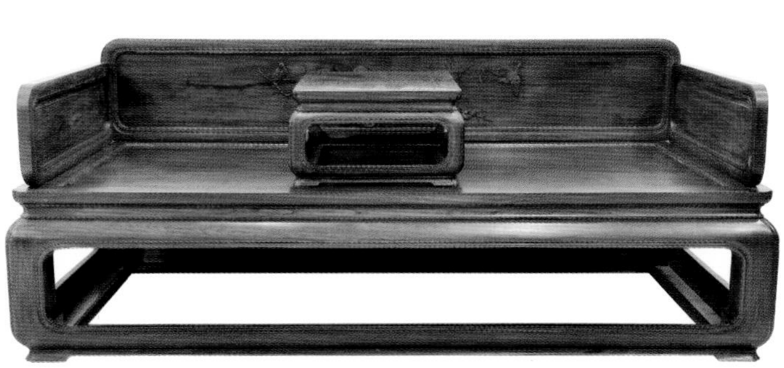
名称：花鸟罗汉床

名称：罗汉床

名称：罗汉床

名称：罗汉床

名称：罗汉床

名称：罗汉床

名称：罗汉床

名称：罗汉床

名称：罗汉床

名称：罗汉床

名称：罗汉床

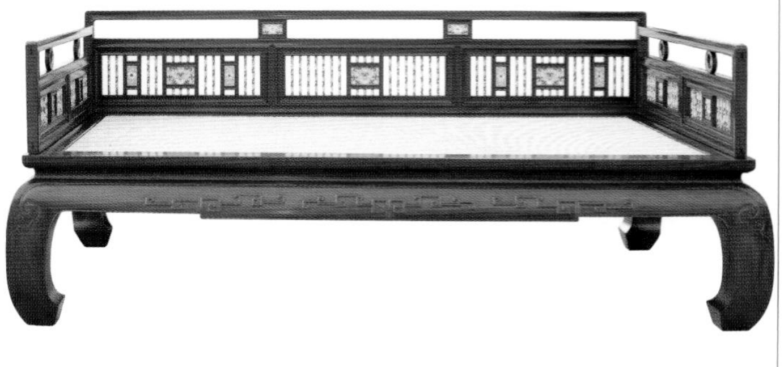

名称：罗汉床

名称：罗汉床

名称：罗汉床

名称：罗汉床

名称：罗汉床

名称：罗汉床

名称：罗汉床

名称：罗汉床

名称：罗汉床

名称：罗汉床

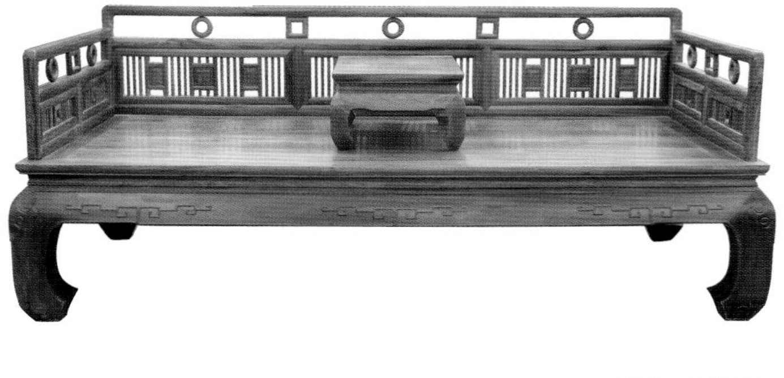

名称：罗汉床

名称：罗汉床

名称：罗汉床

名称：罗汉床

名称：罗汉床

名称：罗汉床

名称：罗汉床

名称：罗汉床

名称：罗汉床

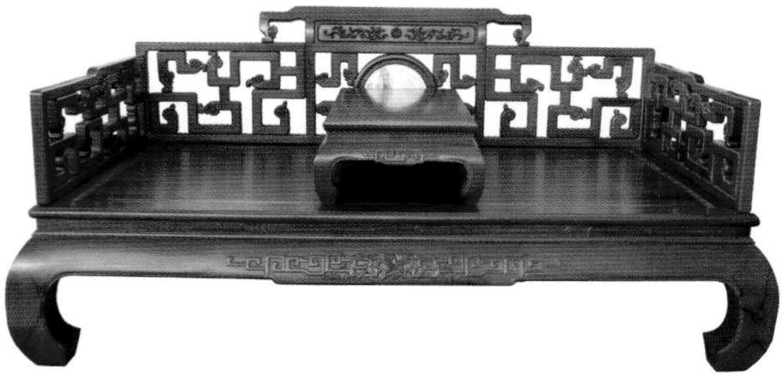
名称：罗汉床

名称：罗汉床

名称：罗汉床

名称：罗汉床

名称：罗汉床

名称：罗汉床

名称：罗汉床

名称：罗汉床

名称：罗汉床

名称：罗汉床

名称：罗汉床

名称：罗汉床

名称：罗汉床

名称：罗汉床

名称：罗汉床

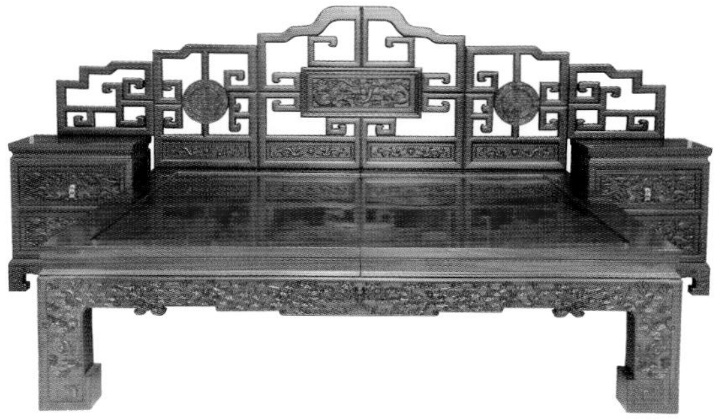

名称：罗汉床

名称：罗汉床

名称：罗汉床

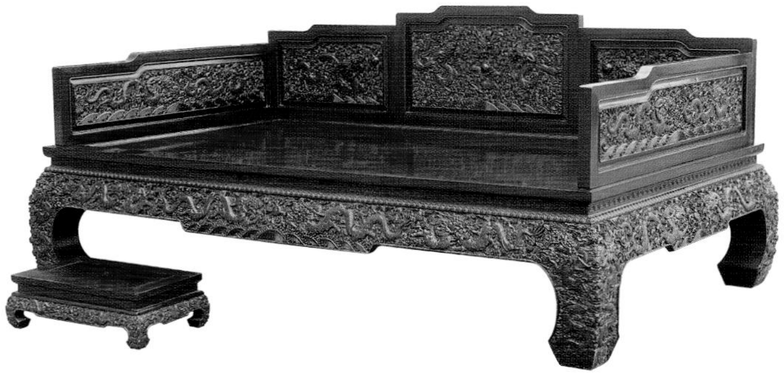

名称：罗汉床

名称：罗汉床

名称：罗汉床

名称：罗汉床

名称：罗汉床

名称：罗汉床

名称：舞狮罗汉床

名称：杨花罗汉床

名称：罗汉床

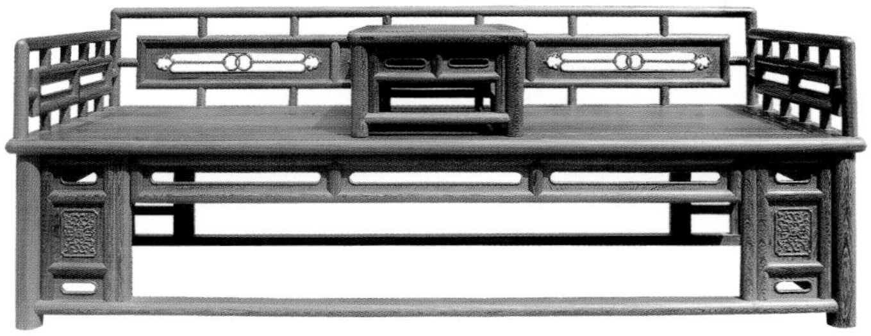
名称：明式罗汉床

名称：罗汉床

名称：罗汉床

名称：罗汉床

名称：罗汉床

名称：罗汉床

名称：春秋罗汉床

名称：罗汉床

名称：罗汉床

名称：曲尺罗汉床

名称：梳子罗汉床

名称：汉典罗汉床

名称：罗汉床

名称：梳子罗汉床

名称：百子罗汉床

名称：罗汉床

名称：罗汉床

名称：百福罗汉床

名称：罗汉床

名称：百福罗汉床

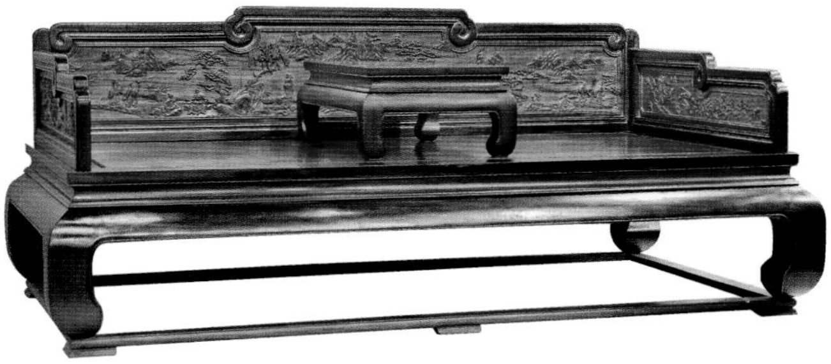
名称：罗汉床

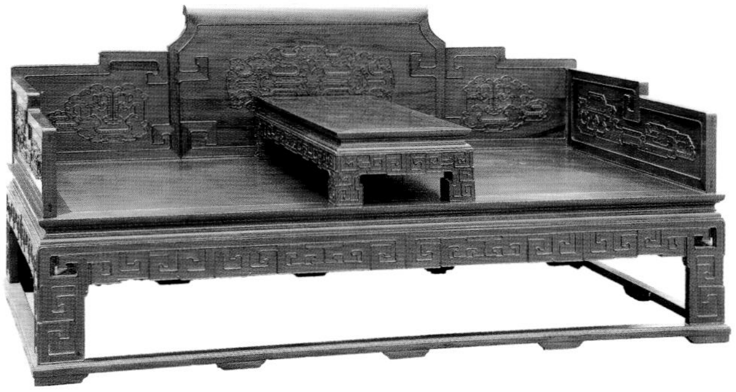
名称：秦汉罗汉床

名称：汉宫春晓罗汉床

名称：罗汉床

名称：百鸟朝凤罗汉床

名称：事事如意罗汉床

名称：罗汉床

名称：事事如意罗汉床

名称：罗汉床

名称：罗汉床

名称：罗汉床

名称：群仙贺寿罗汉床

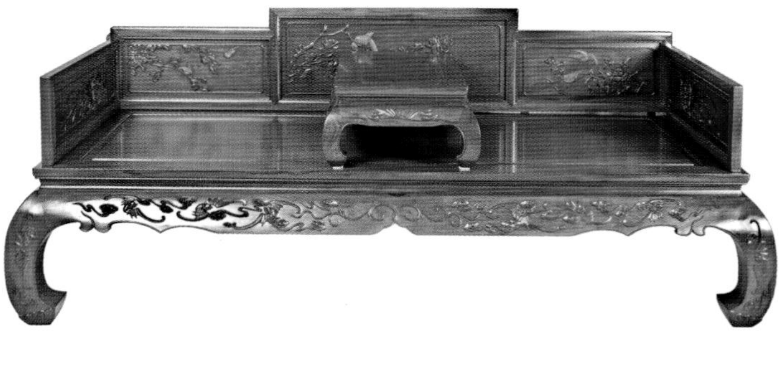
名称：花鸟罗汉床

名称：花鸟罗汉床

名称：花鸟罗汉床

名称：素面罗汉床

名称：宝座罗汉床

名称：贵妃榻

名称：五福贵妃榻

名称：龙凤贵妃榻

名称：贵妃榻

名称：贵妃榻

名称：贵竹贵妃榻

名称：贵妃榻

名称：鸳鸯贵妃榻

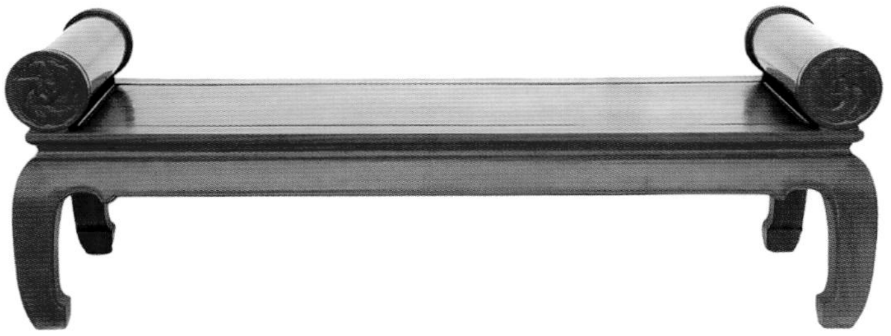

名称：贵妃榻

名称：花瓶贵妃榻

名称：贵妃榻

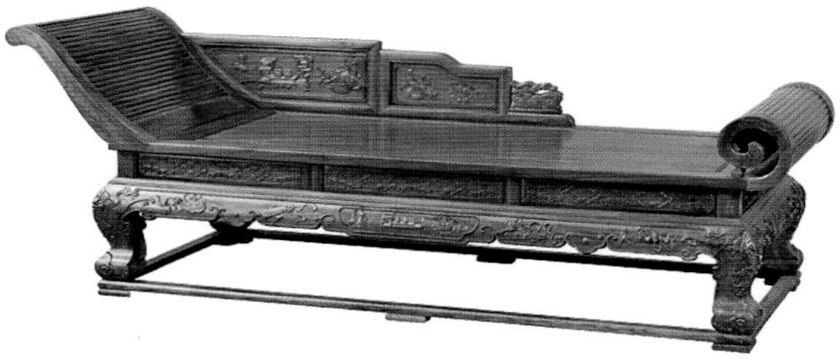

名称：贵妃榻

名称：贵妃榻

名称：贵妃榻

名称：贵妃榻

名称：贵妃榻

名称：贵妃榻

名称：龙凤呈祥大床

名称：草龙架子床

名称：花鸟架子床

名称：架子床

名称：梳子架子床

名称：君子架子床

名称：龙柱架子床

名称：千工拔步床

名称：明式架子床

名称：曲尺架子床

名称：梅兰竹菊架子床

名称：杨花纹架子床

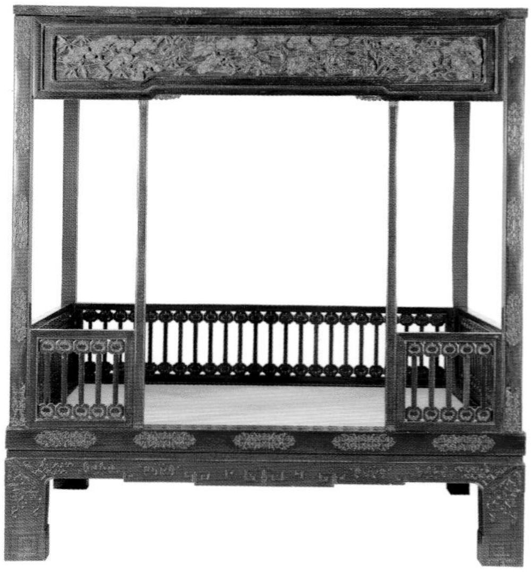

名称：松鹤延年架子床

名称：梅兰竹菊架子床

名称：梅花拔步床

名称：拔步床

名称：梅花拔步床

名称：梅花架子床

名称：曲尺架子床

名称：君子兰大床

名称：园林风光大床

名称：哥特式大床

名称：梅花床

名称：四季平安大床

名称：大床

名称：山水床

名称：暖春大床

名称：龙珠大床

名称：仙女床

名称：龙床

名称：哥特式大床

名称：大床

名称：牡丹床

名称：腾云大床

名称：园林风光床

名称：曲尺大床

名称：山水大床

名称：百鸟床

名称：山水如意床

名称：十全十美床

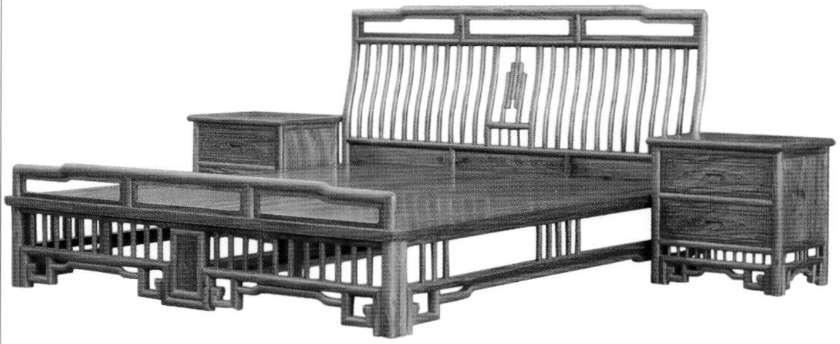
名称：梳子大床

名称：哥特式梅花床

名称：鸳鸯团圆大床

名称：渔樵耕读大床

名称：大床

名称：高背大床

名称：大床

名称：松鹤百子床

名称：百子床

名称：大床

名称：大床

名称：大床

名称：大床

名称：百花齐放大床

名称：大床

名称：龙床

名称：大床

名称：真龙大床

名称：百鸟朝凤大床

名称：百子床

名称：百年好合大床

名称：玫瑰床

名称：百福床

名称：高低床

名称：花开富贵床

名称：大床

名称：大床

名称：大床

名称：大床

名称：大床

名称：大床

名称：大床

名称：大床

名称：大床

名称：大床

名称：大床

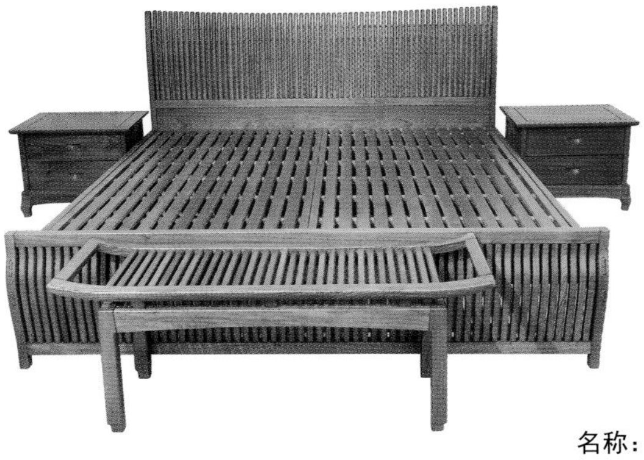

名称：大床

名称：大床

名称：大床

名称：大床

名称：大床

名称：大床

名称：大床

名称：大床

名称：大床

名称：大床

名称：大床

名称：大床

名称：大床